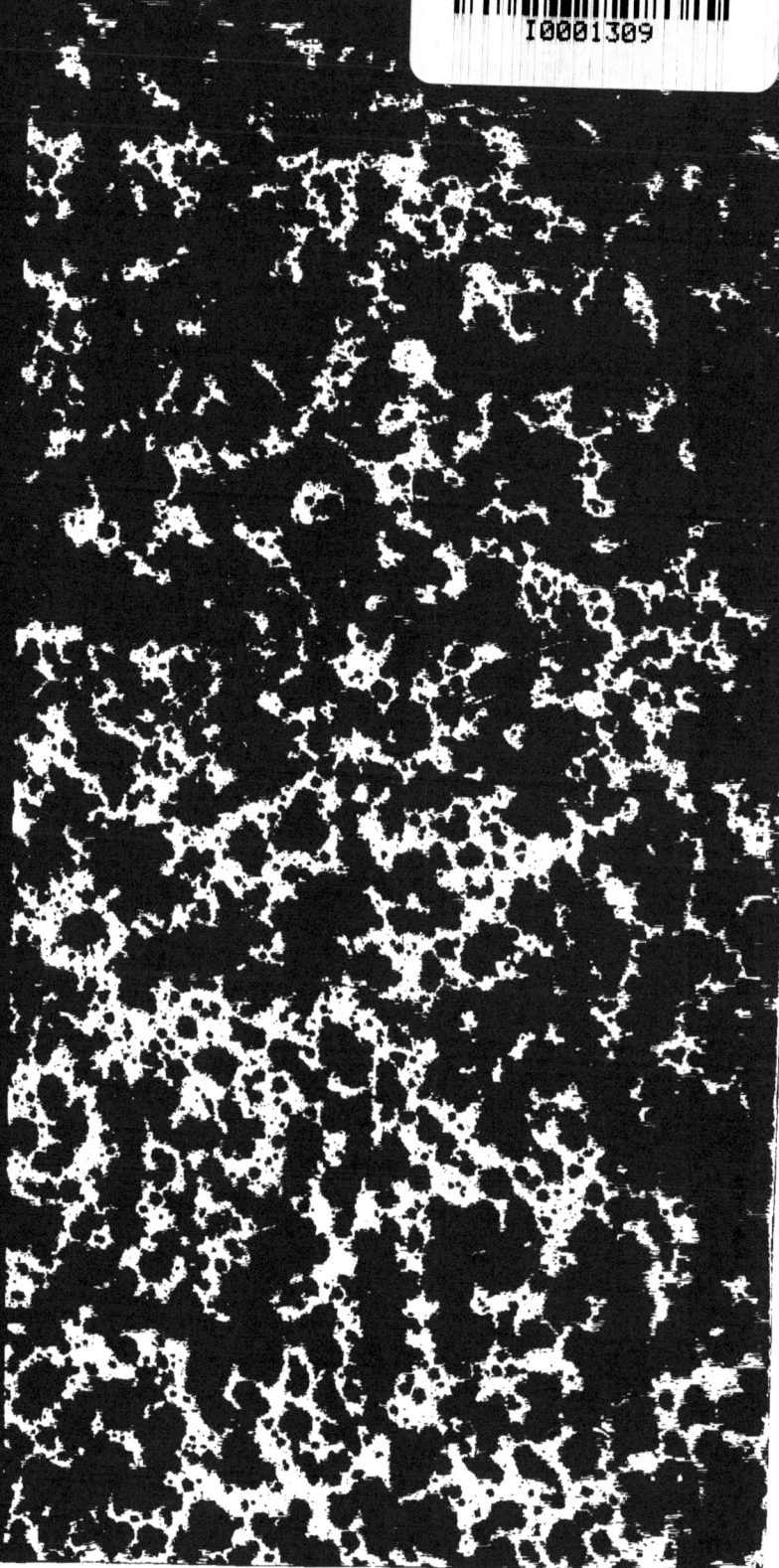

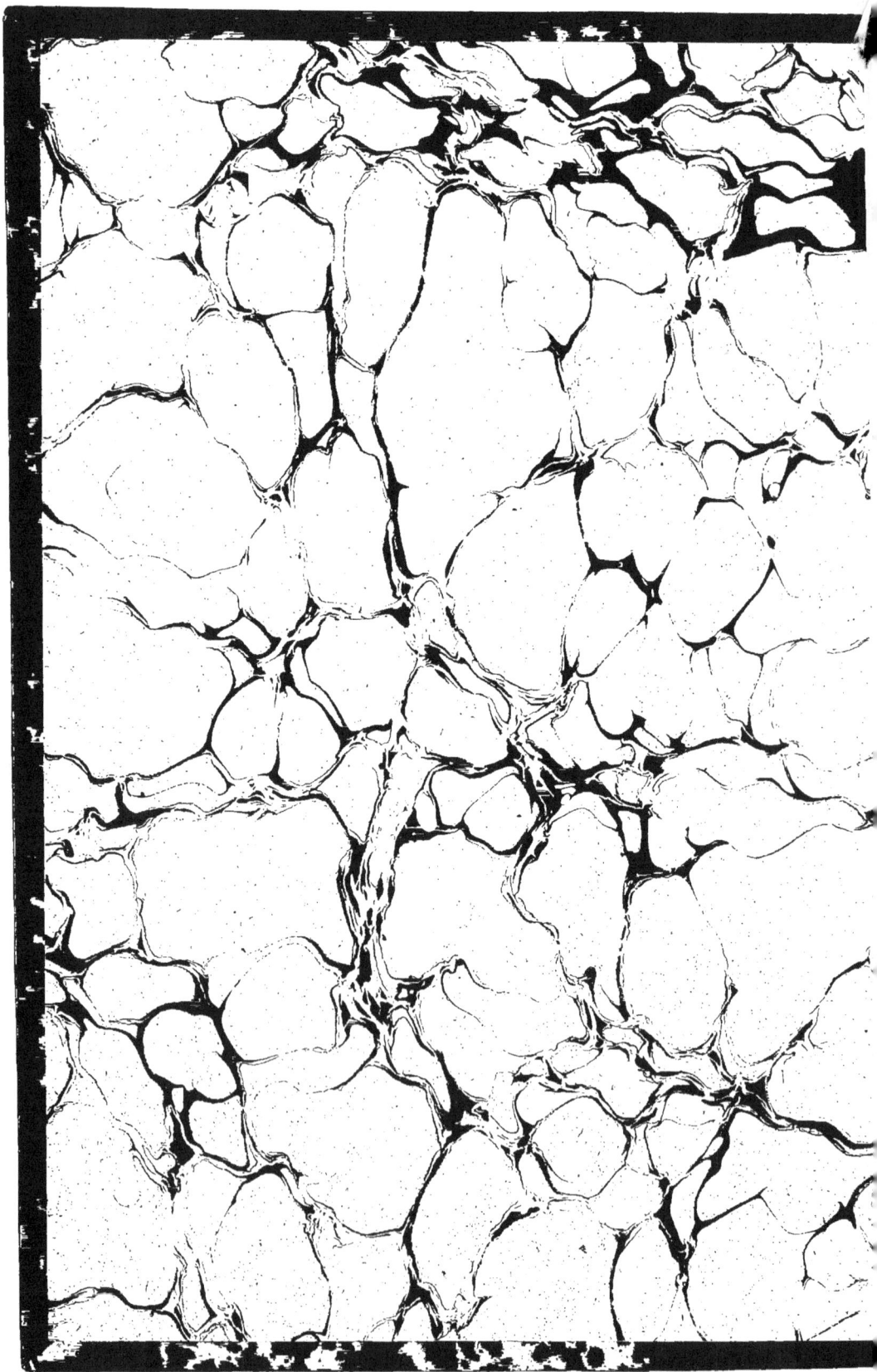

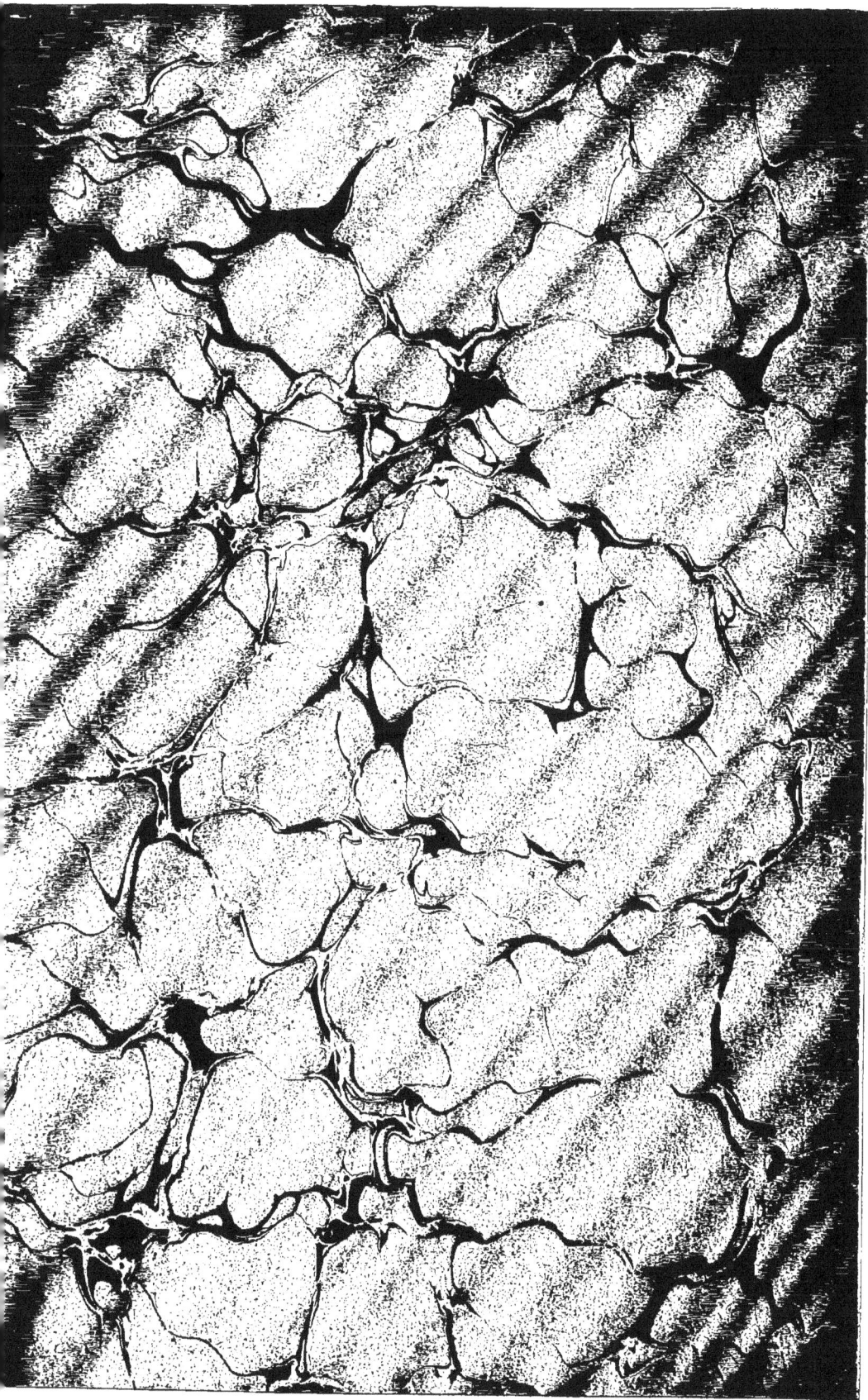

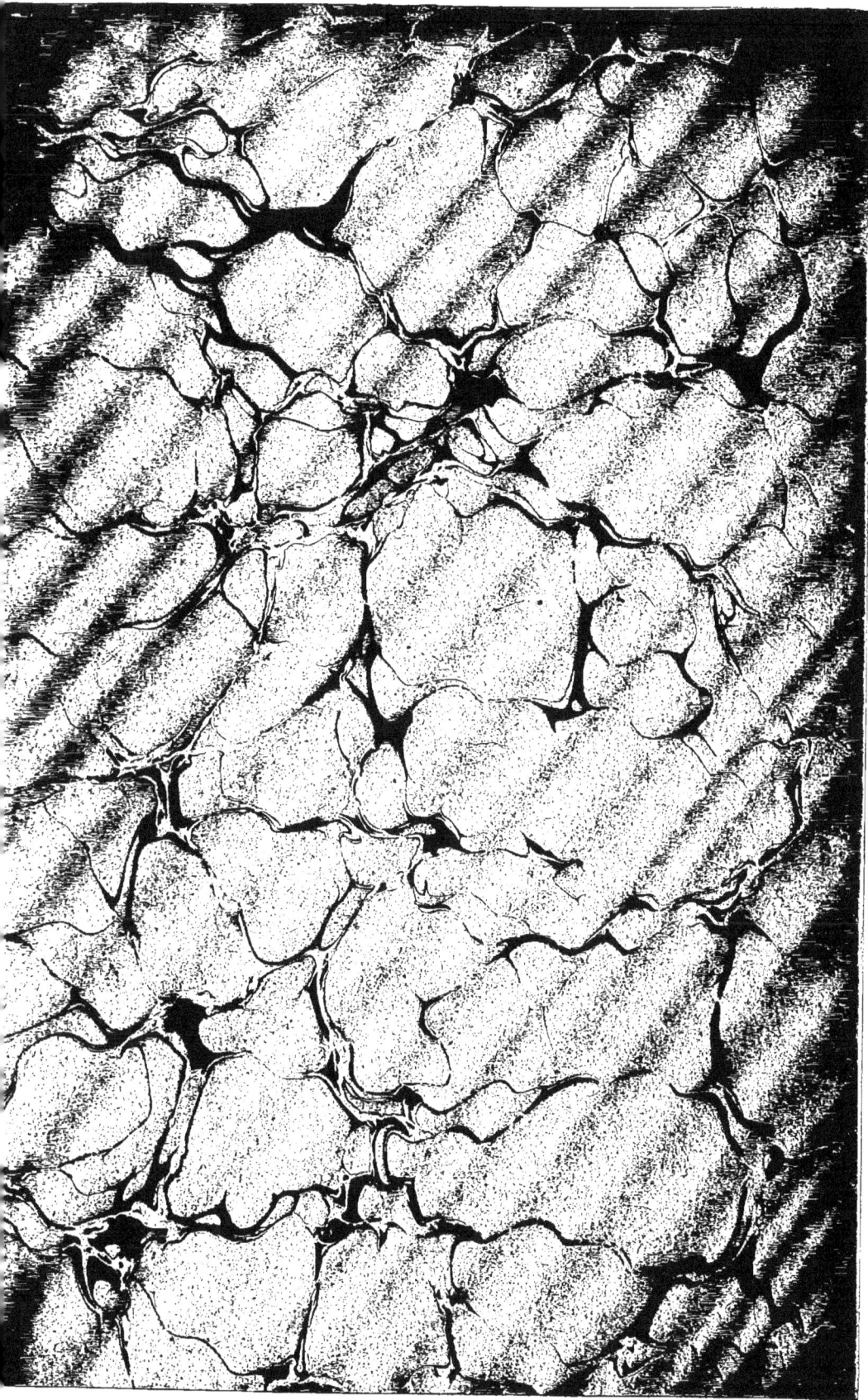

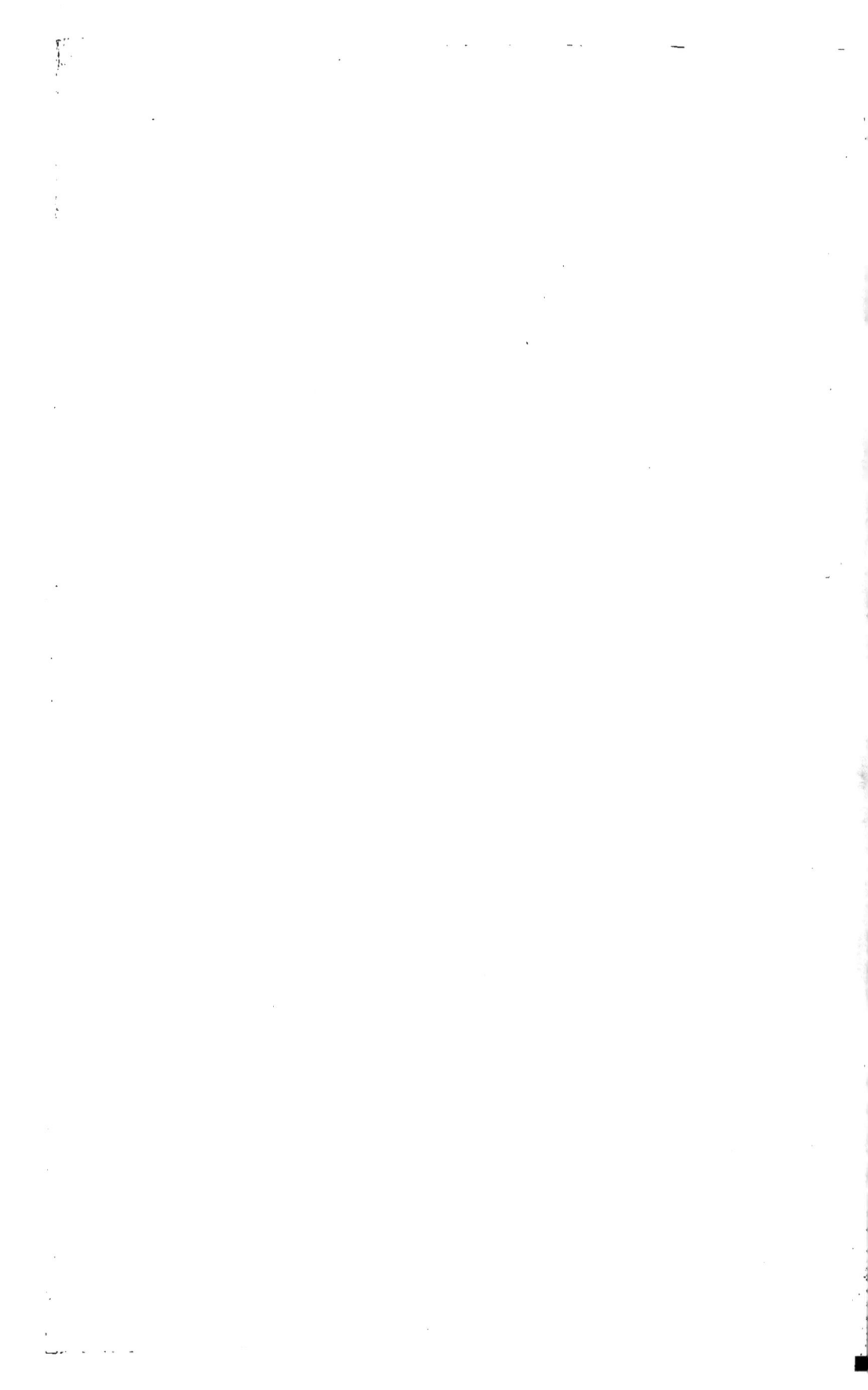

# VRIER MENUISIER

## TRAITÉ COMPLET

DE

## APPLIQUÉS A LA MENUISERIE

PAR

# P.-F. GADRIOT

MENUISIER-ÉBÉNISTE-DESSINATEUR

se compose d'un **Atlas de 90 planches** grand in-folio
(53 cent. sur 0,41) et d'un Texte explicatif.

### TROISIÈME ÉDITION

—»»•«««—

### PRIX : 37 FRANCS

—»»•«««—

## PARIS

LIBRAIRIE POLYTECHNIQUE DE J. BAUDRY, ÉDITEUR
15, rue des Saints-Pères.
MÊME MAISON A LIÉGE
—
1877

# L'OUVRIER MENUISIER

## TRAITÉ COMPLET DE DESSINS APPLIQUÉS A LA MENUISERIE

DÉPOSÉ.

# L'OUVRIER MENUISIER

TRAITÉ COMPLET

DE

## DESSINS APPLIQUÉS A LA MENUISERIE

PAR

## P.-F. GADRIOT

MENUISIER-ÉBÉNISTE-DESSINATEUR

Cet ouvrage se compose d'un **Atlas de 90 planches** grand in-folio
(53 cent. sur 0,41) et d'un Texte explicatif.

TROISIÈME ÉDITION

—»>:0:<«—

PRIX : 37 FRANCS

—»>:0:<«—

PARIS

LIBRAIRIE POLYTECHNIQUE DE J. BAUDRY, ÉDITEUR
15, rue des Saints-Pères.
MÊME MAISON A LIÉGE
—
1877

©

# INTRODUCTION

---

En mettant à jour ce Traité de Dessin, spécialement appliqué à la Menuiserie, j'ai eu pour but de répandre, autant qu'il était en mon pouvoir, la connaissance des principes sur lesquels repose l'art du Menuisier.

De toutes les professions, aucune ne se rattache plus à la Géométrie et à l'Architecture : il est donc indispensable que l'Ouvrier Menuisier en connaisse au moins les principes ; car il ne lui suffit pas de savoir plus ou moins bien faire une porte, une croisée, ou tout autre travail de peu d'importance ; il faut encore qu'il soit à même d'exécuter les ouvrages qui exigent la connaissance de la Géométrie ou de l'Architecture appliquées à ces sortes de travaux.

Le petit nombre d'Écoles où cette application est démontrée m'a décidé, dans l'intérêt de l'Ouvrier, à publier ce Traité ; il comprend dans ses moindres détails tout ce qu'un bon Menuisier doit connaître en fait de dessin. Chaque épure y est expliquée d'une manière aussi claire que possible, bien que plusieurs démonstrations soient semblables, à quelques variantes près. J'ai cru devoir admettre certaines redites, aussi bien pour aider l'intelligence de l'élève, que pour lever les doutes sur l'exactitude du dessin, attendu que le moindre changement dans les formes est fort souvent la pierre d'achoppement contre laquelle vient échouer l'intelligence des commençants.

Comme la Géométrie descriptive est la base de la science du trait, et qu'il n'y a pas de courbes, quelques bizarres qu'elles soient, dont tous les points ne puissent être rigoureusement déterminés, j'ai fait précéder les épures des ouvrages de trait d'un grand nombre d'exemples de son application à la pénétration des corps et aux développements des surfaces.

J'engage fortement les Ouvriers qui veulent progresser, de ne pas passer outre sans avoir bien saisi ces démonstrations ; par ce moyen, ils pourront aborder facilement les tracés plus compliqués sans s'effrayer du nombre des lignes de projection avec lesquelles ils seront alors familiarisés.

Cet Ouvrage est divisé en deux parties :

La première, composée de cinquante planches, comprend la Géométrie, ainsi que son application a la construction des ouvrages droits et des ouvrages cintrés.

La seconde, composée de quarante planches, comprend l'Architecture appliquée à la construction des travaux, tels que : Menuiserie d'Église, Devantures et Intérieurs de Magasins, Salons, etc., etc., d'après les styles Ogival, Renaissance, Louis XIV, Louis XV et Moderne.

# DIVISION DE LA PREMIÈRE PARTIE

---

## Cette première partie est divisée en quinze Chapitres

---

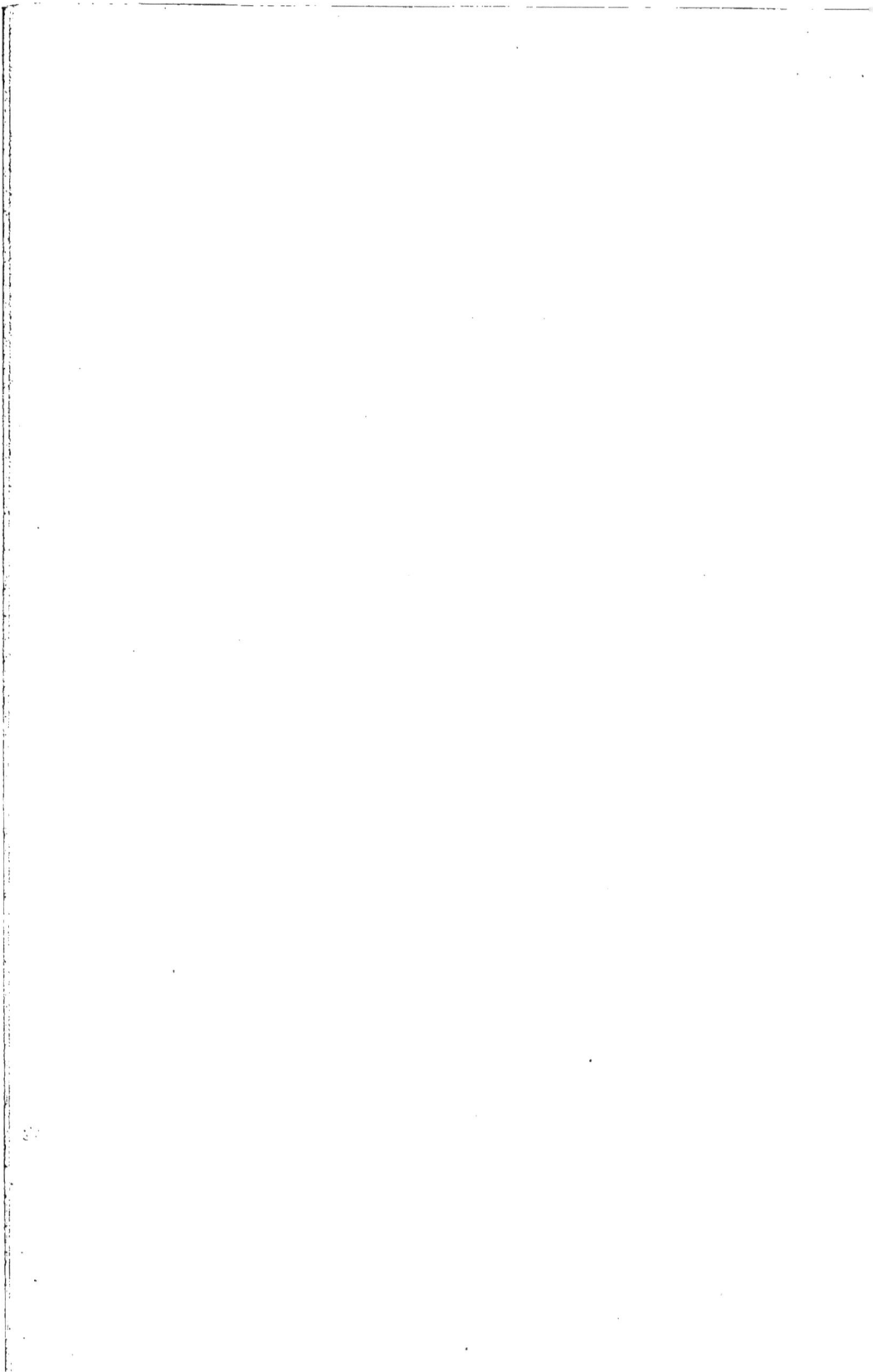

# CHAPITRE PREMIER.

—

## Matériel et procédés employés dans le Dessin Linéaire.

—

### PLANCHE I<sup>re</sup>

J'ai jugé à propos de faire précéder l'explication des planches composant cette première partie, d'un chapitre traitant du matériel et des différents procédés employés dans le dessin linéaire et le trait, afin de mettre l'élève à même de connaître les qualités des différents articles composant le matériel, ainsi que d'éviter ou réparer les fautes et accidents qui pourraient survenir dans l'exécution du dessin.

Le matériel se compose : d'un étui de mathématiques, pièces de raccord, échelles, godets, pinceaux, encre de Chine, colle à bouche, gomme élastique et à gratter, crayons, quelques tablettes de couleurs.

Tous ces articles se trouvent chez les marchands papetiers.

Il faut, en outre, une planchette, une règle à T, quelques lattes et crochets, autrement dits plombs.

Deux pièces de raccord dans le genre indiqué par les figures 1 et 2, suffisent pour tracer à l'encre toutes sortes de courbes.

Les menuisiers se confectionnent eux-mêmes la planchette, fig. 4, la règle à T, fig. 5, et les équerres, fig. 6 ; la planchette doit avoir de 15 à 20 millimètres d'épaisseur, les dimensions étant données par la grandeur du dessin.

Les emboîtures ne doivent point être collées, et on laissera un peu de jeu dans les mortaises afin que le gonflement du bois puisse se faire sans gauchir la tablette, ce qui entraînerait la perte du dessin.

La règle à T, fig. 5, sert à tracer les parallèles et les perpendiculaires ; on observera de la présenter de deux côtés seulement de la planchette, qui seront à cet effet parfaitement d'équerre entre eux.

L'équerre, fig. 6, est évidée à l'intérieur ; de cette manière, elle salit peu le papier ; les trois côtés sont à droit fil, assemblés à fausse coupe, avec une petite languette rapportée dans les joints.

Les crochets, fig. 7, servent à tracer les lignes courbes ; la partie A, dans laquelle est fixé un fil de fer recourbé à son extrémité avec un adent pour maintenir la latte, est en plomb.

Quand on a une courbe à tracer, les points de passage étant déterminés, on assujettit au moyen des plombs une latte flexible devant passer par tous les points, ainsi que l'indique la figure 8 ; cette manière de tracer les courbes est préférable à l'emploi des pièces de raccord, la latte ramenant à leur vraie position les points qu'un défaut de précision aurait pu écarter. Les meilleures lattes pour les petites courbes se font en rotin ou en jonc, les grandes lattes se font en sapin, préférablement à tout autre bois.

Le compas de proportion, *fig.* 9, sert à découvrir les rapports existant entre des lignes ou des corps semblables ; il est peu usité dans le dessin linéaire, étant remplacé avec avantage par les échelles de proportion. Je ferai mention de son emploi pour l'amplification et la réduction des figures en d'autres figures semblables, Pl. **2**, *fig.* **24**.

Le compas de réduction, *fig.* 10, sert de même à diminuer ou à augmenter une figure dans un rapport donné ; je fais mention de son usage à la planche et figure ci-dessus.

Le compas elliptique, *fig.* 11, sert à décrire des ellipses de toutes dimensions.

La figure **12** est la verge portant les tourillons E, H, dont un, H, est mobile, ainsi que la pointe à tracer G ; je ferai mention de son emploi, Pl. 3, *fig.* 76.

### Des Échelles de proportion.

Quand on a à exécuter un travail important de menuiserie, comme devantures de boutiques, portes d'entrée ou tout autre travail de grande dimension, on commence par en faire un dessin sur papier, et, comme il n'est pas toujours possible de le faire grandeur d'exécution, on en réduit les dimensions qui, le plus souvent, sont données par la grandeur de la feuille de papier destinée à recevoir le dessin. On remplace alors le mètre par une longueur moindre et divisée en autant de parties que le mètre, c'est ce qu'on appelle une échelle ; généralement on prend, pour la longueur réduite du mètre, une longueur qui le divise exactement ; les échelles les plus ordinaires sont au dixième, vingtième, quarantième, cinquantième, quatre-vingtième et centième. La figure **13** est une échelle au dixième : elle a trois mètres de long ; le premier est divisé en dix parties égales représentant les décimètres, lesquels sont divisés en dix autres parties égales représentant les centimètres; les millimètres ne peuvent être pris qu'approximativement; comme les divisions de cette échelle sont les mêmes que celle du mètre réel, on pourrait se servir de ce dernier pour faire des dessins au dixième, en prenant un décimètre pour la longueur du mètre réduit.

La figure 14 est une échelle au vingtième; elle se construit comme la précédente; elle est moitié plus petite, de sorte que la longueur figurée du mètre égale cinq centimètres, qui sont la vingtième partie du mètre réel.

Les figures 15, 16, 17 et 18 sont des échelles au quarantième, cinquantième, quatre-vingtième et centième; elles se construisent exactement comme les deux précédentes. La longueur réduite du mètre est de 25 millimètres pour celle de la figure 15; celle de la figure 16 est de 20 millimètres; celle de la figure 17 est de 12 millimètres et demi; enfin celle de la figure 18 est de 1 centimètre.

La figure 19 est une échelle au vingtième; elle ne diffère de celle de la figure 14 que par sa construction qui permet de prendre une longueur plus exactement que sur la première; mais elle est moins commode, parce qu'il faut prendre chaque mesure avec le compas, ce qui entraîne une perte de temps notable. Pour la construire, menez onze parallèles, *a*, *b*, *c*. *d*, *e*, *f*, *g*, etc., à une distance arbitraire; figurez ensuite la longueur des mètres 0, 1, 2, égale à cinq centimètres, divisez le premier mètre en dix parties égales, 1, 2, 3, 4, etc.; par ces points de division, menez des obliques; la distance de l'une à l'autre étant de dix centimètres est divisée en dix parties égales; par les parallèles *a*, *b*, *c*, etc., on aura les centimètres, de sorte que la distance A B, égale 1 mètre 52 centimètres, celle C D, égale 2 mètres 25 centimètres, celle E F,

égale 1 mètre 78 centimètres ; on prendrait de la sorte tout autre longueur voulue.

La figure 20 est une échelle au cinquantième ; elle ne diffère de celle de la figure 16 que par le mode de construction qui est semblable à celle de la figure 19.

### Godets.

Les godets sont de petits vases en porcelaine, *fig.* 3, d'un centimètre environ de profondeur, destinés à recevoir l'encre et les couleurs ; on évitera de les prendre trop grands, vu le déchet qu'ils occasionneraient dans le délayage des couleurs ; un godet de six centimètres de diamètre suffit pour l'encre, ceux de moindre dimension seront pour les couleurs ; l'intérieur doit être bien uni, sans bosses ni grains.

### Pinceaux.

Pour s'assurer si un pinceau est bon, il faut le mouiller avec la salive et appuyer légèrement le bout sur l'ongle ; en le relevant vivement, il faut qu'il reprenne sa forme ordinaire et que le bout reste pointu ; s'il fait la fourche, on doit le rejeter.

### Encre de Chine.

Il est très important que l'encre de Chine soit de bonne qualité ; pour s'en assurer, il faut mouiller l'ongle avec la salive et frotter légèrement dessus avec le bâton d'encre, jusqu'à ce que l'ongle soit noir ; on le laisse sécher : si la teinte est transparente et bronzée, l'encre est bonne ; si la teinte est terne et que le bout du bâton soit graveleux, il faut le rejeter.

### Crayons.

Les crayons généralement employés sont les crayons

Conté, n⁰ˢ 2 et 3, et les Walter, mêmes numéros ; le n° 2 est moins dur que le n° 3 ; le n° 1 est trop tendre pour le trait.

## Couleurs.

Les couleurs nécessaires sont : le carmin, le bleu de Prusse, la terre de Sienne brûlée et la gomme-gutte ; ces couleurs servent à remplacer les hachures dans les coupes ; le carmin est pour la pierre, le bleu de Prusse pour le fer, la terre de Sienne brûlée pour le bois, et la gomme-gutte pour le cuivre. Les bonnes couleurs coûtent environ un franc la tablette.

Dans l'emploi des couleurs indiquant les coupes, il faut éviter de faire les teintes trop prononcées ; une teinte claire suffit et rend le dessin plus léger. Quand on a une grande surface à passer en couleur, il faut incliner suffisamment la planchette, pour que la teinte à passer avec le pinceau, fortement chargé de couleur, fasse réservoir à la partie inférieure que l'on abaissera par bandes horizontales ; de cette manière, la teinte n'a pas le temps de sécher avant que le pinceau n'y revienne. Une grande teinte plate, un peu foncée, demande trois à quatre couches, en ayant soin de laisser sécher la première avant d'appliquer la seconde, et ainsi de suite des autres ; de cette manière, on obtiendra une teinte régulière.

## Collage des feuilles.

Pour coller une feuille de papier sur la planchette, on commence par mouiller le revers de la feuille (le bon côté est celui où on peut lire, dans son sens naturel, le nom du fabricant), avec une éponge trempée légèrement dans de l'eau bien claire ; puis, on étend sur la planchette le côté

mouillé en dessous, et on en fixe les bords au moyen de la
colle à bouche.

Si la planchette était tachée, soit d'huile ou de tout
autre corps gras, il faudrait placer une feuille de papier
entre la feuille destinée à recevoir le dessin et la planchette,
mais d'une dimension moindre que cette dernière, afin de
pouvoir coller les bords sur la planchette; le pourtour de
la feuille étant collé, comme il a été dit, on évitera de la
faire sécher au feu, car une trop forte chaleur ferait décoller
ou craquer la feuille.

### Assemblage des feuilles.

Il peut se faire que la grandeur d'un dessin soit telle
qu'une seule feuille de papier ne puisse suffire; il faut
alors en ajouter deux ou trois ensemble, ce qui demande quelque précaution, pour rendre l'ajout moins
apparent.

Pour ajouter deux feuilles ensemble, on doit d'abord
les rogner carrément; puis, afin de diminuer l'épaisseur
du papier, on chanfrine, soit avec le grattoir, soit avec
un morceau de papier verré, les bords destinés à être
collés ensemble; on maintient ensuite les deux feuilles
au moyen de deux règles A, B, *fig.* 23, que l'on charge
avec quelques plombs, laissant pour le collage, le recouvrement nécessaire qui ne doit pas dépasser un centimètre; on commence à fixer une longueur de six centimètres environ avec la colle à bouche et l'on frotte fortement dessus avec l'ongle, pour faire prendre les deux parties ensemble, en ayant soin de mettre une bande de papier
blanc entre la feuille et l'ongle; on continue de coller
en suivant une longueur pareille, observant toujours de
frotter immédiatement dessus; de cette manière le papier

n'a pas le temps de se coffiner, et le joint sera d'autant moins sensible qu'on aura plus fortement chanfriné la feuille de dessus, laquelle doit se mettre en bas ou à droite, afin que l'épaisseur du papier ne porte pas de fausse ombre, attendu que la lumière est toujours sensée venir de gauche à droite ; on collera ensuite les feuilles réunies sur la tablette, d'après la manière donnée ci-dessus.

On emploiera la même méthode pour réunir plusieurs feuilles de papier calque ; toutefois, on observera, quand on aura à relever un calque d'un dessin, de bien coller tout le pourtour de la feuille sur le bord de la planchette ; on passera ensuite dessus une éponge légèrement imbibée d'eau, de sorte que toutes les parties de la feuille soient humectées, ce qui produira instantanément des boursoufflures, qui disparaîtront au fur et à mesure que la feuille séchera.

Il faut bien se garder de mouiller la feuille avant qu'elle ne soit collée, car les boursoufflures empêcheraient d'en coller régulièrement les bords.

Si on voulait coller un dessin sur toile, il faudrait la tendre fortement sur une table au moyen de clous, distants entre eux de 5 à 6 centimètres environ ; puis, on l'enduirait de colle d'amidon, et l'on mouillerait avec une éponge le dessous du dessin que l'on appliquerait ensuite sur la toile, et l'on en tamponnerait toutes les parties pour y faire adhérer le papier, jusqu'à ce qu'il ne reste aucune soufflure, observant de ne lever le dessin que lorsqu'il sera sec.

Si le dessin était de grande dimension ( et ce n'est que dans ce cas qu'il est nécessaire de tendre la toile avec des clous ), il faudrait commencer par coller une bande de dix centimètres environ d'un côté du dessin, tandis qu'une autre personne tiendrait l'autre côté élevé pour éviter que

le dessin ne touche la toile, et continuer de coller par bandes de dix centimètres, en ayant soin de pousser l'air avec le tampon du côté où le dessin ne serait pas encore collé; puis on tamponne bien toute la surface et on laisse sécher.

On emploiera la même méthode pour coller les dessins faits sur papier calque, en observant toutefois qu'il n'y a que le papier dioptique qui se prête à ce genre de collage.

Habituellement les dessins sur papier calque se collent sur du papier ordinaire; dans ce cas, il n'est pas nécessaire que ce dernier soit tendu.

On emploie aussi une sorte de toile transparente et gommée qui remplace avantageusement le papier calque; elle craint moins d'être froissée, et évite la peine du collage qui déforme et augmente les dimensions du dessin.

### Taches et faux traits.

On évitera autant que possible d'enlever les faux traits avec le grattoir, qui détériore le papier au point qu'il est bien difficile de faire un trait bien net sur l'emplacement gratté; on se servira de préférence de la gomme à enlever l'encre, qui est un amalgame de gomme et de verre ou de silex pulvérisé; si le trait était un peu isolé, on pourrait l'enlever avec une éponge, ce qui détériore moins le papier; pour cela, on mouille légèrement un morceau d'éponge de la grosseur d'une noix, on la comprime entre les doigts pour en faire un tampon, et on frotte légèrement sur le trait à enlever, en ayant soin de laver l'éponge de temps à autre; on applique sur l'endroit lavé une feuille de papier blanc et on frotte fortement dessus avec l'ongle pour recoller l'épiderme du papier que l'éponge aurait pu soulever.

Si on avait à enlever une grande tache ou une partie du dessin, on inclinerait fortement la tablette et on mouillerait tout le dessin, avec de l'eau claire, au moyen d'un arrosoir ou d'un seau, opération qu'il faut continuer jusqu'à ce qu'on s'aperçoive qu'il ne se détache plus d'encre du dessin et que le trait reste bien net ; on observera que la quantité d'eau soit suffisante pour absorber l'encre qui pourrait se détacher, car si on mouillait par filets ou en petite quantité, l'encre détachée n'étant pas entraînée assez vite, se fixerait sur le papier. C'est pour cette raison qu'il ne faut pas craindre de mouiller largement et à grande eau. La feuille étant ainsi mouillée, on enlèvera la tache ou la partie du dessin en frottant légèrement dessus avec l'éponge, en observant de faire couler constamment un filet d'eau sur la partie à enlever, afin que l'encre détachée par l'éponge soit entraînée. Si on était obligé de dessiner sur l'endroit lavé, on passerait dessus une couche d'eau légèrement saturée d'alun et on recollerait l'épiderme du papier ainsi qu'il a été dit.

Tout dessin devant recevoir des teintes devra être fait exclusivement à l'encre de Chine délayée dans la journée ; celle délayée de la veille doit être jetée et le godet lavé avant d'en faire de nouvelle. Les traits autres que ceux à l'encre de Chine, principalement ceux au carmin, seront faits après le mouillage ou la pose des teintes, pour éviter de les enlever en partie s'ils étaient faits avant.

Quand on a des teintes à passer à un dessin exécuté sur toile transparente, immédiatement après et avant que la teinte soit entièrement sèche, on doit appliquer, sur la partie teintée, une feuille de papier blanc, et passer dessus un fer à repasser, médiocrement chaud, pour faire reprendre la gomme et retendre la toile. Le fer doit être très-peu chaud pour éviter de roussir la toile.

Pour rendre un dessin plus intelligible, principalement dans les tracés des ouvrages de trait, on pointille ordinairement en rouge toutes les lignes de renvoi ou de projection, afin de ne laisser en noir que les lignes de construction, ce qui offre l'avantage de pouvoir les enlever au besoin sans gratter ; pour cela, il suffit de mettre cinq centimes de chlorure de chaux dans un verre d'eau, on passe de cette eau, avec une plume d'oie ou un morceau de papier roulé, sur les traits à enlever : le carmin disparaît instantanément.

Cette eau enlève aussi l'encre ordinaire.

### Du Rayon de Lumière (1).

Pour donner plus de relief à un dessin géométrique quelconque, on est convenu de supposer qu'il est éclairé de gauche à droite par un rayon de lumière formant un angle de 45 degrés avec le plan horizontal et avec le plan vertical, de sorte que toutes les lignes d'arêtes de droite ainsi que celles de dessous, étant sensées ne pas recevoir directement la lumière, seront représentées par un trait beaucoup plus fort que ceux de gauche et de dessus.

Pour bien comprendre la direction du rayon de lumière, supposons le cube A B C D E F G H, *fig.* 21, éclairé par le soleil ; vu la grande distance de cet astre à la terre, il est évident que ses rayons peuvent être considérés comme parrallèles ; or, d'après la direction convenue de ces rayons.

(1) Quoique cette figure, ainsi que la 24e, soient du ressort de la géométrie, j'ai cru devoir les mettre ici, aussi bien comme principes, que pour n'avoir plus à en parler en traitant de la Géométrie, ce qui en interromprait la démonstration suivie.

le cube recevra la lumière, par rapport au plan horizontal, suivant les parallèles A, F, C, H, et par rapport au plan vertical, suivant celles C, B, G, F.

Si on coupe le cube, suivant ces parallèles, la diagonale CF, qui en résultera, sera dans la direction des rayons de lumière et leur sera parrallèle ; d'après cela, il sera toujours facile de déterminer, dans le dessin d'un objet quelconque, quelles seront les arêtes devant être représentées par un trait de force, puisque ce sont celles opposées à la direction de la diagonale CF.

La figure 22 est une application de ce principe.

### Copie des Figures irrégulières.

Quand on a une figure irrégulière à copier, comme serait la figure 24, il faut tirer une ligne de base AB ; puis, élever à cette ligne une série de perpendiculaires, mesurant la distance des différents points de la figure à copier à cette ligne, tirer une seconde ligne de base, sur laquelle on élèvera un même nombre de perpendiculaires et à une distance semblable à celles élevées sur la base AB ; prendre ensuite, par exemple, sur la perpendiculaire CD, la distance de la base aux points 1, 2, 3, où elle rencontre les lignes de la figure à copier, pour les porter sur la perpendiculaire correspondante, élevée sur la seconde ligne de base. En opérant de même sur toutes les autres perpendiculaires, on obtiendra une série de points qui limiteront le passage des lignes de la figure reproduite.

Toutes lignes servant à mesurer les dimensions d'un dessin à copier, se nomment ordonnées ; ainsi, les perpendiculaires ci-dessus sont des ordonnées, et la distance de l'une à l'autre se nomme abscisse.

# CHAPITRE II.

—

## Géométrie Élémentaire.

—

### PLANCHE II.

La Géométrie est la science de représenter par des lignes un objet quelconque, et d'en mesurer l'étendue dans toutes ses propriétés.

Il y a trois sortes d'étendues :

1° L'étendue en longueur, comme la distance d'un point à un autre.

2° En longueur, largeur ou hauteur, comme une porte, une fenêtre, etc.

Ces deux dimensions, multipliées l'une par l'autre, produisent un résultat qu'on nomme surface.

3° En longueur, largeur et épaisseur ou profondeur, comme une poutre, une caisse, etc.

Ces trois dimensions, multipliées l'une par l'autre, donnent un total qui exprime, en nombre, le volume ou grosseur de l'objet.

Les lignes employées dans la Géométrie sont les droités et les courbes.

Il n'y a qu'une sorte de ligne droite, parce que cette ligne étant le plus court chemin d'un point à un autre, tous les points qui la composent sont dans la même direction ; si quelques-uns s'en écartaient, elle cesserait d'être droite. La ligne AB, *fig.* 1, est une ligne droite, les deux points A, B suffisent pour déterminer sa direction.

Il y a une infinité de lignes courbes, vu leur plus ou moins de courbures ; les courbes les plus ordinaires sont les ellipses et la circonférence du cercle. Pour déterminer une courbe, il faut trois points ; la ligne AB, *fig.* 2, est une courbe.

Les différentes directions d'une ligne droite lui font prendre un nom particulier, ainsi :

Toute droite parallèle à la surface de l'eau tranquille se nomme horizontale.

Toute droite parallèle à un fil à plomb se nomme verticale.

Toute droite élevée sur une ligne quelconque, ne penchant ni à droite ni à gauche de cette ligne, se nomme perpendiculaire ; la ligne AB, *fig.* 3, est perpendiculaire à la ligne CD ; une perpendiculaire à une ligne se nomme, en terme de Menuiserie, ligne d'équerre.

Toute ligne non perpendiculaire ou non d'équerre à une autre ligne se nomme oblique ; la ligne EF est oblique à la ligne CD.

Toutes lignes droites qui ne peuvent se rencontrer, à quelque distance qu'on les prolonge, se nomment parallèles. On reconnaît que deux lignes AB, CD, *fig.* 4, sont parallèles, quand les perpendiculaires EF, qui mesurent leurs distances, ont la même longueur.

Deux courbes peuvent être parallèles entre elles, comme celles GH, IK ; dans ce cas, elles sont concentriques et ont un centre commun ; elles sont excentriques quand elles n'ont pas un centre commun, comme les courbes LM, NO, qui ont pour centre les points PQ.

Toute perpendiculaire à une courbe, se nomme normale.

## Division des Lignes.

*Diviser la ligne* AB, fig. 5, *en deux parties égales :*

Des extrémités, A, B, et avec une ouverture de compas plus grande que la moitié de la ligne, décrire des arcs de cercle qui se coupent en CD ; joindre ces points par une droite, qui partage la ligne AB en deux parties égales.

Si la ligne donnée était courbe, on opèrerait de la même manière.

*Diviser la ligne* AB fig. 6, *en autant de parties égales que l'on voudra ; en cinq, par exemple :*

A l'extrémité A de la ligne donnée, il faut tirer une ligne quelconque AD, porter dessus cinq longueurs indéterminées 1, 2, 3, 4, 5, mais égales ; joindre le point 5 au point B, puis, par les points 1, 2, 3, 4, mener des parallèles à 5 B, lesquelles diviseront la ligne AB en cinq parties égales.

Ce problème reçoit son application dans le tracé des persiennes, pour le compartiment des lames.

## Manière d'élever les perpendiculaires.

1° *Élever une perpendiculaire sur une ligne en un point donné,* fig. 7.

Soit AB la ligne, et C le point donné : il faut fixer deux points E, F, à égales distances du point C ; puis de ces points, et avec une ouverture de compas arbitraire, décrire deux arcs de cercle se coupant en D, joindre le point C au point D par une droite qui sera la perpendiculaire demandée.

2° *Élever une perpendiculaire à l'extrémité d'une ligne*, fig. 8.

Soit AB la ligne : il faut d'un point quelconque C, pris à volonté, décrire une portion de circonférence passant par l'extrémité A de la ligne, joindre par une droite le point D au point de centre C, prolonger cette droite jusqu'à la rencontre de la circonférence au point E, joindre ce point à celui A par une droite, qui sera la perpendiculaire demandée.

3° *D'un point donné, abaisser une perpendiculaire sur une ligne*, fig. 9.

Soit A le point donné, et BC la ligne : il faut avec une ouverture de compas arbitraire et du point A comme centre, couper la ligne BC par des arcs de cercle DE, de ces points comme centre, décrire d'autres arcs de cercle se coupant en F ; la droite tirée du point A au point F, sera la perpendiculaire demandée.

4° *Élever une perpendiculaire ou normale à une courbe*, fig. 10.

Soit AB la courbe, et C le point d'aboutissement de la perpendiculaire : comme toute normale doit tendre au centre de la courbe, il suffit de joindre le point du centre E au point C par une droite qui, étant prolongée en D, sera la normale demandée.

### Détermination des Lignes Courbes.

1° *Par trois points donnés, faire passer une courbe*, fig. 11.

Soit E, C, F, les trois points donnés : il faut de ces points comme centre et avec une ouverture de compas arbitraire, décrire des arcs de cercle se coupant en G, H, I, K, joindre le point G au point H, et le point I au point K, le point

D, où ces droites se coupent, sera le centre de la courbe demandée.

2° *Faire passer un arc de cercle par deux points donnés dont un sur une droite devant contenir le centre de la courbe*, fig. 12.

Soit AB la ligne droite, C, D les points par lesquels doit passer l'arc du cercle ; il faut, des points C, D comme centre et avec une ouverture de compas arbitraire, décrire des arcs de cercle se coupant en EF, joindre ces points par une droite prolongée jusqu'à la rencontre de la ligne AB au point G, qui sera le centre de l'arc de cercle demandé.

### Du Cercle.

On nomme cercle, la surface renfermée par la circonférence ABCD, *fig* 13 ; on donne quelquefois le nom de cercle à la circonférence même.

La circonférence se divise en 360 parties égales qu'on nomme degrés, chaque degré se divise en 60 parties égales nommées minutes, et chaque minute en 60 parties nommées secondes.

Ces divisions servent à mesurer les angles.

Les mots degré, minute, seconde, sont remplacés par abréviation, par les signes ° ′ ″.

Ainsi on écrit 40 degrés, 15 minutes, 38 secondes.

$$40° \quad 15′ \quad 38″.$$

La figure 14 est un rapporteur formé d'une demi-circonférence divisée en 180 parties égales, je ferai mention de son emploi dans la construction des angles.

### Des Lignes considérées dans le Cercle, *fig.* 15.

Ces lignes sont :

1° Le diamètre AB est la plus grande ligne droite que

l'on puisse tracer dans un cercle; elle passe par le centre de la circonférence et égale deux rayons.

2° Le rayon CD, qui mesure la distance du centre à la circonférence.

3° La corde EF; elle est plus courte que le diamètre; car pour avoir la même longueur, il faudrait qu'elle passât par le centre, et cesserait par le fait d'être une corde, puisqu'il n'y a que le diamètre qui passe par ce point.

4° La flèche GH, élevée perpendiculairement sur le milieu de la corde EF.

5° La sécante IK, traversant le cercle en un endroit quelconque.

6° La tangente LM, ne faisant que toucher la circonférence au point D, nommé point de contact.

### Des Angles.

Un angle est l'ouverture faite par deux lignes partant d'un même point A, *fig.* 16, qu'on nomme sommet de l'angle; les deux lignes BA, CA, sont les côtés.

La grandeur de l'angle ne dépend pas de la longueur des lignes BA, CA, mais de leurs écartements mesurés par l'arc de cercle BC décrit du sommet A.

### Trouver la grandeur de l'angle BAC, *fig.* 17.

Il faut placer le centre A du rapporteur, *fig.* 15, sur le point A sommet de l'angle BAC, et son diamètre sur le coté AC : la division 30°, correspondant au côté AB, donne ce nombre pour l'ouverture ou grandeur de l'angle.

L'angle CAE est un angle droit, sa grandeur est de 90°; les côtés AE, AC, sont d'équerre entre eux; l'arc de cercle FK qui mesure son ouverture est juste le quart du cercle.

L'angle CAD a 45° d'ouverture : le côté AD partage en deux parties égales l'arc de cercle KF et par suite l'angle droit CAE. C'est le trait d'onglet.

Tout angle ayant pour un côté la ligne AC, et pour l'autre une ligne partant du point A et coupant l'arc de cercle KF en un endroit quelconque, sera aigu, puisqu'il aura moins de 90°, qui est l'ouverture de l'angle droit; ainsi les angles CAB, CAD sont aigus.

Tout angle ayant pour un côté la ligne AC, et pour l'autre une ligne partant du point A et coupant l'arc de cercle KG en un endroit quelconque, sera obtus, puisqu'il aura plus de 90°; ainsi les angles CAH et CAI sont obtus, l'un ayant 110° et l'autre 165°.

Deux lignes AB, CD, *fig.* 18, qui se coupent, forment quatre angles : deux EF sont aigus, et deux GH sont obtus; les deux angles EF sont opposés au sommet et sont égaux; car si du sommet commun I, on décrit une circonférence, l'arc de cercle KL aura même longueur que celui MN; il en sera de même pour les angles G, H, ce qui démontre que les angles opposés au sommet sont égaux.

Tous les angles ayant leur sommet à la circonférence d'un cercle, et les côtés passant par les extrémités du diamètre, sont droits.

Ainsi les trois angles, *fig.* 19, ayant leur sommet en un endroit quelconque A, B, C de la circonférence, et les côtés passant par les extrémités D, E du diamètre sont droits; c'est d'après ce principe que la perpendiculaire AE, *fig.* 8, à été élevée, la ligne DE étant considérée comme diamètre.

## Faire un angle égal à un autre angle donné, *fig.* 20

Soit donné l'angle ABC : tirez une ligne indéfinie DF, avec une ouverture de compas quelconque et du point B décrivez l'arc de cercle AC, de la même ouverture de compas et du point D, décrivez l'arc de cercle EF, prenez la longueur de l'arc AC, portez-la de F en E, joignez le point E au point D, le problème sera résolu.

### Diviser un angle en deux parties égales, *fig.* 21

Du sommet B, décrivez un arc de cercle quelconque DE ; des points D, E, comme centre, tracez des arcs qui se coupent en F, joignez le point F au point B, l'angle sera divisé en deux parties égales.

### Diviser un angle en plusieurs parties égales, *fig.* 22

Du sommet A, décrivez un arc de cercle BDC, divisez-le en autant de parties que vous voulez diviser l'angle, joignez chaque point de division au sommet A, le problème sera résolu.

Il faut observer que si on divisait la corde BC, l'angle ne serait plus divisé en parties égales.

Deux lignes convergentes (1) AB, CD, *fig.* 23, étant données, pour mener une troisième ligne également distante des deux premières, il faut tirer une ligne quelconque GH, diviser en deux les angles 1, 2, 3, 4, que cette ligne fait avec celles ABCD, les points IK où les lignes de division se coupent, seront les points pour faire passer la ligne EF demandée.

### Angle de réduction.

L'angle de réduction sert à augmenter ou à diminuer un dessin dans un rapport donné.

_____

(1) On appelle convergentes deux lignes tendant vers un point commun.

Pour diminuer la figure 24, de sorte que la longueur AB, étant réduite à CD, toutes les autres lignes soient réduites dans le même rapport, il faut tirer une ligne EF, *fig.* 25, égale à AB, *fig.* 24, du point E comme centre avec EF pour rayon, décrire l'arc de cercle FG, puis du point F comme centre avec CD pour rayon, décrire l'arc de cercle HI, joindre le point K intersection des arcs de cercle au point E, l'angle de réduction sera tracé. Fixez un point O à peu près au milieu de la figure à réduire, de ce point comme centre décrivez une circonférence d'un rayon arbitraire et joignez les angles ABPQR au point O.

Tracez ensuite une circonférence, *fig.* 24 *bis*, d'un rayon semblable à celui, *fig.* 24, qui servira à déterminer les rayons *a*, *b*, *p*, *q*, *r*, semblables à ceux de la figure 24 ; cela fait, prenez avec le compas la longueur du rayon OA ; avec cette ouverture et du point E sommet de l'angle de réduction, décrivez l'arc de cercle LM ; prenez la longueur de la corde LM, portez-la, *fig.* 24 *bis*, de *o* en *a*, faites de même pour les autres rayons, ce qui donne les points *b*, *p*, *q*, *r*, qui, étant joints ensemble, déterminent la réduction de la figure 24 : si on a bien opéré, la longueur *ab* doit être de même longueur que celle de la ligne CD.

Si on voulait augmenter le dessin dans le même rapport donné pour la réduction, il faudrait opérer inversement, c'est-à-dire qu'il faudrait porter successivement les rayons *ao*, *bo*, *po*, etc., dans l'ouverture de l'angle, parallèlement à la corde LM, de manière que leurs longueurs soient juste comprises dans l'ouverture de l'angle, ce qui ne peut se faire que par tâtonnement. La distance du point où ces rayons toucheraient les côtés de l'angle au sommet E, serait la longueur amplifiée, correspondant au rayon qui l'aurait déterminée. D'après cela, il est facile de comprendre que les deux côtés d'un angle de réduction ne sont autre chose que les deux lignes graduées du compas de proportion, *fig.* 9, PL. 1.

Quoique la méthode de l'angle de réduction, ou l'emploi du compas de proportion, soit applicable à la réduction des figures les plus irrégulières on y a rarement recours ; on se sert de préférence de deux échelles de proportion, comme serait celle ST, que l'on construit avec deux bandes de papier : sur la première, on marque la longueur de AB, que l'on divise en un nombre quelconque de parties égales ; sur la seconde, on marque la longueur CD que l'on divise en un même nombre de parties égales ; puis, avec la première, on mesure successivement la longueur des rayons de la figure 24, que l'on reporte avec la seconde à la figure 24 *bis*. On peut aussi se servir du compas de réduction, *fig.* 10, car c'est la manière la plus expéditive.

Si on voulait se servir du compas de proportion *fig.* 9, Pl. 1, pour réduire la figure 24 aux dimensions de la figure 24 *bis*, il faudrait porter la longueur AB sur les lignes graduées OK du compas, à partir du centre O de la charnière, puis l'ouvrir, de sorte que la distance des divisions 40, 40, correspondant à la longueur de AB, égale la longueur de CD ; fixer le compas à cette ouverture, porter ensuite sur les lignes OK toujours à partir du centre O la longueur de OB, la distance des divisions correspondant à cette longueur, donnera *ob* pour la longueur réduite de OB. On obtiendra de la même manière, la longueur réduite des autres lignes OP, OQ, OR.

Si, au lieu de réduire, on voulait augmenter la même figure, on opérerait de la même manière. Par exemple : soit la figure 24 *bis* à augmenter dans le rapport de *ab* à AB, on porterait la longueur de *ab*, sur les lignes graduées du compas à partir du centre O, et on ouvrirait le compas, de sorte que la distance des numéros correspondant à cette longueur, égale la longueur AB; on fixerait le compas à cette ouverture, et on opérerait, comme il a été dit précédemment, en portant successivement sur les lignes OK du compas, les longueurs *ob*, *or*, *oq*, *op*; la distance des divisions correspondant à ces diverses longueurs donnerait les longueurs des lignes OB, OP, OQ, OR.

Pour réduire les dimensions de la même figure 24 à celles de la figure 24 *bis* au moyen du compas de réduction, *fig.* 10, Pl. 1, il suffit de placer le centre A de la charnière de manière que l'ouverture des branches B, B égale la longueur de AB et celle CC, la longueur de *ab*, ce qui se fait par tâtonnement en faisant coulisser la charnière dans le vide des branches. — Le rapport des extrémités des branches étant fixé, on prendra successivement avec les pointes BB, la longueur des lignes de la figure 24 que l'on reportera à la figure 24 *bis*, au moyen des pointes CC; il va sans dire que si, au lieu de diminuer, on voulait augmenter la figure dans le même rapport, on prendrait la longueur des lignes à augmenter, avec les pointes C, C que l'on reporterait avec celles B, B sur le dessin à reproduire.

### Des Triangles.

Un triangle est l'espace compris entre trois lignes droites ou courbes.

On distingue trois sortes de triangles par rapport aux lignes dont ils sont formés, savoir :

1° Les rectilignes , *fig.* 26, dont les côtés sont droits.

2° Les curvilignes, *fig.* 27, dont les côtés sont courbes.

3° Les mixtilignes, *fig.* 28, dont les côtés sont composés de lignes droites et de lignes courbes.

On distingue trois sortes de triangles rectilignes par rapport à la longueur des côtés, savoir :

1° Le triangle équilatéral, *fig.* 29, dont les trois côtés AB, AC, BC, sont égaux.

2° Le triangle isocèle, *fig.* 26, ayant deux côtés AB, BC, égaux.

3° Le triangle scalène, *fig.* 30, dont les trois côtés AB, AC, BC, sont inégaux.

On distingue trois sortes de triangles rectilignes par rapport à leurs angles, savoir :

1° Le triangle rectangle, *fig.* 31, ayant deux côtés AB, AC, perpendiculaires l'un à l'autre, formant un angle de 90°; le plus long côté BC se nomme hypoténuse.

Il n'y a que dans le triangle rectangle que le côté le plus long se nomme hypoténuse; il est toujours opposé à l'angle droit A.

2° Le triangle acutangle, *fig.* 32, dont les trois angles A, B, C, sont aigus ayant moins de 90°.

3° Le triangle obtusangle, *fig.* 33, lequel a un angle obtus A ayant plus de 90°.

Les trois angles d'un triangle rectiligne valent toujours ensemble 180°; ainsi, si on prolonge le côté CA, *fig.* 31, et que de l'angle A comme centre, on décrive une demi-circonférence DEG, puis des points BC et de la même ouverture de compas, on décrive les arcs H, I, K, L, le quart de cercle DE renfermant 90° est la valeur de l'angle BAC; il ne reste plus que 90° pour les deux autres. Si on mène par le point A une parallèle à BC, l'arc de cercle EM sera égal à celui KL, et les angles MAE et KBL seront égaux. Par suite du parallélisme des lignes CB, AM, les angles MAG et HCI seront aussi égaux. Or, comme la demi-circonférence du cercle égale 180° et que les trois angles ADE, AEM et AMG contiennent exactement cette demi-circonférence, ils en contiennent aussi la valeur.

En mesurant séparément ces trois angles avec le rapporteur, le total sera toujours 180°.

On voit, d'après cette démonstration, qu'il ne peut y avoir qu'un seul angle droit dans un triangle, puisqu'il ne reste que 90° pour la valeur des deux autres.

Un côté quelconque d'un triangle peut être pris pour base de ce même triangle ; ordinairement on prend le côté inférieur : ainsi serait BC, *fig.* 29, le point A en est le sommet, lequel est toujours opposé à la base.

La hauteur d'un triangle est la longueur de la perpendiculaire abaissée du sommet sur la base comme AD, *fig.* 29.

Il peut se faire que la perpendiculaire abaissée du sommet ne rencontre pas la base, comme au triangle, *fig.* 30 ; il suffit alors de prolonger la base CA, et la perpendiculaire BD sera la hauteur du triangle.

Tous les triangles de même base et de même hauteur sont égaux en surface. Ainsi, les triangles A et B, *fig.* 34, ont une même surface, ayant une hauteur et une base semblables.

### *Faire un Triangle Equilatéral*, fig. 29.

Soit BC la longueur des côtés ; il faut des points B, C comme centre, avec BC pour rayon, décrire des arcs de cercle se coupant en A, joindre ce point aux points B, C, le problème sera résolu.

### *Copier un Triangle*, fig. 35.

Soit le triangle A à copier : Faites FG de même longueur que CD, avec une ouverture de compas égale à CE et du point F comme centre, décrivez un arc de cercle en H ; d'une ouverture de compas égale à DE, et du point G comme centre, décrivez un second arc de cercle en H, joignez le point H où les deux arcs se coupent aux extrémités de la ligne FG, vous avez le triangle demandé.

*Construire un triangle dont la longueur de chaque
côté serait donnée en nombre,* fig. 36.

Soit 40, 50, 30 mètres, les dimensions des trois côtés :
il faut faire AB égal à 40 m., puis, d'une ouverture de
compas égale à 50 m. et du point A comme centre, décrire
un arc de cercle en C ; décrire de même du point B un
arc de cercle d'un rayon égal à 30 m. qui coupe le premier en C ; joignez ce point à AB, le problème sera résolu.

*Construire un triangle connaissant un angle et la lon-
gueur de deux côtés,* fig. 37.

Soit ABC l'angle donné, 35 et 42 la longueur des deux
côtés : il faut faire un angle DEF semblable à ABC, porter sur les côtés, à partir de E en G et en H, les longueurs
données et joindre GH. On a le triangle demandé.

La figure 38 est un triangle rectangle, dont une des propriétés est que la surface des deux côtés DE, construits
sur les côtés AB, BC, égale celle du carré F construit sur
l'hypoténuse AC. Supposant que le côté AB égale 24,
que celui BC égale 45, en multipliant 24 par 24 et 45 par
45, on aura pour la surface du carré D 576, et pour celle
du carré E 2025. En additionnant ces deux produits, on
aura 2601 ; si on extrait la racine carrée de ce nombre,
cette racine sera 51, longueur de l'hypoténuse AC ; or,
en multipliant 51 par 51 on aura le même nombre 2061
pour surface du carré F.

Trois cercles D, E, F, *fig.* 39, ayant pour diamètre ou
rayon un des côtés du triangle rectangle ABC, *fig.* 38,
seraient dans les mêmes rapports que les carrés D, E, F,
c'est-à-dire que la surface réunie des deux cercles D, E
égalerait celle du cercle F.

*Trouver la longueur de la diagonale d'un rectangle,*
fig. 40.

Soit 90 la longueur du côté AB, 48 celle du côté AC ;

il faut carrer ces deux nombres, comme ci-dessus, additionner les deux produits et extraire la racine carrée du total, qui sera la longueur de la diagonale BC.

*Opération.* $48 \times 48 + 90 \times 90 = \sqrt[2]{10404} = 102$, longueur de la diagonale.

La diagonale d'un carré s'obtient de la même manière en élevant au carré la longueur d'un côté et multipliant le produit par 2 ; la racine du produit sera la longueur de la diagonale.

On obtient aussi la longueur de la diagonale d'un carré en multipliant la longueur d'un des côtés par le nombre 1,4142 ; le produit sera la longueur cherchée.

Soit le carré, *fig.* 41, dont le côté AB égale 40.

*Opération.* $40 \times 1,4142 = 56,56$, longueur des diagonales AD, BC.

### Des lignes proportionnelles et Réduction des figures en d'autres de même surface.

Comme en arithmétique, quatre nombres sont proportionnels quand le produit des extrêmes égale celui des moyens : ainsi, par exemple, les quatre nombres 32, 64, 15, 30. Si on fait quatre lignes A, B, C, D, *fig.* 42, et qu'on donne à chacune une longueur égale à un de ces nombres, on aura : A = 30, B = 15, C = 64, D = 32. Si on construit un rectangle, *fig.* 43, ayant pour côtés une longueur égale à A et D, sa surface sera de 960. Si on en construit un second, *fig.* 44, ayant pour côtés les longueurs B et C, sa surface sera de même 960 ; ce qui démontre que lorsque quatre lignes sont en proportion, la surface du carré construit sur les moyennes égale celle du carré construit sur les extrêmes, et réciproquement.

*Un rectangle* ABCD, fig. 45, *étant donné, construire un carré de même surface.*

Tirez une ligne indéfinie AD, *fig.* 46, portez sur cette ligne et bout à bout la longueur AB et celle BD du rectangle donné ; décrivez du point milieu de ces deux longueurs la demi-circonférence AD au point B, élevez une perpendiculaire BE qui sera la longueur du côté du carré demandé.

Cette perpendiculaire est ce qu'on appelle moyenne proportionnelle aux deux lignes AB, BD.

Si dans un triangle rectangle, *fig.* 47, on abaisse du sommet A une perpendiculaire AB sur l'hypoténuse, cette perpendiculaire sera une moyenne proportionnelle aux deux parties CB et BD de l'hypoténuse ; en sorte que la surface d'un carré, ayant pour côté la perpendiculaire AB, sera égale à celle d'un rectangle ayant pour côtés les longueurs CB et BD. Ce problème n'est qu'une reproduction de la figure 46, car si on décrit la demi-circonférence CD, on aura une figure semblable.

*Un carré* ABCD, fig. 48, *étant donné, construire un rectangle* EFGH, fig. 49, *de même surface, le côté* EF *devant avoir 32 de longueur.*

Faites un angle quelconque IKL, *fig.* 50, portez la longueur 40 des côtés du carré donné de I en M et en N ; portez la longueur 32 du côté EF du rectangle cherché de I en O, joignez NO par une droite, par le point M, menez MK parallèle à NO, KI sera la longueur du second côté EG du rectangle demandé.

Cette ligne KI est ce qu'on appelle troisième proportionnelle aux côtés AB du carré et EF du rectangle.

On peut en obtenir la longueur par la proportion

$32 : 40 :: 40 : x$ ; 40 étant le côté du carré et 32 le côté donné du rectangle, en faisant l'opération, on trouve :

$$\frac{40 \times 40}{32} = 50, \text{ longueur du côté EG.}$$

*Un rectangle* ABCD, *fig. 51, étant donné, construire un second rectangle* EFGH, *fig. 52, Pl. 3, de même surface, la longueur du côté* EF *devant avoir* 60 *de longueur.*

Faites un angle quelconque IKL, *fig.* 53 ; portez la longueur donnée 60 de I en M ; portez de M en O la longueur 30 d'un des côtés du rectangle donné, et de I en P l'autre côté du même rectangle ; joignez le point P au point M, et par le point O menez OQ parallèlement à MP, la distance PQ = 25, sera la longueur du second côté EG du rectangle demandé.

Cette ligne PQ est ce qu'on appelle une quatrième proportionnelle aux deux côtés du rectangle donné et au côté connu du rectangle cherché.

On peut en obtenir la longueur par la proportion $60 : 30 :: 50 : x$. 60 étant la longueur du côté donné, 30 et 50 la longueur des côtés du rectangle connu, en faisant l'opération, on trouve : $\dfrac{50 \times 30}{60} = 25$ pour la longueur du côté cherché.

*Trouver le côté d'un carré dont la surface sera un certain nombre de fois celle d'un carré donné, fig. 54.*

Soit ABCD le carré donné : la diagonale BC sera le côté d'un carré DEFG double en surface du premier ; la diagonale CE sera le côté d'un carré DHIK triple en surface du premier ; la diagonale CH sera le côté du carré DLMN, dont la surface sera quadruple du premier, et ainsi de suite.

*Trouver le côté d'un carré de même surface que celle d'un triangle donné*, fig. 55.

Portez la hauteur AB du triangle sur une ligne EG de E en F, *fig*. 56, puis une longueur FG égale à la moitié de la base CD du triangle, décrivez la demi-circonférence EG, élevez la perpendiculaire FH, qui sera la longueur du côté demandé.

Comme on le voit, l'opération consiste à trouver une moyenne proportionnelle entre la hauteur AB du triangle et la moitié de la base CD.

*Faire un triangle de même surface que celle d'un carré donné*, fig. 57.

Portez sur une ligne CD, *fig*. 58, deux fois la longueur du côté AB du carré ; cette longueur sera la base du triangle auquel vous donnerez une hauteur EF égale à AB. Comme les triangles de même base et même hauteur sont égaux en surface, le sommet E pourrait être en un point quelconque de la ligne GH.

*Trouver le côté d'un carré dont la surface soit égale à un cercle donné*, fig. 59.

Croiser perpendiculairement les deux diamètres AB, CD, du point D comme centre avec DB pour rayon, décrire l'arc de cercle BF, du point C comme centre avec CF pour rayon, décrire l'arc de cercle FG : la corde BC sera le côté du carré cherché égal en surface au cercle donné, à deux centièmes près en moins.

*Trouver le rayon d'un cercle dont la surface soit égale à un carré donné*, fig. 60.

Décrivez un cercle d'une grandeur arbitraire, croisez perpendiculairement les deux diamètres AB, CD, du point

D comme centre décrivez l'arc de cercle AE, et du point C celui EF, tirez la corde AF, que vous prolongerez en G égale au côté du carré donné ; sur le millieu de AG, élevez la perpendiculaire III, sa rencontre avec le diamètre AB, sera le centre du cercle ayant AI pour rayon, qui sera égal en surface au carré donné, à deux centièmes près en plus.

La plus grande surface rectangulaire que l'on puisse découper dans un cercle, est le carré ABCD, *fig* 61. Toute autre surface rectangulaire que l'on tracerait dans le même cercle aurait une surface moindre, d'autant plus petite qu'elle s'éloignerait davantage du carré (1).

## Des Quadrilatères.

Les quadrilatères sont des figures composées de quatre lignes ; on en distingue de six sortes, qui sont :

Le carré, *fig.* 62, dont les côtés sont égaux et forment quatre angles droits.

Le rectangle, *fig.* 63.

Le losange, *fig.* 64, composé de quatre lignes de mêmes longueurs, formant deux angles obtus et deux angles aigus.

Le rhomboïde ou losange déformé, *fig.* 65.

---

(1) Si on voulait équarrir une solive de la plus forte dimension possible, dans une pièce ronde, le carré n'en serait pas la section ; pour l'obtenir, il faut diviser le diamètre AD en trois parties égales ; du point de division *b*, élever la perpendiculaire *bc* ; puis du point D, avec A*c* pour rayon, couper le cercle en *d*, joindre A*d*, D*c* : on a ainsi la section de la solive, qui étant posée de champ, supporterait un poids de 1/10 en plus que celui supporté par celle ayant pour section le carré ABCD.

La même solive posée à plat, ne supporterait que les 5/7 du poids qu'elle pourrait supporter étant posée de champ.

Le trapèze, *fig.* 66, ayant deux côtés égaux et deux autres parallèles et inégaux.

Le trapézoïde, *fig.* 67, qui a les côtés inégaux dont deux sont parallèles.

En général, on nomme parallélogrammes les quadrilatères dont les côtés sont parallèles deux à deux ; ainsi, les *fig.* 63, 64, 65 sont des parallélogrammes.

## Des Polygones.

Un polygone est une surface renfermée par un nombre quelconque de lignes droites.

Les principaux sont :

Le pentagone, *fig.* 68, qui a cinq côtés ;

L'hexagone, *fig*, 69, qui a six côtés ;

L'heptagone, *fig.* 70, qui a sept côtés ;

L'octogone, *fig.* 71, qui a huit côtés.

Le triangle et le carré sont des polygones, considérés comme tels : le triangle se nomme trilatère, et le carré quadrilatère.

Le cercle peut être considéré comme un polygone dont le nombre de côtés serait plus grand que tous nombres donnés.

Pour tracer un polygone, il faut décrire une circonférence de la grandeur qu'on veut donner au polygone ; on le divise en autant de parties que l'on veut avoir de côtés et on joint les points de division par des droites.

Quand les angles sont sur le cercle, on dit qu'il est inscrit.

Quand les côtés ne font que toucher le cercle, il est circonscrit.

La figure 68 est un polygone inscrit.

La figure 69 est un polygone circonscrit.

## Des Ellipses.

Une ellipse est une surface plane enfermée par une courbe à plusieurs centres ; les deux diamètres AB, CD, *fig.* 75, se nomment axes, celui AB est le grand axe, CD le petit axe.

Une ellipse se trace, soit avec le compas, soit avec des points ou ordonnées limitant le passage de la courbe. Cette dernière manière est préférable sous tous les rapports, vu qu'elle permet de faire des ellipses de toutes dimensions, tout en conservant la régularité de la courbe ; tandis que celles tracées au compas n'étant composées que de parties de cercle raccordées, déterminent une courbe moins régulière, surtout dans une ellipse allongée.

*Tracé de l'ellipse ordinaire,* fig. **72.**

Divisez le grand axe AB en trois parties égales AE, FB ; des points EF comme centre, avec AE pour rayon, décrivez deux cercles, joignez par des droites prolongées les points d'intersection O,O aux points E,F ; des points O comme centre, avec OG pour rayon, décrivez les arcs de cercle GH, l'ellipse sera terminée.

*Tracé d'une ellipse, la longueur des deux axes étant donnée,* fig. **73.**

Après avoir croisé par le milieu et perpendiculairement les deux diamètres AA, BB, portez la demi-largeur EB de E en F, prenez la distance de AF, portez-la de B en GG, élevez des perpendiculaires sur le milieu de la ligne AG, les points H,H seront les centres des portions I,B,I de l'ellipse et ceux O,O les centres des portions I,A,I,

La moitié ABA de cette ellipse est ce que l'on nomme anse de panier.

La courbe de cette ellipse, ainsi que celle de la précédente, *fig.* 72, étant composée de cercles raccordés, n'est pas régulière, ainsi que je l'ai dit plus haut. Une courbe elliptique ayant autant de centre qu'elle renferme de points, il est aisé de comprendre l'impossibilité de les tracer avec le compas. C'est pour cette raison qu'on fera bien, quand on aura une courbe elliptique à tracer, d'employer une des méthodes ci-après :

### *Tracé par points de l'ellipse bornée,* fig. 74.

Faites un parallélogramme rectangle dont les côtés A,B égalent la longueur du grand axe, et les côtés AA,BB celle du petit axe. Divisez les côtés A,B en autant de parties égales que vous voudrez ; divisez de même les côtés AA, BB en un même nombre de parties que les côtés A,B ; joignez les points de division par des droites, ainsi que l'indiquent les lignes pointillées ; les points O,O, où ces lignes se croisent, limitent le passage de la courbe de l'ellipse.

### *Tracé de l'ellipse du jardinier,* fig. 75.

Après avoir croisé perpendiculairement les deux axes et en avoir borné la longueur ABCD, du point C comme centre et avec une ouverture de compas égale AE, décrivez l'arc de cercle FG ; les points F,G seront ce que l'on appelle les foyers de l'ellipse.

Plantez trois piquets, un en C, un en F, l'autre en G. Faites tourner une ficelle autour de ces trois piquets ; nouez-en les extrémités de sorte qu'elle soit bien tendue et forme un triangle. Cela fait, enlevez le piquet C, et servez-vous-en comme de pointe à tracer en la faisant tourner autour des deux piquets F, G, ainsi que l'indique le pli H de la ficelle.

Les lignes HF et HG se nomment rayons vecteurs de l'ellipse, leurs longueurs mises bout à bout égalent toujours le grand diamètre ou axe AB, quelle que soit la position du point H.

*Tracé d'une ellipse au moyen du compas elliptique*, fig. 76.

Après avoir croisé perpendiculairement les deux axes AB, CD, placez le croisillon dessus en faisant coïncider exactement les deux axes AB, CD avec le milieu des rainures; portez sur la verge, à partir du tourillon fixe E, une longueur EG égale à la moitié du grand axe AB; fixez le tourillon mobile H à une distance du point G, égale à la moitié du petit axe CD, en faisant coulisser les tourillons E, H dans la rainure du croisillon; le crayon fixé au point G décrira la courbe ABCD.

Comme on n'a pas toujours un instrument de ce genre, on peut y suppléer facilement, tout en obtenant le même résultat, en opérant ainsi : Après avoir croisé et borné les axes AB, CD, *fig.* 77, comme ci-dessus, prenez une bande de papier ou une tringle de bois, si l'ellipse doit avoir une grande dimension, marquez dessus les trois points *e, n, m*, en faisant *em* égale à la moitié du grand axe AB, et *mn* égale à la moitié du petit axe CD; présentez la bande de papier ou la tringle de bois dans toutes les directions, en observant que le point *e* soit constamment sur le petit axe CD, et que le point *n* soit de même sur le grand axe AB, le point *m* donnera autant de points de l'ellipse que l'on voudra.

*Une ellipse étant donnée, trouver le centre et déterminer les axes*, fig. 78.

Tracez deux cordes parallèles AA, BB à la distance

que vous voudrez ; divisez-les en deux parties égales, et par les points de milieu O,O, faites passer une ligne CD ; divisez cette ligne en deux parties égales ; du point milieu E qui est le centre de l'ellipse et avec une ouverture de compas arbitraire, décrivez un cercle, qui, en coupant l'ellipse aux quatre points 1, 2, 3, 4, déterminera un parallélogramme ; par le point E, menez deux lignes FG, HI parallèlement aux côtés du parallélogramme 1, 2, 3, 4, lesquelles seront les axes de l'ellipse.

## *Tracé d'un ovale*, fig. 79.

Pour tracer cette figure, il suffit de croiser les deux diamètres AB, CD, décrire la demi-circonférence ADB, fixer à volonté la hauteur DC et faire la courbe ACB qui est une demi-ellipse, que l'on construira d'après la méthode ci-dessus.

# CHAPITRE III.

—

## Évaluation ou Métrage des Surfaces.

—

Le mètre étant l'unité fondamentale des mesures, un carré ayant un mètre de côté est l'unité des mesures pour les surfaces.

Pour trouver la surface d'un carré ou d'un parallélogramme, il faut multiplier la longueur par la largeur, le produit sera des unités carrées ou partie d'unités.

EXEMPLE :

Trouver la surface d'un carré de 30 mètres de côté, *fig.* 62 :

$$30 \times 30 = 900 \text{ mètres carrés de surface.}$$

Trouver la surface d'un parallélogramme de 40 mètres de long sur 20 mètres 70 de large, *fig.* 63.

20 m. 70 $\times$ 40 m. = 828 m. surface du parallélogramme.

Pour trouver la surface d'un triangle, il faut multiplier la longueur de la base par la moitié de la hauteur, ou la hauteur par la moitié de la base, ce qui est la même cho-se ; le produit sera la surface du triangle.

Trouver la surface d'un triangle dont la base CD égale 2 mètres 60 et la hauteur AB égale 2 mètres 80, *fig.* 55.

La moitié de 2 m. 60 = 1 m. 30 $\times$ 2 m. 80 = 3 m. 64, surface du triangle.

Pour obtenir la surface d'un losange, il faut multiplier la longueur d'un côté par la longueur de la perpendiculaire élevée sur le côté ; le produit sera la surface.

Trouver la surface d'un losange dont la longueur du côté AB égale 3 mètres 10 et la perpendiculaire CD égale 2 mètres 50, *fig.* 64.

3 m. 10 $\times$ 2 m. 50 = 7 m. 75, surface du losange.

La surface d'un rhomboïde, *fig.* 65, s'obtient de la même manière, en multipliant la longueur d'un des côtés A par la longueur de la perpendiculaire CD.

Pour obtenir la surface d'un trapèze, il faut ajouter en-semble la longueur des côtés parallèles, multiplier la som-me par la hauteur du trapèze, la moitié du produit sera la surface.

Trouver la surface d'un trapèze dont un des côtés pa-rallèles AB a 4 mètres de long, et l'autre CD 3 mètres 20, la hauteur EF étant de 1 mètre 50 *fig.* 66.

$$4^m + 3^m 20 = 7^m 20 \times 1^m 50 = \frac{10^m 8}{2} = 5^m 4, \text{ surface du trapèze.}$$

La surface du trapézoïde, *fig.* 67, s'obtient de la même

manière, en ajoutant ensemble la longueur des côtés **AB** et **CD**, et en multipliant la somme par la hauteur **BD**; la moitié du produit sera la surface.

Pour obtenir la surface de tout polygone régulier, il faut multiplier la somme de ses côtés par l'apothème ou perpendiculaire abaissée du centre sur le milieu d'un des côtés; la moitié du produit sera la surface.

EXEMPLE :

Trouver la surface d'un hexagone dont la longueur de chacun des côtés **AB** est de **3** m. **20**, et la longueur de la perpendiculaire **CD 2** m. **90**, *fig.* 69.

$$3\,\text{m}.\,20 \times 6 \times 2\,\text{m}.\,90 = \frac{55\ \text{m}.\ 68}{2} = 27\ \text{m}.\,84,\ \text{surface du polygone.}$$

Le cercle, pouvant être considéré comme un polygone dont le nombre de côtés serait plus grand que tout nombre donné, on obtient sa surface en multipliant la longueur de la circonférence par la moitié du rayon, le produit donne la surface.

En comparant la longueur de la circonférence d'un cercle quelconque au diamètre du même cercle, on a trouvé qu'il existait un rapport constant entre ces deux longueurs.

Ce rapport est **3,1416**, c'est-à-dire que la circonférence égale **3,1416** fois la longueur du diamètre.

EXEMPLE :

Trouver la longueur de la circonférence d'un cercle dont le diamètre **AB** égale **4** m. **2**, *fig.* 80.

$$3,1416 \times 4\,\text{m}.\,2 = 13\ \text{m}.\,19472,\ \text{longueur de la circonférence.}$$

Quand on n'a pas besoin d'une grande précision, on

supprime les deux derniers chiffres décimaux 64, ce qui simplifie l'opération sans causer une grande erreur au produit ; ainsi, dans l'exemple ci-dessous on a :

$3,14 \times 4$ m. $2 = 13$ m. $188$, longueur de la circonférence, à six millièmes près.

Pour trouver la longueur du diamètre d'un cercle, connaissant la longueur de la circonférence, il faut diviser cette longueur par $3,14$ ; le résultat sera la longueur du diamètre.

EXEMPLE :

Connaissant la longueur de la circonférence du cercle ci-dessus, laquelle est de $13$ m. $188$, trouver la longueur du diamètre.

$$\frac{13 \text{ m.} 188}{3.14} = 4 \text{ m.} 2, \text{ longueur du diamètre.}$$

Pour trouver la surface d'un cercle, il faut multiplier la longueur de la circonférence par le quart du diamètre ; le produit sera la surface.

Ainsi, dans l'exemple ci-dessous, la longueur de la circonférence étant de $13$ m. $188$, et le quart du diamètre ou demi-rayon étant $1$ m. $05$, on a :

$13$ m. $188 \times 1$ m. $05 = 13$ m. $8474$, surface du cercle.

On peut aussi en trouver la surface en élevant le rayon au carré et en multipliant le produit par $3,14$ ; le résultat sera la surface ; ainsi, les données restant les mêmes, on a :

$2$ m. $1 \times 2$ m. $1 = 4$ m. $41 \times 3,14 = 13$ m. $8474$, même nombre que ci-dessus.

Connaissant la surface d'un cercle, pour en trouver le rayon, il faut diviser cette surface par $3,14$ et extraire la racine carrée du quotient; le produit sera le rayon cherché; soit le cercle ci-dessus dont la surface est de 13 m. 8474,

On a $\dfrac{13 \text{ m}.\, 8474}{3,14} = 4$ m. 41 dont la racine est de 2 m. 1 = la longueur du rayon.

Pour obtenir la surface de la couronne C, *fig.* 81, comme elle est formée de deux cercles concentriques A et B, il suffit de chercher la surface des deux cercles, soustraire la surface du petit cercle B de celle du grand cercle A, le reste sera la surface de la couronne.

La surface de l'ellipse s'obtient en multipliant la moitié du grand axe par la moitié du petit, le produit multiplié par 3,14 donnera la surface.

EXEMPLE :

Soit 50 la longueur du grand axe AB, *fig.* 75, et 30 celle du petit axe CD, on a 25, moitié du grand axe, plus 15, moitié du petit, ce qui donne :

$25 \times 15 = 375 \times 3,14 = 1,177,50$, surface de l'ellipse.

La surface de l'ovale *fig.* 79, égale la moitié de la surface d'un cercle ayant AB pour diamètre, plus la moitié de la surface d'une ellipse ayant pour petit axe la longueur AB, et pour grand axe le double de CE.

# CHAPITRE IV.

——

## Évaluation des Solides.

—

Un solide, *fig*. 82, offrant six faces carrées d'un mètre de côté, est pris pour terme de comparaison et se nomme mètre cube.

Les principaux solides sont :

Le cube, le parallélipipède, le prisme, la pyramide, le cylindre, le cône et la sphère.

1° Le cube, *fig*. 82, est un solide qui offre un carré parfait sur ses six faces. Pour en obtenir la surface, il faut multiplier la longueur d'un côté par elle-même, et multiplier le produit par six, nombre de côtés.

### EXEMPLE :

Trouver la surface d'un cube, *fig*. 82, ayant 2 mètres de côté.

2 m. × 2 m. × 6 = 24 m. carrés, surface du cube.

Pour en avoir le volume ou solidité, il faut multiplier la longueur d'un côté trois fois par elle-même.

2 m. $\times$ 2 m. $\times$ 2 m. = 8 m. cubes, pour la solidité.

2° Le parallélipipède, *fig.* 83, est un solide comme le cube, mais dont les faces ne sont pas un carré parfait.

Pour en trouver la surface, il faut multiplier la longueur de chaque face par la hauteur ou largeur, le total des produits sera la surface.

EXEMPLE :

Trouver la surface d'un parallélipipède ayant **2** mètres de long, 1 m. de haut et 0 m. 80 cent. de large, *fig.* 83.

1 m. $\times$ 2 m. $\times$ 2 m. = 4 m.
plus 1 m. $\times$ 0 m. 80 $\times$ 2 m. = 1 m. 60.
plus 2 m. $\times$ 0 m. 80 $\times$ 2 m. = 3 m. 20.

TOTAL..... 8 m. 80, surface du parallélipipède.

Pour en avoir le cube ou volume, il faut multiplier la surface d'un côté, comme celui ABCD, par la hauteur BE, le produit exprimera en mètres cubes le volume du parallélipipède.

EXEMPLE :

Surface de la base 1 m. 60 $\times$ 1 m. hauteur = 1 m. cube 60.

Si les surfaces n'étaient pas d'équerre, comme celles ABCD, *fig.* 84, on en obtiendrait la surface en multipliant la longueur AB par la longueur de la perpendiculaire EF, on obtiendrait de la même manière la surface des autres côtés.

Pour en avoir le volume, l'on multipliera la surface ABCD par l'épaisseur BG, le produit sera le volume cherché.

3° Le prisme triangulaire, *fig.* 85, est un solide dont

les deux bases A,B sont parallèles, et les côtés sont des parallélogrammes.

Un prisme peut être triangulaire, quadrangulaire, pentagonal, etc., selon le nombre de côtés du polygone qui sert de base.

Pour en avoir la surface, il faut multiplier la somme des trois côtés C,D,E de la base A par la hauteur EF, joindre au produit la surface des deux bases A,B ; le total sera la surface du prisme.

Pour en avoir le cube, il suffit de multiplier la surface d'une base par la hauteur EF ; le produit sera le volume ou cube du prisme.

Si les côtés n'étaient pas perpendiculaires aux bases A, B, *fig*. 86, on en obtiendrait la surface en multipliant la somme des trois côtés C,D,E de la base A par la longueur de la perpendiculaire FG.

Pour en avoir le cube, il faut multiplier la surface d'une base par la hauteur FG prise perpendiculairement aux bases ; le produit sera le cube cherché.

*Trouver la surface du prisme, fig. 87.*

Les deux bases A,B étant des pentagones réguliers, on en cherchera la surface d'après la méthode de la figure 69 ; puis, en multipliant le pourtour CDEFG du polygone par la hauteur EH, on obtiendra la surface des cinq parallélogrammes en joignant cette surface à celle des deux bases ; le total sera la surface du prisme.

Pour en avoir le cube il suffit de chercher la surface d'une base et multiplier cette surface par la hauteur EH ; le produit sera le volume du prisme.

Si les lignes d'arêtes A,B,C,D, *fig*. 88, n'étaient pas

perpendiculaires aux bases, pour en obtenir la surface on opérera comme pour les faces inclinées, *fig.* 86.

On en obtiendra le volume en multipliant la surface de la base E par la hauteur FG perpendiculaire aux bases.

#### 4° *Trouver la surface de la pyramide*, fig. 89.

En supposant que la base ABCD soit carrée, les faces offriront quatre triangles égaux ; cherchez la surface d'un de ces triangles, multipliez-la par quatre, ajoutez au produit la surface de la base, le total sera la surface de la pyramide.

Si la pyramide avait pour base un parallélogramme ou tout autre polygone d'un nombre quelconque de côtés, on chercherait séparément la surface de tous les triangles que l'on additionnerait ensemble avec la base ; le total sera la surface de la pyramide.

Pour en avoir le volume, multipliez la surface de la base ABCD par le tiers de la hauteur EG ; le produit sera le volume ou le cube de la pyramide.

Si l'axe de la pyramide était oblique, comme AG, *fig.* 90, on obtiendrait la surface de la même manière que pour la figure 89.

Le volume s'obtiendrait en multipliant la surface de la base par le tiers de la perpendiculaire AB ; le produit serait le volume cherché.

#### *Trouver la surface de la pyramide tronquée*, fig. 91.

Prolongez les lignes d'arêtes A,B,C,D,E pour figurer la pyramide non tronquée, cherchez la surface des cinq côtés, ajoutez-y la surface des deux bases F,G, retranchez du total la surface des cinq côtés de la petite pyramide H, le reste sera celle de la pyramide tronquée.

Pour en avoir le volume, multipliez la surface de la base F par le tiers de la hauteur totale mesurée perpendiculairement, retranchez du produit le volume de la petite pyramide H, que vous obtiendrez de la même manière, le reste sera le volume de la pyramide tronquée.

*5° Trouver la surface convexe d'un cylindre, fig. 92.*

Il faut chercher la longueur de la circonférence de la base A qui, multipliée par la hauteur BC, donnera la surface convexe du cylindre. Si l'on veut avoir la surface totale, on ajoutera à la surface convexe celle des deux bases AD.

Pour en avoir le volume, il faut chercher la surface d'une des bases et la multiplier par la hauteur BC du cylindre ; le produit sera le volume.

Si le cylindre était oblique, *fig.* 93, on obtiendrait la surface convexe en multipliant la longueur de la circonférence mesurée suivant AB, c'est-à-dire perpendiculairement aux génératrices (1) par la longueur CD.

Pour en avoir le volume, on cherchera la surface du cercle ayant AB pour diamètre, que l'on multipliera par la longueur CD ; le produit sera le volume cherché (2).

---

(1) On appelle génératrice une ligne BC, *fig.* 92, qui, se mouvant perpendiculairement autour de deux cercles AD, décrit un corps rond qu'on nomme rouleau ou cylindre. Toutes les lignes que l'on pourrait tracer sur la surface, perpendiculairement aux cercles AD, seraient des génératrices du cylindre.

Il en est de même du cône, *fig.* 94, lequel est engendré par une ligne droite qui, passant par le sommet B, se meut autour d'un cercle A qui est la base du cône. Toutes les lignes droites que l'on pourrait tracer sur la surface du cône, passant par le sommet B, seraient des génératrices du cône.

(2) Pour obtenir le volume d'une pièce de bois en grume, il faut, avec une ficelle, en prendre le pourtour moyen, le diviser par 3,14 et multiplier le quart du produit par la longueur du pourtour ; le résultat sera la surface de la section moyenne de la pièce qui, étant multipliée par sa longueur, en donne le volume.

6° *Trouver la surface convexe d'un cône*, fig. 94.

Cherchez la longueur de la circonférence de la base A, multipliez-la par la longueur BC de la génératrice; la moitié du produit sera la surface convexe du cône à laquelle on ajoutera celle de la base A, pour avoir la surface totale.

Pour en avoir le cube, il faut multiplier la surface de la base A par le tiers de la hauteur perpendiculaire AB du cône; le produit sera le cube du cône.

*Pour obtenir la surface d'un cône oblique*, fig. 95.

Du point A, centre de la base, élevez AD perpendiculairement à AB, multipliez la circonférence de la base par la moitié de la longueur BD; le produit sera, à très peu près, la surface convexe du cône, à laquelle on ajoutera celle de la base qui est elliptique, vu l'inclinaison du cône.

Pour en avoir le volume, multipliez la surface de la base par le tiers de la hauteur perpendiculaire BC, le produit sera le volume du cône.

*Trouver la surface d'un tronc de cône*, fig. 96.

Cherchez la longueur de la circonférence des deux cercles ayant pour diamètre BCDE, ajoutez-les ensemble et prenez-en la moitié que vous multiplierez par la longueur BD des côtés; le produit sera la surface convexe du tronc de cône, à laquelle il faudrait ajouter la surface des deux bases, si on voulait avoir la surface totale.

Pour en obtenir le volume, la méthode la plus simple consiste à retrancher le volume du petit cône ABC du grand ADE; le reste sera le volume du cône tronqué BCDE; on obtiendra ces différents volumes de la même manière que celui du cône, *fig*. 94.

7° *Trouver la surface de la sphère*, fig. 97.

La surface de la sphère étant égale à celle d'un cylindre **ABCD**, ayant même diamètre et même hauteur que la sphère, il suffit pour l'obtenir de multiplier la longueur du grand cercle **EFGH** par le diamètre **FH** ; le produit sera la surface cherchée.

Pour en avoir le volume, multipliez la surface par le diamètre **FH** et divisez le produit par 6, le résultat sera le volume de la sphère ; ou, ce qui revient au même, multipliez la surface par le tiers du rayon ; le résultat sera le même.

### Des Polyèdres.

Les figures 98, 99, 100, 101 sont des polyèdres réguliers.

La figure 98 se nomme tétraèdre ; il se compose de quatre triangles équilatéraux.

Le cube, *fig.* 82, fait partie des polyèdres réguliers ; considéré comme tel, il se nomme hexaèdre.

La figure 99 est un octaèdre ; sa surface offre huit triangles équilatéraux et égaux.

La figure 100 est un dodécaèdre ; sa surface offre douze pentagones réguliers et égaux.

La figure 101 est un icosaèdre ; sa surface offre vingt triangles équilatéraux et égaux.

Pour obtenir la surface d'un polyèdre régulier quelconque, il faut chercher la surface d'une des faces et multiplier cette surface par le nombre des faces du polyèdre ; le produit sera la surface cherchée.

Tout polyèdre pouvant être considéré comme formé d'autant de pyramides qu'il y a de faces dont les sommets se réuniraient au centre, pour en obtenir le volume, il faut multiplier la surface par le tiers de la perpendiculaire partant du centre du polyèdre au centre d'une des faces ; le produit sera le volume cherché.

# CHAPITRE V.

—

## Géométrie descriptive.

—

PLANCHE 4.

La Géométrie descriptive est l'application de la méthode des projections ; elle a pour but de déterminer, au moyen d'un dessin géométrique, fait sur une surface plane, nommée épure, les dimensions des corps situés dans l'espace.

On nomme plan une surface ABCD, *fig.* 1, considérée sans épaisseur, sur laquelle on pourrait appliquer dans tous les sens une règle droite.

On nomme projection d'un point sur un plan, le pied de la perpendiculaire abaissée de ce point sur le plan, le point G est la projection du point E sur le plan ABCD.

La projection d'une ligne sur un plan, est le lieu géométrique des pieds des perpendiculaires abaissées de tous les points de cette ligne sur le plan ; ainsi la ligne GH est la projection de la ligne EF sur le plan ABCD. La projection d'une ligne droite est une ligne droite.

Pour faire usage des projections, on commence par concevoir deux plans perpendiculaires entre eux, *fig* 2 : un vertical ABCD, l'autre horizontal EFGH. Ces deux plans se nomment plans de projection, et leur intersection IK ligne de terre ; le point L est la projection horizontale du point M situé dans l'espace ; le point N est la projection verticale du même point. Il en est de même pour les projections d'une ligne.

La position d'un point est déterminée dans l'espace, quand on connaît ses deux projections : il suffit d'élever par chacune d'elles, une perpendiculaire au plan qui la contient ; la rencontre de ces perpendiculaires sera le point cherché. Ainsi, si des points L, N, on élève des perpendiculaires aux plans vertical et horizontal, leur rencontre donnera le point M de l'espace, dont ceux L, N sont la projection.

La longueur de la perpendiculaire abaissée de la projection horizontale L, sur la ligne de terre IK, mesure la distance du point M de l'espace au plan vertical.

La longueur de la perpendiculaire abaissée de la projection verticale N sur la ligne de terre mesure l'élévation du même point M au-dessus du plan horizontal : ces deux perpendiculaires rencontrent la ligne de terre au même point O, et n'en forment qu'une seule après le rabattement des plans.

Lorsqu'un point est sur un des plans de projection, il est lui-même sa projection sur ce plan, et sa projection sur l'autre est un des points de la ligne de terre, déterminée par le pied de la perpendiculaire abaissée de ce point sur cette ligne.

Si un point se trouve sur la ligne de terre, il n'a d'autre projection que lui-même.

La position et la grandeur d'une droite AB, *fig*. 3, située dans l'espace, sont déterminées quand on connaît ses deux projections : il suffit d'élever aux extrémités C,D,E,F, des projections de la ligne, des perpendiculaires aux plans qui les contiennent, la rencontre de ces perpendiculaires donnera dans l'espace deux points A,B qui seront les extrémités de la ligne cherchée et en donneront la position.

Si une droite AB, *fig.* 4, est sur un des plans de projection, sur celui vertical par exemple, elle sera sa projection sur ce plan ; sa projection horizontale sera sur une partie CD de la ligne de terre, déterminée par les perpendiculaires abaissées des extrémités A,B de la droite sur cette ligne.

Si une droite est parallèle à un des plans de projection sa projection sur l'autre sera une parallèle à la ligne de terre : soit la droite EF, *fig.* 5, parallèle au plan vertical : les intersections de deux plans, par un troisième, étant parallèles, la projection horizontale de la ligne EF, sera parallèle à la ligne de terre IK ; même raisonnement si la droite était parallèle au plan horizontal, sa projection verticale serait de même une parallèle à la ligne de terre.

Si une droite EF, *fig.* 6, est perpendiculaire au plan horizontal de projection, sa projection sur ce plan sera un point F, et sa projection sur le plan vertical sera une droite GH perpendiculaire à la ligne de terre. En effet, le plan projetant EFGH, contiendra la droite EF, et sera perpendiculaire au plan horizontal, sa trace verticale GH sera perpendiculaire au même plan et par suite à la ligne de terre IK ; or, comme la projection verticale de la droite EF doit se confondre avec les traces du plan projetant, la trace verticale GH de ce plan sera la projection verticale de la droite EF.

Un raisonnement semblable prouverait qu'une droite perpendiculaire au plan vertical aurait pour projection sur ce plan un point, et sur le plan horizontal, une perpendiculaire à la ligne de terre.

La projection verticale BD d'une courbe E, *fig.* 7, peut être une ligne droite ; pour cela il faut que la courbe E soit plane et qu'elle soit contenue dans le plan projetant ABCD, lequel étant perpendiculaire au plan vertical, projetterait sur ce plan, suivant, une droite BD, toutes les lignes droites ou courbes contenues dans ce plan ; si le plan projetant était parallèle au plan horizontal, la projection F de la courbe sur ce plan serait semblable à la courbe E de l'espace.

On démontrerait par un raisonnement semblable que si la courbe était contenue dans un plan perpendiculaire au plan horizontal, sa projection sur ce plan serait de même une ligne droite.

On conçoit, d'après ces démonstrations, comment un point ou une ligne droite sont déterminés, quand on connaît leur projection sur les deux plans de projection : il reste à voir ce que deviennent ces projections sur une donnée plane.

Supposez que le plan vertical ABCD, *fig.* 2, a tourné autour de la ligne de terre comme charnière, jusqu'à ce qu'il se soit confondu avec le plan horizontal ; dans ce mouvement, les points A, B sont venus se confondre avec ceux F, H ; la ligne NO n'a pas cessé d'être perpendiculaire à la ligne d'intersection IK, le point N est devenu N′, la ligne LO n'a pas bougé ; le point O, rencontre des deux perpendiculaires, n'a pas changé non plus ; donc, après le rabattement du plan vertical, les points L, O, N, seront sur une même ligne LN′ perpendiculaire à la ligne de terre IK : ce qui démontre que les projections d'un point doivent toujours être sur une même perpendiculaire à la ligne de terre.

La figure plane, qui contient les projections, se nomme épure : quand on voudra se représenter l'objet qui a donné lieu à une épure, il faudra toujours admettre que le plan vertical est revenu dans sa première position.

On peut se rendre compte de ces constructions et des suivantes au moyen d'un morceau de carton représentant les deux plans de projection, et faisant charnière, ainsi que l'indique la figure 8. Les plans auxiliaires, dont nous allons parler, seront faits également en cartons coupés à la demande pour être appliqués, suivant leurs traces, dans l'angle formé par les plans de projection ; les droites seront représentées par des fils tendus. Cette méthode très-simple aidera puissamment à l'intelligence des épures.

Les deux plans de projection n'étant pas limités par supposition, forment entre eux quatre angles, *fig.* 2. Il arrive fréquemment, dans les données ordinaires, qu'un point ou une ligne peuvent se trouver dans un de ces quatre angles, ce qui, après le rabattement du plan vertical, offre quelques difficultés pour se rendre compte de l'objet qui a donné lieu à l'épure. Comme toutes celles ayant rapport à la construction des courbes peuvent être faites exclusivement dans l'angle supérieur à gauche, et que j'ai pour but de simplifier, autant que possible, les épures qui y ont rapport, nous considérerons simplement le plan horizontal A et le plan vertical B, *fig.* 8, et les données seront posées de manière que tous les points et les lignes de construction puissent être déterminés au moyen de ces deux parties visibles des plans de projection.

### Des plans auxiliaires projetant ou coupant.

Les plans auxiliaires servent, en partie, à faire les projections que l'on ne peut effectuer sur les plans de projections ordinaires. Ces plans sont totalement indépendants de ceux de projection, et peuvent couper ces dernières dans tous les sens.

Deux droites qui se coupent dans l'espace, déterminent la position d'un plan ; si ces deux droites sont placées dans l'angle formé par les plans de projection, le plan, passant par ces deux droites, rencontrera ceux de projection, suivant une ou deux droites selon la direction des deux lignes de l'espace. Les lignes suivant lesquelles un plan rencontre ceux de projection se nomment trace horizontale ou trace verticale, selon qu'elles proviennent de l'intersection du plan avec le plan horizontal ou avec le plan vertical.

Les plans sont fréquemment employés dans les épures des ouvrages de trait, dans les tracés des ouvrages en plein bois, comme les cintres, les calottes, les panneaux de voussure. Toutes les lignes indiquant les assises ou joints sont autant de traces de plan ; les élévations des courbes d'arêtiers, la construction des calibres rallongés, sont faites au moyen des plans.

Quand on a une courbe O, *fig.* 10, à double courbure à faire (on nomme ainsi, en terme de géométrie, une courbe gauche, comme serait un limon d'escalier), on commence par concevoir que le plan vertical *fig.* 9, a été rabattu sur le plan horizontal, ainsi qu'il a été dit plus haut ; la partie inférieure **IKEG** est le plan horizontal sur lequel on fait le plan P de la courbe ; la partie supérieure **ABIK** est le plan vertical sur lequel on fait l'élévation Q de la même courbe, dont le rampant est donné par l'écartement des lignes *a, a, a* qui sont autant de traces verticales de plans horizontaux ; la ligne **IK** est la ligne de terre. Supposons l'épure de cette courbe terminée et reportonsla dans la direction du plan horizontal EAGB, *fig.* 10 ; supposons encore que le plan vertical IKAB soit ramené à sa première position en A'B' ; si, de tous les points de la projection P de la courbe tracée sur le plan horizontal, on élève des perpendiculaires à ce plan, et que de tous les points de la projection verticale Q de cette même courbe, on élève d'autres perpendiculaires au plan vertical, il est évident que la rencontre de toutes ces perpendiculaires déterminera dans l'espace la courbe O qui sera la courbe réelle, dont celles P,Q, tracées sur les plans de projection, ne sont que les projections.

D'après cela, il est facile de comprendre que tous les tracés des courbes à doubles courbures ne sont qu'une application de la méthode des projections, par le moyen desquelles il sera toujours facile d'en déterminer tous les points, quelle qu'en soit la forme. J'ai donné cette courbe comme exemple pour convaincre mes lecteurs de la nécessité de l'étude des principes de la Géométrie descriptive, s'ils veulent progresser dans l'art du trait. Je suis persuadé que la plupart préfèreraient passer outre et dessiner d'emblée une calotte, une voussure ou un escalier ; mais je crois en avoir assez dit et démontré pour les mettre à même de s'apercevoir qu'en procédant ainsi, ils s'exposeraient à faire fausse route. Revenons aux plans.

Les intersections ou traces d'un plan avec ceux de projection, sont les droites que l'on choisit pour le déterminer.

Les traces d'un plan dépendent de sa position ; voyons ce qu'elles deviennent sur une donnée plane, relativement à ces différentes positions.

Si un plan est parallèle à un des plans de projection, il est évident qu'il n'aura pas de trace sur ce plan ; il sera perpendiculaire à l'autre plan de projection, et sa trace sur ce plan sera une parallèle à la ligne de terre IK; la figure 11 est l'épure de cette donnée, la ligne AB est la trace horizontale d'un plan parallèle au plan vertical.

Même raisonnement si le plan était parallèle au plan horizontal, il aurait pour trace verticale la ligne CD.

Si un plan est perpendiculaire aux deux plans de projection, sa trace verticale ainsi que celle horizontale se confondent en une même perpendiculaire AB, à la ligne de terre, *fig.* 12.

Si un plan est perpendiculaire au plan horizontal, sa trace verticale sera une perpendiculaire FG à la ligne de terre et sa trace horizontale une oblique GH, suivant l'inclinaison du plan : même raisonnement que ci-dessus, *fig.* 12.

Enfin, un plan peut n'être ni perpendiculaire ni parallèle aux plans de projection non plus qu'à leur intersection ; dans ce cas, ses traces seront deux obliques AB, AC ayant un point commun A sur la ligne de terre, *fig.* 13.

Maintenant que nous connaissons les différentes positions d'un plan au moyen de ses traces sur les plans de projection, passons à leur application.

Dans l'exécution des épures qui vont suivre, nous désignerons, pour abréger, la ligne de terre par la lettre T.

Nous désignerons un point de l'espace par les lettres de ses projections : ainsi le point AB signifiera un point de l'espace dont A serait, par exemple, la projection verticale, et B la projection horizontale.

Nous désignerons de même une ligne, par les lettres indiquant ces projections.

### Figure 14.

*Connaissant les projections d'une droite, trouver les points où elle rencontre les plans de projection.*

Soit AB, CD les projections de la droite donnée : il faut

prolonger CD jusqu'à la rencontre de T en E ; ce point sera la projection horizontale du point où la droite rencontre le plan vertical ; si nous élevons une perpendiculaire a ce point, elle devra contenir le point cherché ; d'autre part, la droite ne peut rencontrer le plan vertical qu'en un point de sa projection sur ce plan : donc la rencontre de la perpendiculaire élevée au point E avec AB prolongé donnera F pour le point vertical cherché. Un raisonnement semblable fera connaître le point G où la droite rencontre le plan horizontal.

## FIGURE 15.

*Trouver la longueur d'une droite dont on connaît*
*les projections.*

On sait que les projections d'une droite sont données par les perpendiculaires abaissées de ses extrémités sur les plans de projection, et que leurs extrémités A, B, C, D doivent être sur deux perpendiculaires à la ligne T.

Si, par chacune de ces projections, on suppose un plan perpendiculaire aux plans de projection, ces plans formeront un prisme quadrangulaire, dont la ligne de l'espace sera une des lignes d'angle des côtés.

Si nous rabattons ce prisme sur le plan horizontal, par exemple, en lui faisant faire un quart de tour, en le faisant tourner autour de CD, la hauteur AF, BE des côtés verticaux deviendra CA′DB′, de sorte que A′B′ sera la ligne de l'angle formé par la rencontre des plans, menée suivant les projections de la droite, et sera par le fait la droite cherchée.

Ainsi, pour trouver la longueur de la droite, il suffit d'élever des perpendiculaires aux extrémités de la ligne

CD, faire CA′ égale AF, DB′ égale BE, joindre A′B′ on aura la longueur cherchée de la droite.

On aurait pu faire le rabattement sur le plan vertical, en faisant tourner le prisme supposé autour de AB et opérer sur cette ligne comme sur celle CD.

Si on avait à trouver la distance de deux points situés dans l'espace, on joindrait leurs projections par une droite et on opérerait comme il vient d'être dit; la longueur de la ligne supposée, rabattue sur un des plans de projection, mesurerait la distance des deux points donnés.

## Figure 16.

*Par un point donné dans l'espace, mener une parallèle à une droite donnée.*

Soit ABCD les projections de la droite donnée et EF celle du point. Lorsque deux droites sont parallèles, leurs projections le sont aussi; les projections de la droite cherchée doivent passer par EF qui sont deux points de ces projections : il suffit donc de mener par ces deux points des parallèles à AB,CD, qui seront les projections de la droite demandée.

Si on voulait diviser en un nombre quelconque de parties la ligne de l'espace, on diviserait en un même nombre ces projections; pour avoir la longueur de ces parties, on opérerait sur chacune d'elles comme sur CD, *fig.* 15, en observant que chaque point de division soit toujours sur une même perpendiculaire à la ligne de terre.

## Figure 17.

*Les projections d'une droite étant données, déterminer sur ces projections la distance de deux points donnés sur la droite.*

Il faut commencer par rabattre la projection verticale

AB sur le plan horizontal, d'après la méthode donnée, *fig.* 15, ce qui donnera EF pour la longueur réelle de la droite, sur laquelle on fixera la distance donnée GH, en faisant ensuite tourner la droite EF autour de sa projection horizontale CD, pour la ramener à sa position dans l'espace. Les pieds I,K des perpendiculaires abaissées des points G,H sur la projection horizontale CD, seront les projections horizontales des points G,H. Pour avoir la projection verticale de ces mêmes points, il suffit d'élever, des points I,K, des perpendiculaires à T; leur rencontre avec la projection verticale AB de la droite donneront LM pour les projections verticales des points GH de la droite.

## Figure 18.

*Étant données les projections d'un point et les traces d'un plan, construire les projections de la perpendiculaire menée du point au plan.*

Soit AB,AC les traces du plan, D,E les projections du point donné ; comme toute perpendiculaire à un plan a sa projection perpendiculaire aux traces du même plan, il suffit d'élever par les points D,E les perpendiculaires DF, EG aux traces du plan.

## Figure 19.

*Par un point donné, mener un plan parallèle à un autre plan donné.*

Soit AB,AC les traces du plan donné, D et E les projections du point ; supposons une droite dans le plan donné, ayant pour projection horizontale FG ; pour qu'une droite soit dans un plan, il faut que les points où elle rencontre les plans de projection soient sur les traces de ce plan. Il suffit donc d'élever des perpendiculaires des points F,G à

T, la droite HI sera sa projection verticale et IF les points
où elle rencontre les plans de projection. Dans le plan
cherché et par le point donné, supposons une droite parallèle à celle FGHI. Ces deux droites étant parallèles,
leurs projections le seront aussi. Menons donc par le point
D la ligne KD parallèle à HI, et par le point E celle EL
parallèle à FG, et cherchons les points M,N où elle rencontre les plans de projection ; or, nous savons qu'une
droite située dans un plan rencontre les plans de projection sur les traces du plan qui la contient : les points M,N
seront donc deux points des traces du plan cherché ; de
plus, ce plan étant parallèle au plan donné, les traces
de ces deux plans seront parallèles ; ainsi, en menant par
les points M,N deux parallèles NO,MO aux traces AB,AC du
plan donné, ces parallèles seront les traces du plan cherché.

## FIGURE 20.

*Trouver la projection horizontale d'un point contenu
dans un plan, connaissant sa projection verticale ainsi
que les traces du plan.*

Soit AB, AC les traces du plan, et D la projection verticale du point ; supposons une droite horizontale passant
par le point D, sa projection verticale sera une parallèle
à T et rencontrera la trace verticale du plan en E. Si de ce
point on abaisse une perpendiculaire à T, le point F sera
la projection horizontale du point E ; la droite passant
par le point D étant horizontale, sa projection horizontale sera une parallèle à la trace horizontale AC du plan,
et sera le lieu géométrique de toutes les perpendiculaires
qu'on pourrait abaisser de la droite passant par le point
D sur le plan horizontal ; elle devra, par conséquent,
contenir la projection horizontale du point D. Donc, en

abaissant à T la perpendiculaire DG, le point G sera la projection horizontale du point D.

Si on donnait le point G pour projection horizontale du point, et que l'on eût à trouver sa projection verticale, on ferait passer par ce point une droite parallèle au plan vertical, la projection horizontale de cette droite serait parallèle à T ; au point H, où elle coupe la trace horizontale du plan, on élèverait une perpendiculaire à T, le point I serait la projection verticale du point H ; de plus, sa projection verticale sera IK, parallèle à la trace verticale AB du plan, et contiendra la projection verticale du point G. Nous savons que les projections d'un même point doivent se trouver sur une même perpendiculaire à T ; or, si du point G on élève une perpendiculaire à T, le point D, où elle rencontre la projection verticale IK de la droite, sera le point cherché.

Une de ces deux données peut servir de vérification à l'autre.

### Figure 21.

*Déterminer les traces d'un plan passant par deux droites qui se coupent dans l'espace.*

Pour que deux droites qui se coupent dans l'espace soient dans un même plan, il faut que les projections du point de rencontre soient sur une même perpendiculaire à T. Nous savons que les projections d'un point doivent se trouver sur une même perpendiculaire à T ; si elles ne s'y trouvaient pas, ces projections seraient celles de deux points ; or, comme deux lignes droites ne peuvent se rencontrer qu'en un point, il est évident que les projections de leur intersection se trouveront sur une même perpendiculaire à T. Soit AB,CD les deux lignes de l'espace, et

EF le point d'intersection ; nous remarquerons qu'une droite située dans un plan ne peut rencontrer les plans de projection qu'en un point de la trace du plan dans lequel elle est située ; pour déterminer ces traces, il suffit donc de chercher les points G,H,I,K, où les droites rencontrent les plans de projection, *fig.* 14, ces points détermineront les traces du plan qui les contient ; en joignant ces points par des droites prolongées jusqu'à la ligne T en L, on aura les traces du plan cherché ; si on a bien opéré, ces traces doivent concourir au même point L de la ligne T.

Comme de la direction des droites de l'espace dépend celle du plan qui les contient, il peut arriver que les traces du plan ne rencontrent pas la ligne T ou ne la rencontrent qu'à une grande distance. La figure 22 en est une application ; elle ne diffère de la précédente que par la direction des droites de l'espace ; les points G,H,I,K des traces du plan s'obtiennent de la même manière.

S'il était donné de faire passer un plan par trois points dont les projections seraient données, il faudrait joindre deux à deux, par une droite, les points situés sur le plan vertical, de sorte qu'un des trois points fût l'intersection des deux droites passant par les deux autres points. On joindrait de même les projections horizontales en prenant pour l'intersection des deux droites le point correspondant à celui de l'intersection des droites du plan vertical ; la question serait ramenée à faire passer un plan, où, ce qui est la même chose, à déterminer les traces d'un plan passant par deux droites qui se coupent dans l'espace ; on opérerait alors comme ci-dessus.

Il ne faut pas oublier que les projections des points doivent toujours être deux à deux sur une même perpendiculaire à T.

FIGURE 23.

*Deux droites qui se coupent étant données, construire
l'angle qu'elles forment entre elles.*

Soit **AB,CD** les projections des droites; cherchons
d'abord *fig* 14, les points **EF** où elles rencontrent le plan
horizontal, la ligne **EF** sera la base du triangle formé
par les droites prolongées jusqu'à la rencontre du plan
horizontal; nous savons que la grandeur d'un angle
ne dépend pas de la longueur des côtés (*Géométrie
élémentaire* fig. 16), donc l'angle formé par les droites
reste le même; les points **G,H** sont les projections
de l'angle, et la ligne **GI** est la projection horizontale
de la perpendiculaire abaissée du sommet de l'angle sur
la base **EF**. Nous savons aussi que la hauteur d'un triangle
est mesurée par la perpendiculaire abaissée du sommet
sur la base; pour en avoir la longueur, il suffit de porter
celle **GI** de **K** en **L**, la longueur **HL** sera la longueur de cette
perpendiculaire. Si nous faisons **IM** égal à **HL**, l'angle **MEF**
sera l'angle cherché.

FIGURE 24.

*Deux plans étant donnés, trouver les projections de
leurs intersections.*

Soit **AB,AC** les traces du premier plan, **DE,DF** celles
du second. Il est évident que ces deux plans se coupent
suivant une droite; de plus, cette droite sera contenue
sur les deux plans; or, une droite située dans un plan,
rencontre les plans de projection sur les traces du plan;
donc les points **GH**, intersection des traces des plans,
appartiendront à la droite. Si du point **G** on abaisse une

perpendiculaire sur T, le point I sera la projection horizontale du point G, intersection des deux plans, et, par
suite, de la droite; si on joint IH par une ligne droite,
cette ligne sera la projection horizontale de la droite,
intersection des deux plans. Si du point H on abaisse sur
T une autre perpendiculaire HK, et que l'on joigne GK,
cette ligne GK sera la projection verticale de cette même
intersection.

### Figure 25.

*Une droite et un plan étant donnés, trouver les projections*
*de la rencontre de la droite et du plan.*

Soit AB, AC les traces du plan, DE les projections de la
droite; cherchons les points FG où elle rencontre les plans
de projection. Par ces points, faisons passer les traces
NF, NG d'un second plan, le point N est donné à volonté:
déterminons les projections BH, IK de l'intersection des
deux plans; la droite DE étant contenue dans le plan
NF, NG, rencontrera le plan donné sur l'intersection des
deux plans, et, par suite, ces projections rencontreront
celles de l'intersection des plans, suivant deux points L, M
qui seront les projections du point de rencontre de la droite
et du plan.

Si on a bien opéré, les deux points L, M doivent se
trouver sur une même perpendiculaire à T.

### Figure 26.

*Un plan étant donné, trouver les angles qu'il forme avec*
*les plans de projection.*

Soit AB, AC les traces du plan. Pour trouver l'angle
qu'il forme avec le plan vertical, il faut, d'un point quel-

conque D de la trace horizontale AC du plan, élever une perpendiculaire DE jusqu'à la rencontre de T ; au point E élever une perpendiculaire EG, la ligne de l'espace qui joindrait GD serait l'hypoténuse d'un triangle rectangle ayant pour côté les lignes DE, EG. Si nous faisons tourner le point D autour de E jusqu'à ce qu'il vienne s'appliquer sur le plan vertical au point F, dans ce mouvement, le triangle n'a pas changé de forme. EGF sera donc l'angle que le plan fait avec le plan vertical.

On trouverait de la même manière l'angle que le plan donné fait avec le plan horizontal de projection. — D'un point quelconque H de la trace verticale du plan, abaissons une perpendiculaire HI ; au point I, abaissons-en une autre IK à T ; les trois points H,I,K forment de même un triangle rectangle, dont la ligne de l'espace qui joindrait HK serait l'hypothénuse ; si nous rabattons HI sur T en IL joignant KL, l'angle IKL sera l'angle cherché.

### Figure 27.

*Deux plans étant donnés, trouver l'angle qu'ils forment entre eux.*

Soit AB,AC les traces d'un plan, DB,DC celle d'un autre plan. Commençons par chercher la projection horizontale CE de leur intersection, *fig.* 24, et concevons un troisième plan perpendiculaire à cette intersection, la projection horizontale FG de ce plan, que nous nommerons plan coupant, sera perpendiculaire à la projection horizontale CE de l'intersection des deux plans. Ce plan coupera les deux plans donnés, suivant deux droites perpendiculaires à leurs intersections qu'elles rencontreront en un même point, lequel aura pour projection horizontale un des points de la projection CE de l'intersection des deux plans; de plus, ces droites rencontreront le plan horizontal aux points FG, communs au plan donné et au plan coupant. FG sera donc la base d'un triangle donc le sommet sera sur la droite de l'intersection des deux plans donnés; la perpendiculaire, abaissée de ce point sur la base FG, la rencontrera nécessairement en H. Il ne nous reste plus qu'à trouver la longueur de cette perpendiculaire pour former le triangle qui nous donnera l'angle cherché. Pour cela, rabattons l'intersection des deux plans sur le plan horizontal de projection. Dans ce mouvement, le point B est venu en I et n'a pas cessé d'être perpendiculaire au point E; joignant IC, on aura le rabattement de la droite, intersection des deux plans. Si par le point H on abaisse une perpendiculaire HK sur IC, HK sera la longueur cherchée. Faisant donc HL égal à HK, et joignant le point L à FG, l'angle FLG sera l'angle que les deux plans forment entre eux.

## Figure 28.

*Par un point donné, mener une perpendiculaire à une droite donnée*

Soit AB et CD les projections de la droite, EF celle du point.

Imaginons un plan perpendiculaire à la droite, ses traces GH, GI seront perpendiculaires aux projections de la droite. Supposons dans ce plan une droite ayant pour projection horizontale KL, et cherchons sa projection verticale; comme elle est contenue dans le plan, elle rencontrera le plan vertical de projection en un des points de la trace verticale de ce plan; soit M ce point; par les projections E,F du point donné, menons des parallèles aux projections MN, KL de cette droite, et cherchons les points

O,P où elles rencontrent les plans de projection, *fig.* 14. Par ces points, menons PQ, OQ, parallèlement aux traces du premier plan GIGH, nous aurons les traces d'un second plan perpendiculaire à la droite donnée, passant par le point donné, et ayant pour projection EF ; il ne restera plus qu'à trouver les projections du point où la droite rencontre ce plan, lesquelles seront les projections du point où la perpendiculaire demandée rencontre la droite. Comme l'application de la figure 25 ne peut être employée ici, vu les données de la droite, on trouvera les projections de ce point de la manière suivante :

Par la projection horizontale CD de la droite, faites passer un plan vertical, sa trace verticale sera RS et coupera le plan passant par les points E,F, suivant ST ; le point U, où il coupe la droite AB, sera la projection verticale du point où la droite rencontre le plan ; en abaissant de ce point une perpendiculaire à T, prolongée jusqu'à la rencontre de CD, le point V sera la projection horizontale du même point. Si on joint UE et VF, on aura les projections de la perpendiculaire demandée.

# CHAPITRE VI.

—

## Pénétration des Corps.

—

### Figure 1.

*Pénétration d'un parallélipipède par un prisme triangulaire horizontal.*

Après avoir tracé le parallélipipède A en élévation et en plan, ainsi que la base B du prisme, des angles de cette base, menez des horizontales indéfinies, prenez la distance des retombées CD, portez-la au plan d'après l'inclinaison voulue en C'D', et des points H,I, élevez des perpendiculaires, leurs rencontres avec les horizontales donneront les points E, F, G pour la pénétration.

### Figure 2.

*Pénétration de deux prismes triangulaires et horizontaux.*

Les projections AD et la base B du prisme pénétré étant faites, ainsi que celle C du prisme pénétrant, des points G'o de la base C et de l'angle K de celle B, menez des horizontales indéfinies; prenez la retombée des points

F',G',*o*,R,S de la base C, pour les porter au plan, à l'inclinaison voulue; puis des points H', L, K de la base B, abaissez des perpendiculaires. Du point Q comme centre, ramenez-les parallèlement aux côtés du prisme en plan, et de leurs points de rencontre avec les retombées de la base C, élevez des perpendiculaires; elles donneront, pour projection verticale de la pénétration, les points F, G, U, T, V, et pour projection horizontale, ceux E, M, N, O, P.

## Figure 3.

*Pénétration d'un parallélipipède par un prisme triangulaire, incliné sur les deux plans de projection.*

Après avoir tracé la projection verticale A, l'épaisseur B, et la projection horizontale C du parallélipipède, l'inclinaison du prisme D étant arrêtée, suivant les lignes E, G', prenez la distance des retombées G, H, I des angles de la base D, portez-la parallèlement à G'; ces lignes seront les projections horizontales des trois lignes d'arêtes du prisme qui, devant rencontrer le plan vertical suivant une horizontale à sa partie supérieure, aura pour projection verticale la ligne E parallèle à celle N de l'angle M. Cela posé, il ne reste plus qu'à chercher les points où ces lignes rencontrent le plan vertical. Des points G',H',I' élevez des perpendiculaires, la rencontre de celles G',H' avec l'horizontale menée du point F donne PQ pour les angles du haut; la rencontre de celle I' avec l'horizontale menée du point O donne S pour l'angle du bas; joignez P,Q,S, vous aurez la pénétration cherchée.

## Figure 4.

*Pénétration d'un prisme triangulaire par un prisme quadrangulaire parallèle au plan horizontal.*

Soit C la base du prisme triangulaire, A sa projection

verticale, B sa projection horizontale, D la base du prisme quadrangulaire, et E son inclinaison. Tirez indéfiniment les horizontales FG des points où elles coupent la base du prisme triangulaire, abaissez une perpendiculaire en la faisant tourner autour de H pour la ramener en I; des points K, L, M, N, élevez des perpendiculaires : celles élevées de KL donnent les points K′,L′ sur l'angle du prisme triangulaire; celles élevées des points M,N, rencontrant les horizontales G,F, donnent ceux M′,M″,N′,N″. En joignant ces points, vous aurez la projection verticale de la pénétration. MK, NL en est la projection horizontale.

## FIGURE 5.

*Pénétration sur l'angle d'un prisme quadrangulaire par quatre prismes ayant pour base un triangle A, un carré B, un pentagone C, et un hexagone D.*

Pour obtenir la projection verticale de la pénétration du prisme triangulaire A, son inclinaison PP′QQ′ étant donnée, prenez les retombées E,F,G des angles de sa base, portez-les sur celle du prisme quadrangulaire pour fixer les perpendiculaires E′,F′,G′; des points o,o où elles coupent cette base, menez des parallèles jusqu'à la rencontre de la ligne QQ′, joignez leurs points d'intersection o′,o″ aux points P,P′, ce qui donne la projection verticale de la pénétration.

Pour avoir cette projection en plan, menez les parallèles E″,F″,G″ semblables à celles E′,F′,G′; leurs rencontres avec les perpendiculaires abaissées des points o″,P,Q, donnent ceux S,T,U,V pour la projection horizontale R de la pénétration.

Les projections verticales et horizontales des autres prismes s'obtiennent d'une manière analogue.

## PLANCHE 6.

### Figure 6.

*Pénétration d'un prisme quadrangulaire par un cylindre.*

Les projections AB, CD étant faites, divisez la base du cylindre C en un nombre quelconque de parties égales; des points de division, tirez des parallèles aux génératrices du cylindre; faites de même aux bases C',C" où ces parallèles rencontrent la base A du prisme; tirez des horizontales, leurs rencontres avec les parallèles, menées sur le cylindre, donnent des points pour faire passer la courbe, projection verticale de la pénétration.

Pour avoir la projection horizontale, faites la base A' égale à celle A, en y rapportant les parallèles du cylindre que vous prolongez sur la projection horizontale B' du prisme, en abaissant des points de la courbe verticale des perpendiculaires sur le plan horizontal ; leurs rencontres avec leurs correspondantes menées horizontalement de la base A' donnent la courbe E pour projection horizontale.

Le cylindre C" étant vertical a pour projection horizontale un cercle F.

### Figure 7.

*Pénétration d'un cylindre par un prisme quadrangulaire.*

Cette pénétration se trace comme la figure 6; les projections AB,CC' étant données, divisez les bases CC' en un nombre quelconque de parties égales. Des points de division, tirez des parallèles aux côtés du prisme où ces parallèles rencontrent le cercle A; menez des horizontales, leurs rencontres avec les parallèles correspondantes, menées de la base C', donnent des points pour faire passer la projection verticale de la pénétration.

Pour avoir la projection horizontale, il faut, comme à

la figure 6, faire le plan A' égal à celui A, en y rapportant les parallèles que vous prolongerez sur le cylindre D; en abaissant les points qui donnent la projection verticale de la courbe sur les horizontales du cylindre D qui leur correspondent en plan, vous obtenez des points pour le passage de la projection horizontale de la courbe de pénétration.

## FIGURE 8.

*Pénétration de deux cylindres.*

Les projections verticales et horizontales étant données, après avoir, comme ci-dessus, divisé les bases, et des points de division mené des parallèles aux génératrices des cylindres, où ces parallèles rencontrent la base A, tirez des horizontales, leur rencontre avec les parallèles déterminent la courbe d'intersection.

Pour la projection horizontale, opérez exactement comme à la figure 6.

## FIGURE 9.

*Pénétration d'un cylindre par un cône.*

Après avoir divisé les bases B'B' des cônes en parties égales, avoir abaissé de ces points de division des perpendiculaires sur les bases et les avoir joints au sommet où ces lignes rencontrent le cercle A, tirez des horizontales, leurs rencontres avec les lignes de division du cône B' seront des points pour faire passer la projection verticale de la courbe d'intersection.

Pour avoir la projection horizontale, après avoir fait la coupe A' égale A, tirez les horizontales, leurs rencontres avec les perpendiculaires abaissées des points de l'élévation qui leur correspondent, donnent ceux en plan pour

faire passer la projection horizontale de la courbe d'intersection.

<small>FIGURE 10.</small>

*Pénétration d'un cône par un cylindre.*

Après avoir coupé le cylindre par des plans horizontaux,
abaissez les points 1, 2, 3, 4, 5, 6, 7, 8, 9, sur le diamètre
DE du plan; par ces points, faites passer des circonférences qui seront la projection horizontale des coupes du
cône par les plans horizontaux, leurs rencontres avec les
perpendiculaires abaissées des points où ces plans coupent
la circonférence du cylindre, *fig.* 10 *bis,* limiteront le
passage de la projection horizontale de la courbe de pénétration.

Pour avoir la projection verticale de cette courbe, des
points limites de la projection horizontale, élevez des perpendiculaires à l'élévation jusqu'à la rencontre des plans
horizontaux qui leur correspondent : ce seront des points
de la projection verticale de la courbe.

<small>FIGURE 11.</small>

*Pénétration de deux cônes.*

Pour obtenir les projections de cette pénétration, commencez par diviser la base des cônes en un nombre quelconque de parties égales, projetez ces divisions sur les
bases droites, et joignez-les au sommet. Par chacune des
divisions du cône pénétrant, nous supposerons un plan
coupant, perpendiculaire au plan vertical; ces plans couperont le cône pénétré suivant l'inclinaison des lignes de
division, et donneront des courbes elliptiques. Le plan seul
passant par l'axe du cône pénétrant, donnera un cercle;

or, la rencontre de ces courbes avec les lignes de division du cône pénétrant donnera la projection horizontale de la courbe, suivant laquelle les deux surfaces des cônes se rencontrent.

Pour en avoir cette projection, il faut d'abord mettre en projection une partie des courbes produites par les plans coupants, ce qui se fait ainsi : des points $a,b,c,d$, à l'élévation, menez les petites horizontales $a1$, $b2$, $c3$ (1) ; la distance du point 1 à l'axe du cône pénétré, est la distance du point $a$ à cet axe, distance que vous porterez au plan du centre A pour fixer le point $a$ sur la projection horizontale de la ligne BC de l'élévation ; prenez de même la distance du point 2 à l'axe, portez-la au plan sur la projection de la ligne DE de l'élévation, pour fixer le point B ; prenez de même les distances des points 3,4,5, pour fixer au plan ceux $c,d,e$ ; par ces points faites passer une courbe pointillée (2) qui sera la projection horizontale d'une portion de celle produite par le plan coupant FGG ; la projection horizontale de ce plan rencontre cette courbe aux points $o,o$, qui appartiennent à la projection horizontale de la courbe de pénétration.

En opérant de même pour les autres plans coupants, vous obtiendrez une série de courbes, dont la rencontre avec la projection horizontale de ces mêmes plans, donnera autant de points de la courbe cherchée.

Pour avoir cette courbe en élévation, il suffit d'élever des perpendiculaires des points qui limitent sa projection en plan ; leur rencontre avec les plans coupants correspondant à ces points, déterminera sa projection verticale.

(1) Vu le rapprochement de ces points, ceux 3, 4, 5 ne sont pas numérotés, la figure 11 *ter* indique leur position.

(2) Cette courbe étant à très-peu près un arc de cercle, on pourrait, pour abréger, la décrire du centre A.

La figure 11 *bis* est la vue de face de cette courbe ; elle s'obtient de la même manière que celle de profil.

## PLANCHE 7.
### Figures 12 et 13.

*Pénétration d'une sphère par un cylindre et par un cône.*

Les projections de ces pénétrations donnant des lignes droites à l'élévation et des cercles au plan, ne comportent pas de démonstration ; l'inspection des figures suffit pour les comprendre.

### Figure 14.

*Pénétration d'une sphère par un prisme quadrangulaire.*

Coupez la projection horizontale par des plans verticaux parallèles entre eux, où ils coupent la circonférence de la sphère, élevez des perpendiculaires pour fixer le diamètre des cercles correspondants, élevez également des perpendiculaires des points où les plans coupent la base du prisme ; leurs rencontres avec les cercles à l'élévation qui leur correspondent, donnent des points pour la projection de la courbe d'intersection.

### Figure 15.

Cette pénétration est la même que la figure 14, le prisme étant vu de face.

### Figure 16.

*Pénétration d'un cylindre par une sphère.*

Tracez des horizontales à l'élévation ; des points où elles coupent la sphère, abaissez des perpendiculaires au plan ; du centre de la sphère, décrivez des cercles passant par le pied des perpendiculaires ; aux points de rencontre de ces cercles avec la projection du cylindre, élevez des perpendiculaires, leurs intersections avec les horizontales de l'élévation, correspondant aux cercles, limitent la projection verticale de la courbe de pénétration, vue de profil.

Les deux épures de côté sont les vues de face de la courbe de pénétration, commune à la sphère et au cylindre ; elle s'obtient comme celle du profil.

## FIGURE 17.

### *Pénétration d'un cône par une sphère.*

Coupez par des horizontales, à l'élévation, la sphère et le cône ; des points d'intersection, abaissez des perpendiculaires sur la ligne du centre de la sphère et du cône en plan ; décrivez de ces centres des cercles passant par le pied des perpendiculaires, leurs points de rencontre appartiennent à la courbe de pénétration en plan ; la rencontre des perpendiculaires élevées de ces points, avec les horizontales correspondant aux cercles, déterminent la projection verticale de cette courbe vue de profil.

L'épure à côté est la projection de cette même courbe, vue de face, qui s'obtient d'une manière semblable.

## FIGURE 18.

### *Pénétration d'un cône par un cylindre parallèle à un des côtés du cône.*

Coupez, par des horizontales, le cylindre et le cône en élévation, les sections du cylindre donnent des ellipses semblables au plan ; celles du cône donnent des cercles ; les points d'intersection de ces ellipses avec les cercles appartiennent à la projection horizontale de la courbe de pénétration. La rencontre des perpendiculaires, élevées de ces points, avec les horizontales qui leur correspondent à l'élévation, limitent la projection verticale de la courbe suivant laquelle le cylindre pénètre dans le cône.

La vue de face s'obtient de la même manière.

## FIGURE 19.

*Pénétration d'une sphère par un cylindre, la génératrice passant par le centre de la sphère.*

Coupez par des horizontales le cylindre et la sphère en élévation, le cylindre étant vertical, les sections faites par les horizontales ne donnent qu'un cercle pour projection en plan ; celles de la sphère donnent des cercles dont le diamètre est limité par les perpendiculaires abaissées des points où les horizontales coupent la sphère à l'élévation. De tous les points d'intersection des cercles de la sphère, avec celui des cylindres en plan, élevez des perpendiculaires à l'élévation, leurs rencontres avec les horizontales qui leur correspondent, déterminent la courbe de pénétration, vue de profil.

La vue de face s'obtient de la même manière.

## FIGURE 20.

*Pénétration de deux sphères.*

La courbe d'intersection de deux sphères est un cercle sur un des plans de projection et une ligne droite sur l'autre.

# CHAPITRE VII.

—

## Coupe des Solides.

---

### Figure 21.

*Coupe d'un prisme par un plan perpendiculaire
au plan vertical.*

Soit A, B, C, D la projection verticale du prisme, dont
E est la base à six côtés, F, G, H les traces du plan coupant; des points où ce plan rencontre les arêtes du prisme,
élevez des perpendiculaires; menez une ligne quelconque
IK, prenez la distance LM, portez-la de L′ en M′, prenez
de même les distances NO, PQ, RS, TU, VX, portez-les de
N′ en O′, de P′ en Q′, de R′ en S′, de T′ en U′, de V′ en X′;
joignez ces points qui donnent la surface de section faite
dans le prisme par le plan FGH.

### Figure 22.

*Coupe d'une pyramide par un plan perpendiculaire
au plan vertical.*

La construction des points de la surface obtenue par le
plan coupant étant semblable à celle de la figure 21, on

opérera de même pour avoir les points A,B,C,D,F qui donnent la configuration de la coupe. Pour en avoir la projection horizontale, il suffit d'abaisser, des points où le plan coupant rencontre les arêtes de la pyramide à l'élévation, des perpendiculaires sur la base ; elles couperont les projections horizontales des mêmes arêtes en G, H, I, K, L, M, qui déterminent la projection horizontale de la coupe.

## FIGURE 23.

*Coupe d'un cylindre par un plan perpendiculaire
au plan vertical.*

Coupez par des plans la projection verticale du cylindre ABCD, prolongez ces plans sur la base E ; des points où ces plans rencontrent le plan coupant TVX, élevez des perpendiculaires ; tirez le diamètre FG ; prenez sur la base du cylindre HI pour fixer les points H'I' ; prenez de même les points K, L, M, N, O, P, Q, R, pour fixer les points L' N' P' R' qui donnent le passage de la courbe d'intersection de la surface du cylindre avec le plan coupant.

## FIGURE 24.

*Coupe d'un cône par un plan perpendiculaire au plan
vertical et parallèle à une génératrice du cône.*

Fixez à volonté des points *a*, *b*, *c*, *d* sur la trace verticale du plan coupant ABC ; ces points appartiendront à la surface du cône et au plan coupant. Pour avoir la projection horizontale de la coupe, menez la ligne *a b'*, où elle rencontre la génératrice DE du cône, abaissez une perpendiculaire sur le diamètre de la base pour fixer le point F ; du centre G et d'une ouverture de compas égale à GF,

décrivez l'arc de cercle FH ; abaissez du point *a* une perpendiculaire, sa rencontre avec l'arc de cercle GF, donne
un point H qui est la projection horizontale de celui *a*.
En opérant de même pour les points *b, c, d,* on obtient pour
leur projection horizontale IKL. Si nous imaginons un
plan perpendiculaire au plan vertical passant par le sommet
du cône et par le point *a,* ce plan aura pour projection
une perpendiculaire à la ligne de terre : le point *a* est la
projetion verticale de deux points de la surface du cône,
et comme ils sont aussi dans le plan coupant mené perpendiculairement au plan vertical, leurs projections horizontales seront sur une même perpendiculaire à la ligne
de terre, à une distance du centre égale à GH ; faisant
donc MN = MH, GO = GI, PQ = PK et RS = RL, les
points H,I,K,L,S,Q,O,N sont des points de la projection
horizontale de la courbe. Cette courbe est une parabole.

### Figures 25 et 26.

La construction de ces figures se fait de la même manière que celle de la figure 24 ; dans la figure 25, l'intersection est une ellipse, vu que le plan coupant rencontre
toute la nappe du cône, n'étant parallèle à aucune des
génératrices. Dans la figure 26, le plan coupant rencontre
les deux nappes du cône, et il est parallèle à plusieurs
génératrices ; les deux droites AB, CD sont ce que l'on
nomme *asymptotes* ; elles sont parallèles au plan coupant
et s'approchent constamment de la courbe génératrice du
cône sans la rencontrer. Cette courbe, à deux branches
indéfinies, se nomme *hyperbole.*

### Figure 27.

*Section faite dans une ellipsoïde par un plan*
*perpendiculaire au plan vertical.*

Coupez la projection verticale par des plans horizontaux,

leurs rencontres avec la courbe de l'ellipsoïde donnent des cercles, projetez-les au plan par des perpendiculaires, la rencontre de ces mêmes plans avec le plan coupant donne aussi des points qui, étant projetés au plan horizontal sur les cercles qui leur correspondent à l'élévation, déterminent la projection horizontale de la courbe de section.

# CHAPITRE VIII.

—

## Développement des Surfaces.

—

### FIGURE 28.

*Développement de la sphère en fuseaux.*

Pour faire ce dévelopement, il faut couper la sphère par des plans horizontaux *aa, bb, cc, dd*, qui donnent en plan les cercles *d, d, d, d*; puis diviser la demi-circonférence ABC en parties égales (on approchera de la réalité d'autant plus que les divisions seront plus petites), en huit parties, par exemple, et les joindre au centre par des rayons; ensuite, tirer la ligne DE, *fig.* 28 *bis*, porter dessus les divisions du grand cercle ABC, et élever des perpendiculaires indéfinies passant par le milieu de ces divisions; prendre sur le développement de la sphère, les points A, *d, c, b, a, o*, pour fixer les horizontales *d, c, b, a, o*, *fig.* 28 *bis*; prendre sur les rayons de la sphère les points 1 1, 2 2, 3 3, 4 4, pour les porter sur le développement *fig.* 28 *bis*; joindre ces points par une ligne courbe : on aura une partie du développement. En opérant de même sur les autres perpendiculaires, on obtiendra le développement total de la sphère. La figure 28 *bis* est la moitié de ce développement.

## FIGURE 29.

*Développement du cylindre et de l'hélice.*

La base du cylindre ainsi que son élévation étant faite, divisez la base en un nombre quelconque de parties égales; de ces points de division, élevez des perpendiculaires à l'élévation; ensuite, tracez le développement, en prenant sur la base les points de division pour fixer les perpendiculaires, *fig.* 29 *bis*, tirez les lignes obliques AB à l'inclinaison que vous voulez donner à l'hélice; des points où elles coupent les perpendiculaires, menez des horizontales; leurs rencontres avec les perpendiculaires du cylindre, élevées des mêmes points de la base, donnent le passage des deux courbes CD.

## FIGURE 30.

*Développement d'un cylindre incliné.*

Pour simplifier l'explication, je ne considérerai qu'une division; on opérera de même pour les autres.

L'inclinaison du cylindre étant donnée, pour avoir la projection de sa base qui, vu son inclinaison, n'est pas un cercle, mais une ellipse, tirez une ligne *ab* perpendiculaire aux côtés du cylindre; du point *o* comme centre, rabattez-la sur la base AB, le point *a* viendra en *a'* et le point *b* en *b'*; des points *a'b'* abaissez des perpendiculaires sur une ligne quelconque *cd*, elles détermineront deux points *e, f* qui donnent le diamètre du cylindre; décrivez un cercle passant par ces deux points, *e, f*, divisez-le en un nombre quelconque de parties égales, élevez de ces points des perpendiculaires jusqu'à la rencontre de la base AB du cylindre ; du point o décrivez l'arc de cercle $g,h$ ; par le point $h$, menez une parallèle aux côtés du cylindre où elle rencontre la base AB, abaissez une perpendiculaire, sa rencontre avec l'horizontale menée du point de division $i$, donnera K pour un point du passage de l'ellipse. Faites de même pour les autres points de division.

Le développement, *fig.* 30 *bis*, s'obtient comme la figure 29 ; les hauteurs des perpendiculaires sont limitées par les horizontales menées des extrémités des parallèles qui leur correspondent sur le cylindre ; la ligne courbe C est le développement de la trace du plan coupant DE, mené perpendiculairement au plan vertical.

## FIGURE 31.

### *Développement d'un cône droit.*

Après avoir divisé la base en un nombre quelconque de parties égales et avoir joint les points de division au centre, il faut, de ces mêmes points, élever des perpendiculaires à la base du cône et les joindre au sommet. Pour tracer la spirale autour du cône, selon le rampant voulu, fixez des points sur l'axe à distances égales, telles que $a,a,a,a$, tirez des horizontales passant par ces points : leurs rencontres avec les lignes tendant au sommet, donneront des points pour le passage de la courbe. En abaissant de ces mêmes points, des perpendiculaires sur le plan du cône, leurs rencontres avec les rayons menés des points de division au centre, limiteront le passage de la courbe, qui est la projection horizontale de la ligne spirale.

Pour faire le développement, *fig.* 31 *bis*, d'une ouverture de compas égale à AB, décrivez l'arc de cercle CD, prenez au plan les divisions 1,2,3,4,5, etc., portez-les sur l'arc de cercle CD, joignez ces points au centre E, vous aurez le développement de la moitié de la surface du cône.

Pour rapporter sur le développement la spirale, nous observerons que le point *b* est la projection verticale du point contenu dans un plan coupant, ayant pour trace verticale l'axe du cône et pour trace horizontale le rayon 4,0. Le point *c* est la projection horizontale de ce point qui est distant du centre du cône égale *co* ; or, ce point étant sur la surface du cône, il est évident que si nous faisons tourner le rayon *co* autour de *o*, comme centre, pour le ramener parallèlement au plan vertical, le point *c* viendra en *c'* ; si du point *c'* nous élevons une perpendiculaire, le point *b'* où elle rencontre le côté du cône, sera le point en question, puisque *b* qui est sa projection verticale est venu en *b'* en faisant tourner le plan autour de l'axe du cône. Prenant donc la distance *b'* au sommet du cône B, et la portant au développement de E en *b'*, ce sera un point pour le passage de la courbe. En projetant de cette manière sur le côté du cône tous les points de la courbe en plan, puis en prenant leur distance au sommet B, pour la porter au développement sur les lignes correspondantes, on obtiendra les points *c,d,e,f,g,h,i,k,l,* pour le passage de la courbe.

## Figure 32.

*Développement d'un cône oblique.*

La base AB du cône étant déterminée ainsi que son sommet *c*, pour avoir la projection horizontale de la base, il faut tirer la ligne *ab* perpendiculaire à l'axe du cône, prolonger CB en *b*, prolonger de même l'axe indéfiniment, tirer une ligne *cd* parallèle à *ab*, et d'une ouverture de compas égale à *eb* ou *e*A, décrire du point *o* la demi-circonférence *cd* que l'on divise comme la figure 31. On projette ces divisions sur la base *ab*, puis on joint ces points au sommet par des droites aboutissant sur la base AB; de ces points d'aboutissement, on abaisse au plan des parallèles à l'axe du cône; leurs rencontres avec les rayons menés des points de division au centre, déterminent une courbe qui sera la projection de la base inclinée sur un plan perpendiculaire à l'axe du cône. Pour l'avoir horizontalement, il faut, des points d'aboutissement des lignes de division sur la base AB, abaisser des perpendiculaires, tirer la ligne F*g*, prendre au plan *h*1′, *i*2′, *k*3′, *e*4′, *o*5′, etc., pour fixer les points 1′, 2′, 3′, 4′, 5′, etc., limitant la courbe de la base réelle sur le plan horizontal.

Pour faire le développement, prenez AC, *fig.* 32, décrivez avec cette ouverture l'arc de cercle AE, *fig.* 32 *bis*; prenez sur la demi-circonférence *cd* du plan les divisions 1,2,3,4,5,6,7,8,9, pour les porter sur l'arc de cercle AE, joignez-les au point D; ensuite, prenez la distance du sommet *c*, *fig.* 32, aux points B, *m*, *n*, *o*, *p*, *q*, *r*, *s*, *t*, *u*, pour les porter au développement du point D, pour fixer les points B, *m*, *n*, *o*, *p*, *q*, *r*, *s*, *t*, *u*, qui donnent le passage de la base AB développée.

## Figure 33.

*Développement d'une pyramide droite et de la trace d'un plan coupant.*

La pyramide peut être considérée comme inscrite dans un cône, ayant ses arêtes tangentes à la nappe du cône, son développement s'obtient de la même manière que celui du cône.

Pour l'obtenir, prenez la longueur **A** 1, projection horizontale d'une arête de la pyramide, portez-la sur une ligne parallèle à la base de **A** en 1'; de ce point, élevez une perpendiculaire sur cette base, joignez le point *l* au sommet *o* : cette ligne est la longueur des arêtes; d'une ouverture de compas égale à cette ligne, décrivez un arc de cercle 11, *fig.* 34 *bis;* portez sur cet arc de cercle, la longueur des côtés de la base 1,2,3,4,5, joignez ces points au centre *o'* le développement sera terminé.

Pour reporter sur ce développement la trace du plan coupant **BC**, des points *a, b, c, d, e,* où il coupe les lignes d'arêtes, menez des horizontales jusqu'à la rencontre de la ligne *lo*, prenez la distance des points *f,g,h,i,k,* au sommet *o*, portez-la au développement pour fixer les points *i',k',h', f'',g',i'*, lesquels donnent une ligne brisée qui est le développement de la trace du plan coupant.

### Figure 34.

*Construction et développement d'une pyramide oblique à cinq côtés réguliers.*

Soit *c* 3 l'axe incliné de la pyramide, **AB** la base; faites un pentagone *a,b,c,d,e,* ayant son centre 3 sur l'axe; joignez les angles au centre par des droites, qui seront les projections des arêtes de la pyramide, sur un plan perpendiculaire à l'axe. Pour en avoir la projection verticale, tirez une ligne *fg* perpendiculaire à l'axe, projetez sur cette ligne les points *a,b,c,d,e,* joignez *f,h,i,k,l,* au sommet *o*, vous aurez les projections verticales des arêtes; des points où ces projections rencontrent la base **AB**, abaissez des parallèles à l'axe, les points *m,n,o,p,q*, d'intersection avec les projections des arêtes de la pyramide déterminent un pentagone qui est la projection de la base sur un plan perpendiculaire à la base.

Pour avoir la projection de cette base sur le plan horizontal, des points $A, t, y, o, B$, où les lignes d'arêtes rencontrent la base $AB$, abaissez des perpendiculaires ; Faites $Ar = a'n$, $tu = sm$, $ov = ok$, $Bx = gp$, et $yz = iq$ ; joignez les points $r, u, v, x, z$, vous aurez la projection horizontale de la base ; pour en avoir le centre, du point $2$, où l'axe coupe la base $AB$, abaissez une perpendiculaire d'une longueur égale à $2,3$, le point $4$ sera la projection du centre : pour avoir la projection horizontale du sommet $C$, il suffit d'abaisser de ce point une perpendiculaire ; sa rencontre avec l'horizontale menée du centre $4$, donne le point $C'$ pour sa projection ; en joignant ce point aux angles $r, u, v, x, z$, vous aurez la projection horizontale de la pyramide.

## DÉVELOPPEMENT.

Pour faire le développement des faces, prenez la distance du centre $3$ à un des angles du pentagone $abcde$, portez-la sur la ligne $fg$, du point $2$, en $g$, joignez ce point au sommet $C$ par une droite qui est l'inclinaison des arêtes de la pyramide ; des points $A, t, y, o, B$, menez des perpendiculaires à l'axe $C3$, jusqu'à la rencontre de cette ligne, pour fixer les points $5, 6, 7, 8, 9$ ; ensuite, d'une ouverture de compas égale à $Cg$, décrivez du point $K$ l'arc de cercle $bb$, *fig.* 34 *bis*, portez sur cet arc de cercle la longueur des côtés du pentagone $abcde$, et joignez ces points au centre $K$ ; prenez la distance du sommet $c$ au point $5$, portez-la au développement du point $K$, sur les lignes $bb$, pour fixer les points $5, 5$ ; portez de même, sur les autres lignes du développement, la distance des points $6, 7, 8, 9$, au sommet $c$, le développement sera terminé.

7

# CHAPITRE IX.

---

## Tracé des Trémies, Toitures, Persiennes, Jalousies, Mains coulantes et Échelles.

---

*Tracé d'une Trémie en bois plein.*

Faites la coupe, *fig.* 1, en donnant l'inclinaison et l'épaisseur que vous voudrez aux côtés ; des points $a,b,c,$ $d,e,f,k,$ abaissez des perpendiculaires donnant la dimension du plan, *fig.* 2. Pour faire le développement d'un côté, prenez à la figure 1 la distance des points $a,g,k,i,$ que vous porterez à la figure 3, pour fixer les lignes d'arêtes $a,g,k,i$ ; les points $o,o$ où elles coupent les perpendiculaires donnent la fausse coupe des bouts ; vous n'aurez plus qu'à tracer les queues d'arondes, ainsi qu'elles sont figurées.

La figure 4 est le développement du côté A du plan ; il se fait de la même manière que celui figure 3.

Vu la grande inclinaison des côtés, il convient de faire les queues suivant le fil du bois ; si elles étaient d'équerre à la coupe des côtés, elles seraient moins solides parce que la moitié du fil du bois serait coupé par leur inclinaison, ce qui les exposerait à être cassées en partie en les assemblant : il vaut donc mieux les faire comme elles sont figurées.

Pour l'exécution, commencez par débiter le bois d'après le développement ; on pourrait, pour plus de facilité et d'économie, prendre les côtés l'un dans l'autre dans une planche mise d'épaisseur ; les côtés étant débités, mettez-les de largeur en abattant les pentes de dessus et de dessous, d'après la figure 1. Tracez sur le milieu une ligne d'équerre BC ; portez sur le champ de dessus et de chaque côté de cette ligne, la longueur DE du plan, portez de même sur le champ de dessous la longueur FG, tirez un trait d'équerre sur les deux champs d'après ces longueurs, et joignez ces traits sur le plat, tant en dedans qu'en dehors, ce qui donnera la coupe par bout ; tracez ensuite les queues avec la fausse équerre, ainsi qu'elles sont figurées, *fig.* 4, en observant de faire les arasements d'après la coupe par bout ; les queues étant faites, présentez-les comme d'ordinaire sur le côté, *fig.* 3, pour tracer les entailles qui seront retournées par bout avec la fausse équerre, parallèlement à la pente des champs de dessus et de dessous ; l'arasement de ces entailles doit être de même que celles des queues d'après la coupe des bouts.

Si on voulait assembler les côtés au moyen de feuillures et de clous, ainsi que l'indiquent les angles H du plan, les côtés seraient toujours mis de largeur et de longueur, ainsi qu'il a été dit ; puis, on tracerait la feuillure sur les champs de dessus et de dessous, et on retournerait les traits sur le plat avec le trusquin ; dans ce cas, les feuillures forment un angle aigu et ne peuvent être poussées qu'avec un guillaume à grain d'orge : on pourrait les faire carrément avec le guillaume ordinaire et abattre un chanfrein avec le rabot sur la partie du côté venant se joindre à la feuillure.

Tous les ouvrages de ce genre, tels que baquets, auges, pétrins, se font de la même manière, seulement les queues peuvent être d'équerre à l'inclinaison lorsqu'elle est peu sensible.

### Tracé d'une toiture pyramidale en bois plein.

Cette toiture est très-simple : son plan forme un hexagone, ses faces sont en bois plein, se joignant à fausses coupes et se réunissant à un trompillon à la partie supérieure.

Faites le plan, *fig.* 5, de la grandeur que vous voudrez, joignez au centre les angles A,B,C,D, figurez l'épaisseur E de la traverse dormante, faites ensuite l'élévation, *fig.* 6, en indiquant la coupe F de la traverse, ainsi que celle G du trompillon, projetez-les sur le plan par une perpendiculaire, le plan sera terminé.

Pour faire le développement d'une face, *fig.* 7, tirez du centre du plan une ligne IK perpendiculaire à un des côtés, en sorte qu'elle le partage en deux parties égales ; tirez-en une seconde, LM, parallèle au côté CD, prenez à la figure 6 la longueur NO du panneau, portez-la à la figure 7, de N en O, faites LM égal à CD et PQ égal à RS, joignez LP et MQ, le développement sera terminé.

Pour trouver la coupe suivant laquelle les panneaux se joignent, du point *a*, *fig.* 6, abaissez une perpendiculaire au plan, prenez la distance des points *b, b*, où elle coupe la retombée des joints en plan, portez-la au développement, pour fixer les points *e, e* par lesquels vous mènerez deux parallèles aux côtés du panneau, qui donneront la fausse coupe des joints.

*Tracé de la même toiture en assemblage.*

Figurez en plan, *fig.* 8, la traverse dormante comme à
la toiture ci-dessus ; fixez la hauteur totale de l'élévation,
*fig.* 9, tracez la coupe du trompillon *a*, l'épaisseur *b* des
châssis, abaissez du point *g* une perpendiculaire pour
figurer en plan la retombée du champ extérieur des traverses du bas, faites ensuite le développement d'un châssis,
*fig.* 10, lequel se fait exactement comme celui en bois
plein, *fig.* 7, figurez sur ce développement la largeur des
montants et traverses, ainsi que le petit bois flottant sur
la traverse du bas, d'une épaisseur égale à la profondeur
de la feuillure ; projetez la largeur des montants sur le
champ extérieur *hh* de la traverse. Pour avoir leurs retombées en plan, figurez à l'élévation la largeur des traverses
tracées au développement ; et des points *i, f, f*, abaissez sur
le plan des perpendiculaires qui donneront la retombée de
leurs largeurs. Pour figurer à l'élévation le petit bois ainsi
que le champ *k* du montant, projetez sur l'arête intérieure
*l* de la traverse, les points *o, o* du plan, et celui *n* sur l'arête
extérieure *m* ; par le point *p*, menez une parallèle à l'épaisseur du bois jusqu'à la rencontre du champ *u*. Pour figurer
l'arasement *x* du haut de petit bois, prolongez en plan les
deux traits de largeur en *vv* ; prenez, *fig.* 9, la distance du
point *z* à la ligne du centre, portez-la du centre du plan,
*fig.* 8, en *vv*, projetez ces points sur une horizontale
menée du point *z* de l'élévation, ce qui donnera la longueur et l'arasement du petit bois en projection.

Pour l'exécution, on prendra les largeurs, longueurs
et coupes sur le développement, *fig.* 10.

*Tracé d'une toiture conique en bois plein avec œil de bœuf.*

Commencez par faire l'élévation, *fig.* 11, d'après la hauteur et diamètre voulus, figurez la traverse du bas avec sa coupe A, ainsi que l'épaisseur B des douves. Des points $a, b, c, d$, abaissez des perpendiculaires pour tracer en plan, *fig.* 12, le cintre de la traverse ainsi que l'about des douves, divisez ce dernier en un nombre égal à la quantité des douves que vous voudrez, joignez ces points de division au centre par des droites qui seront la retombée en plan de leurs joints, projetez les points $e, e$ du plan sur la ligne du dessus de la traverse aux points $f, f$, *fig.* 11, joignez ces points au point $g$, vous aurez les lignes de l'intérieur des joints ; projetez de même les points $h, h$ du plan sur la ligne $ai$, aux points $k, k$, *fig.* 11, joignez ces points au sommet L, ces lignes seront celles de l'extérieur des mêmes joints.

Tracez l'œil de bœuf C de la dimension et forme que vous voudrez, des points $o, o$, où la courbe coupe les lignes extérieures des joints, menez des horizontales à la ligne du côté $a$L, puis, faites le développement, *fig.* 13, qui est le quart de la surface de la toiture, lequel se fait exactement comme celui du cône, *pl.* 9, *fig.* 31 et 31 *bis*; prenez ensuite sur la ligne $a$L, *fig.* 11, à partir du point L, la distance des points 1,2,3,4,5, que vous porterez sur les lignes du développement à partir du point L, pour fixer ceux 1,2,3,4,5, qui limiteront la courbe suivant laquelle les douves seront chantournées. Cette courbe est la moitié du développement de l'œil de bœuf.

Pour avoir l'épaisseur des douves *fig.* 14, abaissez du point $m$, *fig.* 11, une perpendiculaire au plan en $n$; du centre, décrivez la portion de cercle $oo$, puis, des extrémités de la douve B, *fig.* 11, élevez des perpendiculaires, tirez une parallèle DE, prenez au plan la distance du point $o$, à la perpendiculaire P, que vous porterez à la figure 14 de E en $o$; marquez l'épaisseur réelle de la douve de D en *o*, joignez *o,o*, ce qui donnera l'épaisseur des douves avant d'être creusées.

Pour avoir la coupe des joints, faites le développement d'une douve en faisant *h,h*, *fig.* 15, égale *h,h*, *fig.* 13, prenez au plan, *fig.* 12, la distance des points *o,o*, que vous porterez à la figure 15 ; joignez-les à l'extrémité de la douve, ce qui donnera la largeur intérieure : ces joints n'ont pas de gauche.

### Tracé d'une toiture conique vitrée.

Comme pour la toiture en bois plein, commencez par faire le profil de l'élévation, *fig.* 16, ainsi que la coupe du trompillon F, des traverses G,H, et l'épaisseur des petits bois I. Des points *q,r,s,t,* abaissez des perpendiculaires pour tracer en plan, *fig.* 17, le cintre de la tarverse ; figurez le nombre et la largeur des petits bois, leur longueur sera déterminée en plan par les perpendiculaires abaissées des points *u,v,* de la coupe du trompillon, *fig.* 16 ; pour les mettre en élévation, projetez les points *x* et *z*, *fig.* 17, sur le champ de la traverse, *fig.* 16 ; projetez de même les points *y* sur la ligne du dedans du trompillon, joignez les points *x* de l'intérieur aux points *y* et par les points *z* de l'extérieur, menez les parallèles *z,z* : le plan sera terminé.

Pour tracer la figure 18, qui est une partie de la traverse du bas, d'un rayon égal à celui du plan, décrivez les quatre lignes d'arêtes 1,2,3,4, fixez la longueur en observant que les joints ne tombent pas dans l'assemblage des petits bois ; tirez deux parallèles 4,5 affranchissant la largeur totale de la courbe ; prenez ensuite à l'élévation, *fig.* 16, la distance des lignes d'arêtes 6,7,8,9, pour fixer les lignes 6,7,8,9, *fig.* 19. Leur rencontre avec les lignes élevées de la figure 18, donne le profil de la traverse.

Pour l'exécution, prenez un morceau de bois qui affranchisse la courbe en plan et dont l'épaisseur égale la hauteur du profil, chantournez-le suivant les lignes extérieures 1,4; tracez ensuite par bout le profil G, en indiquant les arêtes par des traits de trusquin. Le débillardement de cette traverse n'est autre que des chanfreins abattus d'un trait à l'autre.

PLANCHE 11.

*Tracé d'une toiture sphérique.*

Vu sa forme sphérique, cette toiture ne peut être vitrée : on ne peut l'employer que pour un pavillon circulaire, recouvert de zinc ou d'ardoise. La construction la plus solide d'une toiture sphérique, consiste en une série de courbes plus ou moins nombreuses selon son diamètre, que l'on recouvre de planches minces. Ce recouvrement se fait par zones ou bandes très-étroites afin qu'elles s'appliquent mieux sur les courbes. L'inspection du plan, *fig.* 1, et de l'élévation, *fig.* 2, suffit pour la faire comprendre ; la seule difficulté consiste dans le développement de la surface, pour tracer la courbure des planches de recouvrement, ce qui se fait ainsi :

Le plan, *fig.* 1, étant fait, ainsi que le cintre de face A de l'élévation, *fig.* 2, diviser ce cintre en un nombre quelconque de parties 1,2,3,4, etc. ; joignez par des lignes droites le point 1 au point 2, le point 2 au point 3, le point 3 au point 4, ainsi de suite ; prolongez ces lignes jusqu'à la rencontre de la ligne B, milieu du développement. Celle qui joint le point 10 au point 11, n'a pas été prolongée, vu qu'elle ne rencontre pas la ligne B sur la feuille ; prenez la longueur de la suivante 10,*i*, et, d'un point quelconque C, de la ligne B, décrivez l'arc de cercle

10; du même point de centre C, décrivez-en un second 9, à une distance de celui 10, égale 9,10 de la figure 2. Pour avoir la longueur de cette première zone, multipliez la longueur du diamètre 10,10 *fig.* 2, par 3,14, le produit donnera sa longueur qui sera double de celle du plan, qui n'est que le développement de la moitié de la circonférence. Pour tracer la troisième zone, prenez la longueur de la ligne 9,*h*, portez cette longueur sur la ligne B, à partir du point 9 pour fixer le point D; de ce point comme centre, décrivez la courbe 9 ainsi que la courbe 8, à une distance de la première égale à 8,9, de la figure 2; pour en avoir la longueur, multipliez, comme ci-dessus, celle du diamètre 9,9, *fig.* 2. En continuant ainsi sur toutes les autres lignes 8,*g*, 7,*l*, 6,*e*, 5,*d*, 4,*c*, 3,*b*, et 2,*a*, vous obtiendrez le développement total de la toiture.

Comme la demi-circonférence extérieure A de la fig. 2 suffit au développement, je n'ai pas indiqué la manière de figurer les courbes E, qui sont semblables à celles de face, et je ne les ai mises que pour mieux faire comprendre la construction de cette toiture. Si on voulait les représenter, on en trouvera la méthode dans le chapitre traitant des calottes en assemblage.

Ces courbes s'assemblent à moitié bois avec la traverse circulaire inférieure, et se réunissent ensemble à la partie supérieure, soit au moyen d'un trompillon, soit à fausse coupe, ainsi qu'il est figuré au plan.

### *Persiennes cintrées en élévation*, fig. 3.

La partie du bas se trace comme les persiennes carrées; si on veut tracer la division des lames sans tâtonner, on s'y prendra de la manière suivante :

Soit, *fig.* 4, une partie du montant du milieu; après avoir tracé la hauteur ainsi que l'emplacment des traverses avec la pente ou inclinaison que vous voudrez donner aux lames, fixez-en le recouvrement par une ligne $a,b$. Du point $c$, tracez sur le plat du montant une ligne $c,\mathrm{D}$, oblique à volonté, sur laquelle vous portez une série de points $d,e,f,g$, etc. ; d'une distance égale $b,c$ ; joignez par une ligne droite le point $p$ à celui des points de division, le plus près de ce point, soit celui $o$ ; par les autres points de division, tracez, au moyen de la fausse équerre, des parallèles à la ligne $p,o$ (qui pourrait se trouver d'équerre), retournez ces lignes sur le champ, suivant l'inclinaison des lames : le compartiment sera terminé.

Pour tracer les entailles dans le cintre E, il faut assembler le bâti ; puis, avec la grande équerre, reporter les entailles du montant du milieu sur le cintre E, tant en parement qu'en faux parement : ce qui donne la coupe des entailles sur le champ.

Pour tracer la longueur des lames de la partie cintrée, après les avoir arasées carrément d'un bout, *fig.* 5, présentez-les dans l'entaille du montant du milieu pour les tirer de largeur, puis donnez un trait de trusquin sur le plat des deux côtés, passant par les points $v,x$, pour indiquer la coupe ; prenez la longueur du fond des entailles $1,2,3,4$, *fig.* 3, que vous porterez sur le trait du trusquin, ainsi que sur l'arête de la lame, *fig.* 5. Prenez de même en faux parement les longueurs $5,6,7,8$, *fig.* 3, pour fixer sur la lame, *fig.* 5, les points $5,6,7,8$ ; joignez les points $1,5,3,7$, vous aurez l'arasement qui doit être gauche ; opérez de même pour les autres lames comprises dans le cintre. Si on avait à faire une persienne cintrée sur le plan, le tracé des montants serait semblable à celui d'une persienne droite. Pour le tracé et le débit des lames, on s'y prendrait ainsi :

Soit, *fig.* 6, le plan d'un ventail ; tracez deux lignes

$a, b, c, d,$ pour figurer la profondeur des entailles ; ajoutez les longueurs $e, f, g, h,$ pour les tourillons ; prenez un morceau de bois, *fig.* 7, le plus large possible, dont la longueur et la largeur $i, i, i, i,$ affranchissent le plan des lames, chantournez-le sur le plat d'après l'épaisseur du bâti figuré au plan ; coupez-le de longueur d'après les lignes $e, f, g, h,$ et tracez l'arasement d'après celles $a, b, c, d$ ; tracez ensuite par bout, avec la fausse équerre, la pente ainsi que l'épaisseur des lames en laissant le passage nécessaire pour la scie ; joignez ces épaisseurs par des traits de trusquin tant du côté du rond que du creux ; puis, faites les arasements des extrémités, après quoi vous refendrez les lames suivant les traits de trusquin, qui doivent être droits. La figure 8 est la même pièce que la figure 7, ayant les arasements vus par dessus.

Si cette persienne était cintrée à la partie supérieure, le débit des lames se ferait toujours de la même manière ainsi que l'arasement du côté du montant de milieu, et on en tracerait la longueur de la manière donnée figures 3 et 5 ; quand à la partie courbe du montant, il exigerait un débillardement dont on trouvera l'épure dans le chapitre traitant des Chambranles et Portes cintrées, *pl.* 24.

### Des Jalousies.

Les Jalousies ne font point partie de la menuiserie de clôture, elles ne servent qu'à préserver des ardeurs du soleil ; ordinairement on les place au printemps et on les enlève à l'automne ; c'est pour cette raison que tout le système doit former un ensemble facile à être déplacé.

La figure 9 est une jalousie descendue ; son inspection seule suffit pour faire comprendre son mécanisme ; la lame mouvante **A** est supportée par deux tourillons placés au milieu de ses extrémités et se mouvant dans une douille fixée contre les oreilles B,C ; elle a environ 15 millimètres d'épaisseur ; celle du bas a la même épaisseur et doit être en bois dur afin que son poids fasse tendre les cordons supportant les autres lames en bois blanc dont l'épaisseur varie de 3 à 4 millimètres sur 0 m. 10 c. de largeur.

Les cordons D, E servent à incliner les lames soit en dedans soit en dehors ; les cordons F servent à monter la jalousie.

La figure 10 est le dessus du chapeau ; elle indique la position des petites poulies de renvoi, sur lesquelles passent les cordons F.

La figure 11 est la face du chapeau, laquelle, tout en servant d'ornement, préserve, contre la pluie, la jalousie lorsqu'elle est remontée, ainsi que l'indique la figure 12.

### Des Mains Coulantes.

Les mains coulantes pouvant être considérées comme des limons d'une dimension moindre que ceux de l'escalier dont elles font partie ; il sera toujours facile de les relever sur le plan, puisqu'elles se tracent exactement comme les limons, elles en ont le même rampant et la même courbure ; mais il arrive fréquemment qu'on est appelé à faire la main coulante d'un escalier existant : en relever le plan serait chose trop longue ; d'autre part, la rampe peut avoir dévié de l'aplomb des limons ; or, pour ne pas s'exposer à faire un travail long et inutile, on s'y prendra de la manière suivante :

Commencez à marquer sur la rampe la longueur que vous voulez donner aux différentes parties, en observant de ne les pas faire trop longues dans les parties courbes, afin d'éviter, autant que possible, le bâillement des joints provenant du dessèchement, ce qui nécessiterait une plus forte épaisseur de bois.

C'est donc le plus ou moins de gauche de la rampe qui déterminera ses longueurs : prenez une feuille de bois mince égale à une de ces parties, et maintenez-la en place, ainsi que l'indiquent les figures 13 et 14, en partageant aux extrémités le gauche de la rampe ; tracez ensuite en dessous la largeur du fer, en ayant soin de tenir bien verticalement le crayon ou la pointe à tracer ; prenez avec la fausse équerre l'aplomb de la balustrade, *fig.* 13, lequel servira à placer le calibre des deux côtés du bois, pour tracer le débillardement de la main coulante. Cet aplomb doit être pris pour chaque calibre des parties courbes ; cela fait, enlevez la feuille qui est alors représentée, *fig.* 15, soit AB les deux traits de largeur du fer ; ces traits ne doivent point être parallèles, mais s'écarter aux extrémités d'une quantité d'autant plus grande que le cintre de la rampe sera plus prononcé. Tracez deux parallèles C, D, distantes de ces lignes d'une quantité égale à $a, b$ du profil, *fig.* 16, ces lignes donnent la largeur du calibre ; après que ce calibre sera chantourné, présentez-le sur la rampe en partageant le gauche aux extrémités ; tracez sur le milieu une ligne, *ef*, suivant la direction des marches, puis une seconde, *gh*, en un endroit quelconque du calibre, mais perpendiculaire à la première.

Pour trouver l'épaisseur nécessaire du bois, présentez par bout et horizontalement une règle, E, *fig.* 17 ; prenez la distance des points $o, o$, et ajoutez-la à l'épaisseur $c, d$, du profil, *fig.* 16 ; si cette distance $o, o$, exigeait une trop forte épaisseur de bois, il faudrait raccourcir le calibre d'une quantité suffisante pour diminuer le gauche.

Pour le débit, placez le calibre sur le madrier, *fig.* 19, tracez les deux courbes C, D, ainsi que les lignes $e, f, g, h$, retournez avec l'équerre la ligne *gh* sur la face de dessous, la ligne *ef* sera reportée avec la fausse équerre d'après l'inclinaison prise sur la rampe, *fig.*13. Les lignes CD étant tracées des deux côtés, chantournez la courbe en dirigeant la scie suivant *f, k;* puis, coupez-la approximativement de longueur, tracez par bout l'épaisseur de la main coulante par deux traits *e, f,* d'équerre aux côtés, *fig.* 18; joignez ces traits sur les côtés du rond et du creux au moyen d'une règle mince, et mettez d'épaisseur d'après ces lignes; vous n'aurez plus qu'à entailler la rampe et à lui donner le profil adopté.

Cette manière de mettre d'épaisseur les mains coulantes n'est applicable qu'autant que l'escalier est rond ou que les abouts des marches ont une même largeur; dans ce cas, la rampe peut être considérée comme une ligne droite tournant autour d'un corps rond. Si les marches étaient dansantes, c'est-à-dire plus larges l'une que l'autre, ce qui arrive dans les escaliers ovales, à briquets, et généralement dans tous ceux d'une forme irrégulière, le développement de la main coulante ne serait plus une ligne droite, par conséquent ne pourrait plus être tracé avec la règle; il faudrait alors, la main coulante étant débillardée sur le large, la fixer sur la rampe, de sorte que les traits, *e, f,* d'épaisseur, tracés par bout, soient horizontaux; présenter horizontalement une règle E, *fig.* 18, en-dessous de la rampe, prendre avec le compas la distance *n, n,* pour fixer verticalement une série de points sur la longueur et des deux côtés, en présentant la règle toujours horizontalement et le plus normalement possible à la courbe, ainsi que l'indiquent les lignes *x, x* du plan; on débillarderait la face de dessous d'après ces points, puis on la mettrait d'épaisseur avec le trusquin.

Toutes les parties de la main coulante étant débillardées, doivent être mises en place, provisoirement arrêtées, pour corriger les jarrets qui pourraient exister; on les démonte ensuite pour pousser le profil à l'atelier : le fini se donne sur place.

Pour maintenir les abouts des différentes parties, on met ordinairement deux tourillons ou deux fortes pointes faisant fonction de tourillon.

### Des échelles dites de meunier.

Ces échelles sont des sortes d'escaliers sans contre-marches; lorsqu'elles sont fixes, elles ont des marches de mêmes longueurs et n'offrent aucune difficulté pour l'exé-cution. Les échelles mobiles sont ordinairement plus larges en bas; dans l'un et l'autre cas, l'exécution des limons est la même: on en fixe la largeur sur une planche que l'on incline à la demande, et on trace horizontalement les entailles destinées à recevoir les marches, *fig.* 20. Si les marches sont d'inégales longueurs, il suffit de les mettre de champ l'une contre l'autre, *fig.* 21; on trace d'un bout l'arasement *a,b,* des tenons, on porte la lon-gueur de la marche du haut de *a* en *c,* et celle de la marche du bas de *b* en *d,* et on joint *c,d,* par une droite qui donne la longueur des marches. Quand la différence de longueur de la marche du haut et du bas est très forte, il faut figurer l'inclinaison des limons, *fig.* 22, en prendre la coupe avec la fausse équerre, et s'en servir pour retourner les traits sur le champ des marches.

Si on voulait adapter deux montants à cette échelle pour en faire une sorte d'échelle double, ainsi que l'indique la figure 20, les marches ne pourraient plus être d'équerre sur le plat, il faudrait alors tirer une ligne *e,f,* d'équerre, *fig.* 20. prendre la distance *f,g,* la porter de *g* en *f, fig.* 22; *hh,* serait la longueur du champ de derrière de la marche, et *ii* celle du champ de devant. Les arasements de toutes les marches seraient à cette coupe, qui se tracerait avec la fausse équerre, *fig.* 23.

# CHAPITRE X.

—

## Tracé des Arêtiers droits.

—

*Tracé d'un arêtier droit sur un plan carré.*

Soit A,B,C,D, *fig.* 1, les lignes extérieures du plan; après avoir joint ces points par des diagonales, tracez à l'élévation une ligne EF, qui sera le dessus des traverses du châssis du plan; du centre G, élevez une perpendiculaire sur la ligne E,F, et fixez le point H, sommet de l'arêtier; du point B, élevez une perpendiculaire sur EF, joignez le point F au sommet H, cette ligne donne l'inclinaison des côtés; figurez approximativement, par des parallèles K*i*,L*i*, la largeur de l'arêtier en plan; tirez la ligne de base MN, projetez sur cette base les points C,K en M,Q, prenez à l'élévation la hauteur OH pour la porter au plan de N en P, joignez le point P au point M, et par celui Q, menez une parallèle; tirez ensuite la petite ligne d'équerre, *aa′ fig.* 2, par le point *d*, où cette ligne coupe la parallèle Q, menez-en une seconde *bb′* parallèlement à MN; du point *d*, décrivez l'arc de cercle *cc′*, abaissez de *c′d* des perpendiculaires sur l'arêtier en plan pour fixer les points RST qui en donnent l'équerrage. Fixez, par les lignes d'équerre S,U,T,V, la largeur des champs (qui ont été conservés d'après la largeur approximative pour ne pas compliquer le nombre des lignes) et tracez l'épaisseur que vous voulez donner à l'arêtier; par les points W,U,V, menez des parallèles à celles K$i$, qui seront la retombée des champs intérieurs en plan. De ces mêmes points, menez des perpendiculaires à la petite ligne $b, b'$, *fig.* 2, pour fixer ceux $e,f$, que vous ramènerez sur $a,a'$, par des arcs de cercle en $e'f'$ ; par ces points, menez des parallèles à MP, et des points X'Y'Z', où ces parallèles coupent la ligne MN, abaissez des perpendiculaires au plan ; leur rencontre avec les lignes d'arêtes qui leur correspondent, donne les points Z,Z,Y, qui joints aux points K,C,L, déterminent la projection horizontale de la coupe du bas de l'arêtier, ainsi que l'épaisseur des traverses du cadre d'appui.

Pour tracer la coupe du haut, prenez au plan l'épaisseur SU de la coupe, portez-la parallèlement à la ligne HF de l'élévation, figurez la profondeur $g$ de l'entaille de la fiche ; de ces points, abaissez des perpendiculaires au plan ; leur rencontre avec les diagonales et les joints des arêtiers, donne les points $g'$, $h$. De ceux $g'$, $g'$, menez des parallèles aux lignes d'arêtes ; des points X,$x$ où elles rencontrent les lignes de la coupe du bas, élevez des perpendiculaires à MN pour fixer les points X'$x'$ par lesquels vous mènerez des parallèles à MP ; ensuite, des points $g',h,i,j$ du plan élevez des perpendiculaires sur MN, leurs rencontres avec les parallèles de la figure 2, correspondant aux lignes d'arêtes du plan, donnent les points $i',j',h',h',g'',g''$, pour projection verticale de la coupe.

Pour avoir la longueur réelle de l'arêtier, vu en dessous, *fig.* 3, des points $i,j',h',g''$ de la coupe du haut, et de ceux M,X',Y',Q$x'$,Z' de la coupe du bas, *fig.* 2, élevez des perpen-

diculaires sur MP, prenez au plan la distance des lignes
d'arête 1,2,3,4,3,2,1, portez-les à la figure 3, et par ces
points, menez des parallèles à MP; leurs rencontres avec
les perpendiculaires élevées de la figure 2, donnent les
points $g''',h'',i''j''$, pour la coupe du haut, et M',Q',Y'',Z'',
pour celle du bas.

Si on voulait que l'arête dépassât la traverse du bas,
ainsi qu'il est pointillé à l'élévation de F en I, il faudrait
des points I,J, abaisser des perpendiculaires jusqu'à la rencontre des lignes d'arêtes en I'J', le point K où la perpendiculaire I,I' coupe la diagonale CB, serait le point extrème
de la projection horizontale de l'arêtier, ce qui donnerait
le prolongement pointillé KK', $l,m$, lequel étant projeté
sur MN et reporté par des perpendiculaires à MP, sur la
figure 3, donnerait pour la coupe, les points K',K'', $l',m'$.

Pour obtenir le développement de cet arêtier en élévation, *fig.* 4, il faut, du point F comme centre, *fig.* 5,
rabattre l'arêtier FH sur le plan vertical en H'; dans ce
mouvement, les points 5,6,7,8,9, qui sont l'aboutissement
des lignes d'arête sur la traverse du bas, sont venus en
5',6',7',8',9', en élevant de ces points des perpendiculaires,
leur rencontre avec les arcs de cercle qui sont le rabattement des points $n,o,p,q,r,s,t$, sur le plan vertical, donne
la projection de la coupe de haut vue de profil; comme
cette coupe est verticale dans la position normale de l'arêtier, les points $n,p$, ont pour projection horizontale $g'$, fig. 4,
la parallèle menée du point $g'$ au point $u$, peut être considérée comme la trace horizontale d'un plan coupant et
vertical; ce plan, rencontrant la face du dessus ainsi que
celle du dessous de l'arêtier donne deux parallèles ayant
une seule projection horizontale $g'u$, et pour projection
verticale $n,9$ et $p,7$; donc, les points $n'p'$ où les perpendiculaires coupent les arcs de cercle menés des points $n,p$,

appartiennent à la coupe ; un raisonnement semblable démontrerait que les points $o', q'$, sont les mêmes que les points $o, q$, ayant pour projection horizontale le point $g''$. Pour les points $r, s$ c'est encore la même chose ; seulement, comme ils sont les aboutissements des arêtes du champ, lequel étant d'équerre à la face inclinée de l'arêtier, ils ne peuvent pas être sur un même plan vertical et parallèle à l'arêtier, comme ceux $g' u$, et ne peuvent être qu'à la rencontre des projections horizontales de l'arête aux points $s'', r''$. Le point $t$ ne comporte pas de démonstration.

Pour avoir le développement vu de face, après avoir figuré par une ligne le dessus de la traverse et élevé une perpendiculaire AC sur le milieu de cette ligne, *fig.* 4, il faut mener des horizontales par les points $n', o', p', q', r', s', t'$, de la coupe du haut, ainsi que ceux $5', 6', 7', 8', 9'$, de la coupe du bas, *fig.* 5. Vous observerez que dans le rabattement de l'arêtier sur le plan vertical, la ligne BD du plan ayant pour projection verticale le point F, autour duquel s'est fait le rabattement, n'a pas changé, par conséquent les points d'aboutissement des lignes d'arête sur BD, n'ont pas changé de place ; prenez donc au plan les points B, B', B'', pour les porter en B, B', B'', *fig.* 4 ; ensuite, H étant la projection verticale du centre G du plan, $o$ la projection de $g''$, et $t$ celle de $t''$, les points G, $g''$, $t''$, étant sur une même ligne, qui n'a pas cessé d'être perpendiculaire à BD, dans le rabattement, seront sur la perpendiculaire AC du développement, *fig.* 4, à la hauteur de H' $o'$ $t'$ du rabattement, *fig.* 5, joignant donc H'B, $o'$B', $t'$B'', vous aurez le développement de la face du devant de l'arêtier.

Pour y joindre celle de côté, vous observerez aussi que, dans le rabattement les points $v, u$, du plan, tout en s'élevant, n'ont pas cessé d'être dans un même plan perpendiculaire à BD, il en est de même des points $v' u' y$ ; les points $v,u$, seront donc sur une perpendiculaire passant par la face extérieure de la traverse du bas élevée du point B, *fig.* 4, à une hauteur égale 6′ 9′ du rabattement et ceux $v',u',y$, sur la perpendiculaire passant par la face intérieure de la même traverse, à une hauteur égale à 5″7′8′; du rabattement menez donc par les points $vv',uu',y'$ des parallèles à BH, leur rencontre avec les horizontales menées des points $n',p',q',r',s'$ du rabattement donne les points $n',p',q',r',s'$, *fig.* 4, pour projection de la coupe.

En exécution, on ne développe que les faces sur lesquelles on trace la largeur des traverses-panneaux, petits bois, selon le mode de construction ; pour faire ce développement, prenez au plan, *fig.* 1, la distance du point milieu 10 aux points B et B″, portez ces distances du point A, *fig.* 4. pour fixer ceux BB′ et DD′; du point A élevez une perpendiculaire indéfinie, prenez la longueur FH de l'arêtier en élévation, portez-la de A en H′, *fig.* 4, joignez le point H′ aux points B,D, par ceux B″,D′ menez les parallèles B″$t$, D′$t$, vous aurez le développement de la face.

La coupe de cet arêtier, figurée au plan, *fig.* 1, ainsi que son développement, *fig.* 3, suffisent pour son exécution.

Quant aux figures 4 et 5, je ne les donne que comme application des projections, et démontrant la méthode à suivre pour représenter sur un dessin un objet quelconque vu dans plusieurs positions.

PLANCHE 13.

*Tracé d'un arêtier droit sur un plan barlong.*

Soit AB, l'axe longitudinal du plan AC, BD la demi-largeur, EFGH l'élévation ; du point F de l'élévation, abaissez une perpendiculaire FJ sur l'axe AB du plan, joignez le point I au point D, ce qui donne la retombée en plan de l'angle extérieur de l'arêtier, fixez approximativement la largeur KL de l'arêtier; par ces points, menez des parallèles à DI, tirez de même où vous voudrez la ligne de base OO′ prenez à l'élévation la hauteur MF, pour la porter, *fig.* 2, de O en N, sur la perpendiculaire élevée du point I du plan; des points K,D,L, abaissez des perpendiculaires sur la ligne de base OO′ joignez le point O′ au point N, des points L′,K′, menez des parallèles à cette ligne, tirez ensuite la petite ligne d'équerre *aa′* du point *c* où elle coupe la parallèle K′, menez *bb′* parallèlement à OO′ ramenez sur cette ligne par des arcs de cercle les points *d, e*, pour fixer ceux *d′e′*, projetez ces nouveaux points sur les lignes d'arêtes KDL du plan en G′F′H, ce qui donne l'équerrage de l'arêtier; fixez la largeur F′H′F′Q, comme vous l'entendrez, ainsi que l'épaisseur HPQR, projetez les points P,P′,R sur la petite ligne *bb′* que vous ramènerez sur la ligne *aa′* en *fg i*; par ces nouveaux points, menez des parallèles à O′N des points *v′,v′,v′*, où elles coupent la ligne OO′, élevez des perpendiculaires au plan de l'arêtier; leur rencontre avec les lignes d'arête P,P′,R donne les points T,T′ qui, avec les points D,L,U limite l'épaisseur du cadre ou traverse du bas, ainsi que la projection de la coupe de l'arêtier. Des points TU, élevez des perpendiculaires jusqu'à la rencontre de la ligne MH de l'élévation; par les points de rencontre, menez des parallèles à FH; puis, d'un point quelconque A′ de la ligne du haut de l'élévation, abaissez sur MH une perpendiculaire A′ A″ prenez la demi-largeur BD du plan; portez-la de A″ en C′D′, joignez ces points à A′, ce qui donne l'inclinaison de la coupe par le travers du plan, fixez la largeur A′1,A′3, que vous voulez donner à la traverse du haut ainsi que l'épaisseur 1,2,3,4, du bois; par ces points, menez des horizontales, leur rencontre avec les parallèles à FH, donne les points U′g′, desquels vous abaissez des perpendiculaires au plan, leur rencontre avec les lignes d'arête U,T, donne les lignes h′,l, par lesquelles vous menez deux parallèles à l'axe du plan ; ces parallèles sont la retombée en plan des champs de la traverse du haut.

La figure 4 est la coupe de cette traverse, vue en dessous ; pour la tracer, prenez la distance des points 1,2, à la perpendiculaire A′A″ pour fixer les parallèles 1′,2′, leur rencontre avec les perpendiculaires abaissées des points F et U′, donne les points 8,9, pour l'arasement du haut, et ceux 10,11, pour celui du bas.

Pour figurer l'arêtier, vu en dessous, *fig.*3, projetez le point 10 de la figure 4, sur l'axe du plan en F′, de ce point ainsi que de ceux h′,J,k,l,m, élevez des perpendiculaires à la ligne de base o,o′, leur rencontre avec les parallèles de la figure 2, donne les points N,F″,h″,J′,l′,m′,k′, pour la coupe du haut ; prenez au plan la distance des lignes d'arête 1,2,3,4,5,6, portez les figures 3 par ces points, menez des parallèles, leur rencontre avec les perpendiculaires abaissées des points N,F″,h″,J′,l′,m′,k′, donne ceux o,p,q,r,s,t,u, pour la coupe du haut ; la rencontre de ces mêmes parallèles avec les perpendiculaires abaissées des points v′,K′,L′,O′, donne aussi ceux V,W,x,x′,y,z, pour la coupe du bas.

Si, pour une raison quelconque, on était obligé de faire les champs d'inégale largeur, ainsi qu'ils sont figurés, *fig.*5, cela ne changerait rien au mode de construction, on opérerait alors sur les points E,C,D, comme sur ceux K, D, L, *fig.*4 ; les figures de développement s'obtiendraient toujours de la même manière.

## PLANCHE 14.

*Tracé d'une trémie en assemblage.*

Cette trémie peut être construite sur un plan carré, *fig.* 1, ou sur un plan barlong, *fig.* 2 ; quel que soit le plan, la manière d'opérer est la même.

Soit AB, *fig.* 1, le côté du plan construit sur un carré dont CD, *fig.* 2, sont les points d'aboutissement des autres côtés ; après avoir mené les diagonales A,D,B,C, tracez à l'élévation *fig.* 4, deux parallèles K,L, au côté du plan pour fixer la hauteur de la trémie ; du point A du plan, élevez une perpendiculaire sur la ligne K ; au point $b'$, tirez la ligne $b'c$, d'après l'inclinaison que vous voulez donner aux côtés ; figurez la largeur du montant ainsi que l'épaisseur et la largeur des traverses, faites la coupe *fig.* 3, de la même manière ; ensuite, de tous les points d'angles des traverses, ainsi que des extrémités des montants *fig.* 3 et 4, abaissez des perpendiculaires au plan, leur rencontre donne la retombée des arasements des traverses et la coupe par bout des montants ; ainsi, la rencontre des perpendiculaires abaissées des points $a'b'$ de ces coupes donnent au plan les points $a,b$, pour le haut des montants ; le point $o'$ est donné par les perpendiculaires abaissées du point $p$, *fig.* 3, ainsi que du point $i$, *fig.* 4, les points $e,e'f,f'$ sont donnés par les perpendiculaires abaissées des points $c,o$ *fig.* 4 et $c,d$ *fig.* 3 ; les points $n,n$, sont donnés par les perpendiculaires abaissées des points $i,j$, *fig.* 3, et des points $k,l$, *fig.* 4 ; ces points $n,n$, donnent la retombée du champ inférieur de la traverse du haut ; ce champ, ainsi que celui de la traverse du bas, sont d'équerre aux faces des traverses figurées au montant F, *fig.* 3 ; ils sont figurés horizontaux au montant E, ce qui change la largeur de leur retombée en plan qui s'obtient de la même manière ainsi que l'indiquent les lignes de construction.

La figure 2 est le plan d'une trémie semblable à la précédente, mais sur un plan barlong, A,G,B,H; la figure 5 est la coupe du milieu dont la hauteur est égale à celle fig. 4, l'inclinaison du montant est donnée par l'ouverture du bas, les champs des traverses sont représentés en plan, horizontalement d'un côté et d'équerre aux faces de l'autre côté.

Pour faire le plan, fig. 2, tirez les diagonales A,H,B,G; faites la coupe, fig. 5, comme vous l'entendrez; figurez-y les traverses, de tous les points d'angles, abaissez des perpendiculaires au plan, abaissez-en d'autres de tous les points d'angles de la coupe, fig. 3, laquelle sert pour les deux plans; la rencontre de ces perpendiculaires donne au plan la retombée des faces et des champs des traverses ainsi que leurs arasements, la méthode à suivre étant exactement la même que pour tracer le plan, fig. 1.

La figure 6 est le développement d'un côté; pour le faire, tirez la petite ligne 9,10, fig. 4, prenez la distance de tous les points d'angle à cette ligne, portez-les au développement, ce qui donne les lignes des champs des traverses ainsi que la longueur et coupe des montants; la rencontre de ces lignes avec les perpendiculaires élevées du plan, donne les arasements réels des traverses.

La figure 7 est une partie du développement de la face longitudinale de la trémie, fig. 2; pour le faire, de tous les points d'angle de la coupe, fig. 5, abaissez des perpendiculaires, portez-les à la figure 7, sur la ligne 11,12; prenez ensuite à la coupe, fig. 4, la distance de tous les points d'angle à la ligne 9,10, portez-les à la figure 7, à partir de la ligne 11, 12; par ces points, menez des horizontales; leur rencontre avec les perpendiculaires donne les arasements des traverses ainsi que la coupe par bout des montants.

L'équerrage de ces montants s'obtient de la même manière que celui des arêtiers, *pl.* 12 et 13, *fig.* 1 et 2.

On peut aussi en obtenir l'équerrage de la manière suivante :

Soit A, *fig.* 8, le montant d'angle E' du plan, *fig.* 2, au point B, extrémité extérieure de l'arête BC, élevez une perpendiculaire sur laquelle vous portez la hauteur de la trémie, de B en D ; joignez le point D au point C ; d'un point quelconque, I, de cette ligne, abaissez une perpendiculaire sur l'arête BC au point E ; par ce point, menez une ligne, FG, d'équerre au montant ; portez sur la ligne d'arête une distance, EH, égale EI ; joignez le point H au point F et au point G ; les deux lignes donnent l'équerrage du montant.

# CHAPITRE XI.

—

## Tracé des Plafonds en archivolte construits en bois plein.

—

Les plafonds en archivolte sont des espèces de voûte, dont la courbure en élévation peut être plein cintre, surhaussée ou surbaissée; quelle qu'en soit la forme, la méthode d'exécution est la même; celui, *fig.* 1, est plein cintre en élévation; le cintre de derrière, plus petit que celui de face, est également plein cintre, ayant un centre commun, de sorte que le plafond est conique.

Pour le tracer, faites le plan ABCD, de la profondeur et d'après le cône voulu, figurez l'épaisseur du bois, ainsi que celle des assises; selon l'épaisseur que vous voudrez employer, tirez la ligne du centre E, ainsi que la ligne de base FF, *fig.* 2, projetez dessus les points A, *a, b, c, d, e,* et du point *o*, décrivez des demi-cercles qui sont les traits intérieurs suivant lesquels vous chantournerez les assises à l'intérieur, à l'exception de celui *a* qui donne l'épaisseur du bois vu de face; ces demi-cercles seront aussi tracés sur l'assise inférieure pour servir de guide dans le collage ; la largeur de ces assises est donnée au plan.

Pour avoir la surface développée de l'intérieur, l'opération est la même que pour le développement du cône ; du point *g* où tendent les côtés du plan, et d'une ouverture de compas égale à *ge,* et *ga,* décrivez des arcs de cercle, divisez ensuite le quart de cercle *hh,* en un nombre quelconque de parties ; plus elles seront rapprochées, plus juste sera l'opération ; portez ce même nombre de parties sur l'arc de cercle E, de E en F et de E en G, joignez les points F,G, au point *g,* vous aurez le développement de la surface intérieure du plafond.

Si vous vouliez avoir la surface extérieure, vous décririez des arcs de cercle passant par les points A,C du plan. Vous opéreriez sur le quart de cercle KK, comme sur celui *hh,* et vous porteriez les divisions sur l'arc de cercle passant par le point A.

*Tracé d'un Plafond gauche en archivolte, cintré en plan et en anse de panier en élévation.*

Faites le plan, *fig.* 3, de la profondeur et du cintre que vous voudrez ; marquez les assises comme à la figure 1 de l'archivolte précédente, tirez la ligne de base AB, *fig.* 4, et projetez dessus le trait intérieur des assises pour fixer les points *c,d,e,f,g,* les points *a,b,* étant la projection de l'épaisseur du bois ; du point *o,* décrivez l'arc de cercle *gig,* et marquez l'épaisseur du bois en-dessus en *h* ; par les points *b,c,d,e,f,* décrivez des cintres aboutissant au point *i* ; pour cela vous considérerez chaque cintre, comme autant de demi-ovales en anses de panier que vous décrirez d'après la méthode, *pl.* 3, *fig.* 73. Les centres de la courbe *b,i,b,* étant les mêmes pour celles *a,h,a,* les assises seront chantournées intérieurement, suivant les cintres $c, d, e, f, g$, qui de plus seront tracés sur les assises infé- rieures pour plus de justesse dans le collage. Pour les cintres extérieurs, vous projeterez les points $o, o, o$, sur la base AB (ce que je n'ai pas fait afin de ne point embrouiller les lignes), par ces nouveaux points, vous décrirez des courbes passant par le point $h$, en vous servant de la même méthode que pour les cintres intérieurs.

### Tracé d'un Plafond en archivolte conique et plein cintre en élévation, construit par claveaux.

Après avoir fait le plan, *fig.* 5, comme à l'archivolte, *fig.* 1, ainsi que l'élévation *fig.* 6, divisez le cintre en autant de parties que vous voulez mettre de claveaux ; les joints doivent tendre au centre, ainsi qu'ils sont figurés ; tirez sur le milieu du claveau 3 une ligne $a$ tendant au centre ; menez à son extrémité une ligne $b, c$, tangente au cin- tre ; prenez la distance de l'extrémité b, de cette tangente au cintre extérieur, portez-la au plan, *fig.* 5, de $d$ en $b$, et par le point $b$ menez une parallèle au côté du plan ; des points $f, g, e, d$, élevez des perpendiculaires pour faire le développement du claveau vu de face, *fig.* 7, tirez une ligne d'équerre $h, p$, prenez au claveau 3, *fig.* 6, la distance des points $ii, nn, oo$, à la ligne du milieu ; portez cette dis- tance à la figure 7, pour fixer les points $ii, oo, nn$, joignez les points $n, i$, et par les points $o, o$, menez des parallèles jusqu'à la rencontre de la perpendiculaire $m$ ; joïgnez les points de rencontre aux points $i, i$, joignez de même les points $o, o$, aux points $n, n$. Pour tracer les bouts de ce cla- veau, prenez la distance du point $u$ au point $v$, *fig.* 5 et 6, portez-la à la figure 7, de $h$ en $p$ ; du point $p$ comme centre et d'une ouverture de compas égale $po$, décrivez l'arc de cercle *oo*; du même point *p*, décrivez les arcs *nn,ii*, le claveau sera terminé.

La figure 8 est l'élévation d'une archivolte construite par claveau, comme la précédente, et cintrée en plan, *fig.* 9; la manière de la tracer est la même; je n'en ferai pas la description; j'observerai seulement que la ligne pointillée *a*, complément de l'épaisseur du claveau, se joint au point *b*, ces lignes sont nécessaires pour les tirer d'épaisseur avant d'être arrondis; sans cela les claveaux, étant terminés, seraient plus minces que l'épaisseur figurée au plan.

Ce genre d'exécution par claveaux exige plus de main-d'œuvre, de précision, et est moins solide que par assises, comme ceux *fig.* 1,2,3 et 4; c'est à cause de cela que j'engage à ne les faire de la sorte qu'autant qu'on y sera forcé pour une raison quelconque.

## PLANCHE 16.

*Tracé des Plafonds cintrés ou voussures en bois plein.*

Plafond cintré et conique, *fig.* **A**.

Commencez par faire le plan ABCD, *fig.* 1; d'après la profondeur et l'évasement de l'ouverture, marquez les assises d'après l'épaisseur du bois que vous voulez employer; tirez la ligne du centre **E**; puis, faites la coupe du milieu, *fig.* 2, en portant sur une horizontale, *ae*, les points *a,b,c,d,e* de la retombée des assises en plan; par ces points, élevez des perpendiculaires; fixez la hauteur *eo*, joignez le point *o* au point *a*, figurez l'épaisseur *f,k*, du bois, projetez les points *a,l,m,n,o,k,* sur la ligne du centre **E**, *fig.* 3; puis, d'une ouverture de compas égale au rayon du cintre de la baie, décrivez un arc de cercle passant par le point $k$, en observant de fixer la pointe du compas sur le prolongement en contre-bas de la ligne du centre E (si l'ouverture n'existait pas, le rayon de l'arc $k$ serait à volonté) ; par le même point de centre de l'arc $k$, décrivez les arcs de cercle $o,n,m,l,a$, des points $p,q,r,s,t$, du plan, élevez des perpendiculaires ; leur rencontre avec les arcs de cercle qui leur correspondent, donnent le passage de la ligne intérieure du joint 1,2,3,4,5, du plafond avec la partie verticale de revêtissement. Les perpendiculaires élevées des points A,$u,v,x$,B, du plan, rencontrant les mêmes arcs de cercle, donnent la ligne du joint de l'extérieur.

Pour développer un des côtés, des points $p,q,r,s,t$ du plan, élevez des perpendiculaires au côté, prenez la hauteur des points 1,2,3,4,5, à la base F ; portez ces hauteurs sur les perpendiculaires, élevez-les au côté du plan en prenant la ligne $p,t$ pour base, joignez-les par une ligne qui sera courbe à l'exécution, quoiqu'elle paraisse droite sur le dessin, cela provenant de sa petitesse ; prenez de même la hauteur du dehors, portez-la toujours à partir de la ligne $pt$ sur les perpendiculaires élevées des points A,$u,v,x$,B, le développement sera terminé.

### Plafond gauche et conique.

#### Figure B.

Faites le plan, *fig.* 1. et la coupe *fig.* 2, d'après la méthode employée pour les figures 1 et 2 du plafond précédent ; j'ai coté les figures des mêmes lettres, afin que la description que j'en ai donnée puisse servir aux deux épures. Cela posé, pour avoir les courbes du plafond, *fig*, 3, ayant décrit la courbe inférieure $a$, ainsi que celle $o$, d'après le cintre que vous voudrez, tirez la ligne $vq$, dirigée à un point placé sur le prolongement de la ligne du milieu, E, et à égales distances des points de centre des courbes $a,o$, par les points $q,r$, élevez-lui des perpendiculaires. Prenez au plan, *fig.* 1, les points $a,b,c,d,e$, portez-les, *fig.* 4, et par ces points élevez des perdendiculaires; joignez le point 1 au point $a$, figurez l'épaisseur du bois en dehors; par les points 2,3,4,5, menez des perpendiculaires à la ligne $pq$; pour fixer ceux 4,3,2,5, faites passer des arcs de cercle par les points K5,$n$2,$m$3,$l$4, en vous servant de la méthode (*pl.* 2, *fig.* 12), leur rencontre avec les perpendiculaires élevées de ceux $p,q,r,s,t$, du plan, donne la ligne intérieure du joint ou coupe par bout. Par suite du gauche, les assises sont plus larges aux extrémités qu'au centre. Cette différence est donnée par la coupe, *fig.* 4, prise sur la ligne $p,q$.

Pour tracer les cercles extérieurs, des points 6,7,8,9, de la coupe, *fig.* 4, menez des perpendiculaires sur la ligne $pq$; par ces nouveaux points et ceux du centre, faites passer les arcs de cercle pointillés, en vous servant du même principe que pour ceux de l'intérieur; la rencontre de ces cercles avec les perpendiculaires A,$u,v,x$,B, donne l'arête extérieure de la coupe par bout. Quant au développement des côtés, les hauteurs ont été prises de la ligne HH, et portées au développement à partir de la ligne $p,t$, du côté du plan, *fig.* 1.

Pour l'exécution, vous mettrez le bois de l'épaisseur marquée en plan; pour la première assise de devant, vous tracerez sur le plat, en parement, les deux arcs de cercle $k,o$, et sur la face de derrière, les deux arcs de cercle pointillés passant par les points $o,n$, correspondant aux points $i,n$, de la coupe *fig.* 2, qui seront aussi tracés sur la face de devant de la seconde assise; opération qui devra être faite pour tous les ouvrages de ce genre pour fixer la

position des assises dans le collage ; les autres assises se
tracent de la même manière.

## Figure C.

*Plafond gauche, cintré sur la face et droit en faux
parement sur un plan évasé.*

Pour tracer ce plafond, commencez par faire le plan
ABCD, *fig.* 1, qui est la demi-largeur de l'ouverture,
tracez à l'élévation, *fig.* 2, les deux courbes *a,b*, de l'épaisseur du bois. Tracez également la ligne *f*, du dessous,
comme vous l'entendrez, faites la coupe du milieu, *fig.* 3,
figurez-y les assises ; projetez les points *cde,ghik*, sur la
ligne du milieu, E ; prolongez la ligne projetante du point
*g*, jusqu'au point *l* ; de ceux 1C,5D, du plan, *fig.* 1, élevez
des perpendiculaires, celle 1, jusqu'à la ligne F ; celle C,
jusqu'à *g,l* ; celles 5D, jusqu'aux arcs de cercle, *a,b* ; joignez le point 1 au point *l*, le point 5 au point D, et le point
D au point *l*, vous aurez les lignes de la coupe par bout
du plafond. Projetez les points 2,3,4 du plan, sur la ligne
1,5, projetez de même les points 6,7,8, sur la ligne D*l*.
Ces points sont les extrémités des arcs de cercle du plafond
que vous décrirez avec le compas, en ayant soin de mettre
la pointe sur la ligne E du milieu prolongée.

Le développement des côtés se fait de la même manière
que ceux des figures A et B ; la figure 4 est une coupe
faite sur la ligne *mm*.

Pour l'exécution de l'assise de devant, la largeur est
donnée, pour le débitage, par les points *a,*D,*c,n, fig.* 2 ;
après l'avoir tirée d'épaisseur, tracez sur la face les deux
courbes, *a,b*, et, sur le revers, les courbes *o,c* ; celle *o*,
servira pour guider le collage de la seconde assise ; il en
sera de même des autres que vous tracerez de la même
manière.

## Figure D.

*Tracé d'un plafond gauche, connu sous le nom
d'oreille d'âne.*

Après avoir fait le plan, *fig.* 1, comme ci-dessus, fixez
la hauteur *a*, ainsi que l'épaisseur du bois *b*, *fig.* 2; menez
par ces points deux horizontales jusqu'à la rencontre des
perpendiculaires élevées des points *c,d* du plan, *fig.* 1,
ce qui donne la face de devant en élévation; tracez le cintre
*e* de dessous comme vous l'entendrez; élevez à distances
égales les perpendiculaires *f,g,h,i*, prenez leur hauteur *o*,
portez-les sur les perpendiculaires du côté, par les points
*o,o,o*, et par celui *b*, faites passer des arcs de cercle en
fixant le centre sur la ligne du milieu E, prolongée suffisamment. Ces arcs de cercle sont les lignes de joint
du dessous des assises. Pour tracer ceux de l'extérieur,
tirez la petite ligne pointillée *kl*; des points où elle coupe
les arcs de cercle de l'intérieur, menez des horizontales à la
figure 3; prenez au plan les points 1,2,3,4,5,6, portez-les
à la figure 3; par ces points, élevez des perpendiculaires;
leur rencontre avec les horizontales donne les points 7,7,
pour le passage de la courbe intérieure, et menez-lui
parallèlement une seconde courbe pour figurer l'épaisseur
du bois. Pour tracer la courbe extérieure des joints, des
points 8,9 de la coupe, *fig.* 3, menez des horizontales
jusqu'à la rencontre de la ligne *kl*, en *m,n*; faites passer
des arcs de cercle par ces points et par celui *a*, en fixant
toujours la pointe du compas sur la ligne du milieu (ce
que vous observerez pour toutes les autres courbes que je
n'ai pas tracées pour éviter la confusion des lignes), vous
aurez les deux courbes du faux parement de la première
assise.

9

Pour l'exécution, vous tracerez sur la face du collage les courbes $m,a,n,b$, et sur celle de derrière les courbes $n,a,k,b$.

## Figure E.

*Tracé du même plafond, évasé au milieu.*

Après avoir fait le plan, *fig.* 1, fixez la hauteur V du plafond, *fig.* 2, tracez le cintre intérieur comme vous l'entendrez, tirez la ligne $mn$ ; par ces points, menez des horizontales pour faire la coupe, *fig.* 3, prenez au plan la distance des assises, portez-les à cette coupe du point $a$, *fig.* 3, et d'une ouverture de compas égale à l'épaisseur du bois décrivez un arc de cercle du point 1 ; tirez une ligne 1$b$, tangente à cet arc ; par le point $a$, menez une parallèle à cette ligne ; de ceux $b,c,d,e,f$, menez des horizontales jusqu'à la ligne $m,n$, pour fixer les points $g,h,i,j,k$ ; faites ensuite la coupe du milieu, *fig.* 4, d'après la méthode ordinaire, et projetez sur la ligne du milieu, VE, les points 11,12,13,14,15, qui donnent ceux $o,p,q,r,s$. Par ces points et par ceux $g,h,i,j,k$, faites passer des arcs de cercle que vous prolongerez jusqu'à la rencontre des perpendiculaires élevées des points $a,b,c,d,e$, du plan, *fig.* 1, ce qui donne pour la ligne du joint la courbe pleine $m,t$. Pour avoir les courbes du dehors, vous projetterez sur la ligne du milieu les points $a,b,c,d,e$ de la coupe, *fig.* 4 ; vous projetterez de même sur la ligne $m,n$ les points $o,o,o$, *fig.* 3 (1), par lesquels vous ferez passer des arcs de cercle, comme à la

(1) Ces points se trouvent sur une même horizontale que ceux $b,c,d,e,f$, et ont, par conséquent, la même projection sur la ligne $m,n$ ; il pourrait se faire qu'il n'en fût pas ainsi : cela dépend de la forme et de l'inclinaison de la coupe.

figure D ; je ne les ai pas figurées pour éviter la confusion des lignes.

Ce plafond étant droit parallèlement à la ligne du milieu, donne une courbe creuse pour la courbe par bout des côtés, *fig.* 5 ; si on voulait qu'elle fût droite, on tirerait une droite du point *m* au point *t*, et on ferait aboutir les arcs de cercle où cette droite couperait les perpendiculaires élevées des points *a,b,c,d*, du plan ; si on voulait qu'elle fût cintrée, ainsi que l'indique la ligne pointillée de la figure 5, on ferait la coupe, *fig.* 3, cintrée d'après la ligne courbe pointillée, qui représente le dedans de la coupe, on marquerait l'épaisseur en dehors et on opérerait exactement comme précédemment ; les courbes pointillées de la figure 2 seraient les lignes intérieures des joints d'après cette dernière manière de construction.

## PLANCHE 16.

### FIGURE F.

*Tracé d'un plafond gauche évasé, cintré en élévation*
*et sur la largeur.*

Faites les plans, *fig.* 1 et 2, comme ci-devant, en fixant le cintre, *fig.* 1, et l'évasement, *fig.* 2, comme vous voudrez ; après avoir marqué les assises, des points *a,b,c,d,e, f,g*, élevez des perpendiculaires à l'élévation, *fig.* 3 ; tirez la ligne du milieu, E ; décrivez les arcs de cercle *a,g*, d'après le cintre que vous voudrez ; des points *a,g*, menez les horizontales *aa,gg*, et faites la coupe du milieu, *fig.* 4, d'après la méthode ordinaire ; projetez sur la ligne du milieu, E, les points *c,d,e,f* ; tirez ensuite une ligne, *v,v*, près des extrémités des courbes *a,g*, dirigée à un point placé sur la ligne du milieu E, à une distance égale des centres des courbes $a,g$; prenez la distance $vv$, portez-la sur la ligne $vv$, *fig.* 5; élevez à cette ligne une perpendiculaire $v1$, et portez dessus la distance des points 1,2,3,4,5, 6,7,$v$, du plan, *fig.* 1, pour fixer la distance des parallèles à la ligne $vv$; du point 1 au point $v$, décrivez une courbe comme vous l'entendrez : cette courbe est le cintre extérieur du plafond pris sur la ligne $vv$, *fig.* 3; tracez à l'intérieur la courbe $b3$ de l'épaisseur du bois; prenez les hauteurs $b,c,$ $d,e,f$, portez-les sur la ligne $vv$, *fig.* 3; par ces points, et par ceux marqués sur la ligne du milieu E, faites passer des arcs de cercle qui sont les lignes intérieures des joints. Pour avoir les lignes extérieures, prenez les hauteurs $o,o,o,$ *fig.* 5, portez-les sur la même ligne $v,v$, *fig.* 3, projetez les points $o,o,o$ de la coupe, *fig.* 4, sur la ligne du milieu E; par ces points, faites passer des arcs de cercle qui sont les courbes des joints extérieurs.

La ligne du joint intérieur par bout s'obtient en élevant des perpendiculaires des points $b,c,d,e,f$, des plans, *fig.* 1 et 2; leur rencontre avec les arcs de cercle de l'intérieur la détermine. Celle de l'extérieur (hors-d'œuvre) s'obtient en élevant des perpendiculaires aux extrémités $x,x$, des assises en plan, leur rencontre avec les arcs de cercle pointillés de l'extérieur la détermine. Celle de l'intérieur (hors-d'œuvre) est également déterminée par la rencontre des mêmes perpendiculaires avec les arcs de cercle de l'intérieur. Ces lignes sont pointillées à l'élévation.

Pour faire le développement du côté du plan, *fig.* 2, tirez la ligne $a,h$, *fig.* 6, portez dessus les points $a,b,c,d,$ $e,f,g,h$ du côté du plan, par lequel vous élevez des perpendiculaires; prenez ensuite de la ligne A, *fig.* 3, la hauteur des points où les perpendiculaires élevées des points $b,c,d,e,f,g$ du plan, *fig.* 2, rencontre les cintres de l'inté-

rieur, portez-la de la ligne *ah*, *fig.* 6, pour fixer les points
*o,o,o*; prenez de même la hauteur des points où les perpendiculaires *x,x*, élevées de l'extérieur du côté du plan,
rencontrent le prolongement pointillé des cercles de l'extérieur; pour fixer ceux *u,u,u*, faites passer des courbes
par ces points, le développement sera terminé.

# CHAPITRE XII.

—

## Tracé des Arrières-Voussures construites en bois plein.

—

### PLANCHE 17.

*Arrière-Voussure en plein cintre*, Figure A.

Pour tracer cette arrière-voussure, connue sous le nom de calotte, commencez par tirer la ligne de face AB, *fig.* 1; du point C, décrivez la demi-circonférence ADB, de la grandeur que vous voudrez; figurez par un cintre parallèle, *abc*, l'épaisseur du bois; tirez à l'élévation la ligne de base AB, *fig.* 2; projetez sur cette ligne les points A, *a*, *c*, B; du point E, décrivez deux demi-circonférences, puis menez les horizontales *d*, *e*, *f*, *g*, *h*, *i*, à la distance que vous voudrez, suivant l'épaisseur du bois à employer; des points où ces horizontales coupent le cintre de face, tant en dedans qu'en dehors, abaissez des perpendiculaires sur la ligne AB du plan : la partie à gauche est pour l'extérieur, celle à droite pour l'intérieur; par ces points et du centre C, décrivez des arcs de cercle ou demi-circonférences qui sont les projections horizontales des joints des assises, suivant lesquelles elles seront chantournées, puis collées ensemble, comme pour les arrières-voussures en archivolte.

Si on voulait avoir la courbe de section faite suivant une ligne, FG, du plan, *fig.* 1, il faudrait mener les horizontales, *fig.* 3, semblables à celles *fig.* 2 ; du point H, décrire le cintre de face semblable à celui *fig.* 2 ; puis, prendre à la figure 1 les points où la ligne FG coupe les retombées des assises en plan, tant de l'extérieur que de l'intérieur, les porter à la figure 3 sur les horizontales qui correspondent à ces retombées, et par ces points faire passer une courbe qui doit être un arc de cercle. Car toute section dans un sphère donne un cercle ; or, cette voussure étant un quart de sphère, toutes les coupes verticales que l'on ferait sur le plan, parallèlement à la ligne de face AB, donneraient des demi-cercles en élévation ; d'où il suit qu'il suffirait de décrire les courbes *o,u*, *fig.* 3, d'une ouverture de compas égale à K*o* et K*u* du plan.

Cette manière d'obtenir les coupes ne peut s'appliquer qu'aux voussures étant plein cintre en plan et en élévation. Si elles étaient elliptiques, il faudrait opérer sur la ligne FG, comme il a été dit.

Si on voulait construire cette voussure par claveau, on s'y prendrait ainsi : Soit C,13,13, *fig.* 1, les retombées en plan des lignes d'arêtes de l'extérieur, et C,6,6, celles de l'intérieur du claveau ; pour faire le profil, *fig.* 4, ainsi que la vue de face, *fig.* 5, de ce claveau, tirez les horizontales semblables à celles de l'élévation, *fig.* 2 ; puis, d'une ouverture de compas égale à EB et E*c* de cette figure, décrivez du point O la courbe C*v* de l'extérieur, ainsi que celle pointillée de l'intérieur, *fig.* 4 ; tirez ensuite sur le milieu des retombées du claveau en plan les lignes C*v*, par le centre C, tracez des perpendiculaires *oo* à ces lignes, prenez les distances des points 7,8,9, 10,11,12,13, à la perpendiculaire *oo*, portez-les à la figure 4 de la perpendiculaire CO, pour fixer sur les horizontales les points 7,8,9,10,11,12,13, qui déterminent la courbe des arêtes extérieures du claveau ; prenez de même au plan les distances des points 1,2,3,4,5,6, à la perpendiculaire *oo*, portez-les sur les horizontales, *fig.* 4 : ces points déterminent les arêtes intérieures.

Pour faire la vue de face, *fig.* 5, élevez la perpendiculaire C*v*, prenez au plan la distance de la ligne du milieu aux points 1,2,3,4,5,6 de l'intérieur, ainsi que celles 7, 8,9,10,11,12,13 de l'extérieur ; portez ces distances sur les horizontales, *fig.* 5, à partir de la perpendiculaire C*v* : ces points donnent les courbes des arêtes extérieures et intérieures du claveau.

Pour figurer ce claveau à l'élévation, des points 1,2, 3,4,5,6, du plan, élevez des perpendiculaires ; leur rencontre avec les horizontales qui leur correspondent limite les arêtes intérieures ; celles élevées des points 7, 8,9,10,11,12,13, du plan, donnent les deux courbes HH pour les arêtes de l'extérieur ; ces deux courbes sont reportées du côté de celles de l'intérieur, ce qui donne la projection verticale du claveau.

Cette manière d'opérer est celle employée dans les épures des voussures en assemblage, pour mettre en élévation les montants rayonnants.

## Figure B.

*Tracé de la même arrière-voussure, elliptique, en plan et en élévation.*

Après avoir tracé les cintres de l'épaisseur du bois, tant au plan, *fig.* 1, qu'à l'élévation, *fig.* 2, marquez les assises *d,e,f,g,h,i* ; faites la coupe du milieu, *fig.* 6 ; figurez-y les assises ; prenez la distance des points 1,2,3,

4,5, à la perpendiculaire CO; portez-la au plan, *fig.* 1, sur la ligne du milieu CD ; des points où les horizontales rencontrent le cintre de l'intérieur à l'élévation, abaissez des perpendiculaires sur la ligne de face AB du plan, en *o,o,o*; par ces points et ceux 1,2,3,4,5, faites passer des courbes déterminées d'après la méthode en anse de panier (*pl.* 3, *fig.* 73) : ces courbes sont les retombées en plan de l'intérieur des assises (1). Prenez de même les distances des points 7,8,9,10,11,12, *fig.* 6, portez-les sur la ligne CD du plan ; des points où les assises coupent le cintre extérieur à l'élévation, abaissez des perpendiculaires au plan, pour fixer ceux *xx*; par ces points, faites passer des courbes d'après la méthode employée pour déterminer celles de l'intérieur : ces courbes sont les retombées en plan de l'extérieur des assises.

Vous observerez, en traçant la figure 4, que les courbes *kk* sont les arêtes extérieures du claveau, prises sur les côtés C,13 de sa retombée en plan ; la courbe *x* en est le bouge ; il en est de même pour les courbes *pp* de l'intérieur ; la courbe du milieu donnant le creux du claveau n'est pas marquée. Vous l'obtiendrez de la même manière que celle du bouge extérieur, en prenant sur le plan les points où les courbes intérieures des assises rencontrent la ligne du milieu C*v*, du claveau. L'inclinaison de la ligne du centre C*v*, *fig.* 5, sur la base est la même que celle C*v* avec la ligne 13,13 du plan, *fig.* 1 (2).

---

(1) Si cette arrière-voussure était beaucoup surbaissée, les courbes tracées d'après cette méthode seraient défectueuses ; le cas échéant on les tracerait d'après celle donnée planche 3, *fig.* 77.

(2) Ces deux inclinaisons ne sont semblables qu'autant que le cintre de face est égal à celui du plan ; si ces deux cintres n'étaient pas semblables, on obtiendrait cette inclinaison en abaissant du centre C du plan une perpendiculaire sur la ligne 13,13 ; la distance du pied de cette perpendiculaire au point *v* de la ligne du milieu du claveau en donnerait l'inclinaison.

Pour le restant de l'épure, vous opérerez exactement comme pour l'arrière-voussure précédente, *fig.* A. J'ai côté les figures de construction des mêmes lettres, afin que l'explication de l'une soit celle de l'autre, et afin de démontrer que la plupart de ces sortes d'ouvrages cintrés, quoique changeant de formes et de noms, se font de la même manière.

## FIGURE C.

*Tracé d'une arrière-voussure de Saint-Antoine, plein cintre en élévation, ayant une retombée évasée et une d'équerre en plan.*

Commencez par faire la partie du plan, *fig.* 1, dont le côté est évasé, remettant la démonstration de l'autre partie ayant le retour d'équerre après celle-ci. Figurez l'épaisseur du bois, ainsi que celle des assises ; tirez la ligne de base AB, *fig.* 2 ; projetez sur cette ligne les points $a,b,c,d,e,f,g,h$. Des points $a,b$ et du centre E, décrivez le cintre de face. Faites ensuite la coupe, *fig.* 3, en donnant le cintre que vous voudrez ; la hauteur étant commandée par celui de face, figurez-y les assises, en prenant leurs épaisseurs au plan ; prenez la hauteur des points $i,j,k,l,m$, portez-la sur la ligne du milieu E. Par ces points et ceux projetés du plan sur la base AB, faites passer des quarts d'ellipse d'après le principe donné Pl. 3, figure 77. Ces courbes, suivant lesquelles seront chantournées les assises, sont les joints intérieurs.

Pour avoir celles du dehors, projetez sur la base AB les points où leur projection horizontale coupe la ligne extérieure du côté du plan, *fig.* 1 ; prenez la hauteur des points $o,o$ de la coupe, *fig.* 3, portez-la sur la ligne du milieu E ; par ces points, faites passer des quarts d'éllipse, comme pour l'intérieur : ces courbes ne sont pas tracées sur l'épure.

Pour avoir la courbe en élévation, d'une coupe faite suivant une ligne quelconque du plan, $h1$, par exemple, des points $x,x,x$, où elle coupe les lignes de joints, élevez des perpendiculaires ; leur rencontre avec les courbes de l'élévation correspondant à ces lignes donne des points pour faire passer la courbe C.

Pour faire le développement de cette courbe, prenez au plan, sur la ligne $h1$, les points $x,x,x$, portez-les sur une base $hi$, *fig.* 4 ; par ces points, élevez des perpendiculaires ; prenez à la figure 2, de la base AB, la hauteur des points $n,n,n$, portez-la à la figure 4, faites passer une courbe par ces points, vous aurez le développement.

La figure 5 est également le plan d'une voussure de Saint-Antoine ayant le retour d'équerre, de sorte que les lignes courbes des joints à l'élévation, *fig.* 6, aboutissent toutes au point $a$ ; la coupe du milieu, *fig.* 3, restant la même, les points $i,j,k,l,m$, de la ligne du milieu ne changent pas. Il suffit de décrire des quarts d'ellipse de ces points au point $a$, pour avoir la courbe intérieure des assises. Pour avoir celle de l'extérieur, portez sur la ligne du milieu E, la hauteur des points $o,o,o$, de la figure 3, par ces points, et par celui B de la base, faites d'autres quarts d'ellipse qui sont les courbes suivant lesquelles les assises seront chantournées extérieurement.

Pour avoir la courbe produite par une coupe quelconque $ab$, *fig.* 5, il faut porter les assises du plan sur une base $cd$, *fig.* 7 ; par ces points, élever des perpendiculaires indéfinies, puis prendre à l'élévation, *fig.* 6, la hauteur des points $x,x,x$, la porter sur les perpendiculaires, *fig.* 7. Ces points limitent la courbe cherchée.

La courbe D, *fig.* 6, provenant d'une coupe faite suivant *e,f*, *fig.* 5, s'obtient de la même manière. La figure
8 en est le développement.

PLANCHE 18.

FIGURE A.

*Tracé d'une arrière-voussure de Montpellier.*

Après avoir fait le plan, *fig.* 1, comme à l'ordinaire,
décrivez l'arc de cercle *ac* de l'ouverture ainsi que celui
pointillé A, d'une ouverture de compas égale *mn* du
plan, pour figurer la largeur du champ de derrière;
faites ensuite la coupe du milieu, *fig.* 3, qui peut être
cintrée, ou évasée droit; le point A est donné par la hauteur de l'arc de cercle pointillé A de l'élévation; si vous
faites cette coupe droite, vous observerez de lui donner peu
d'inclinaison afin que le milieu des assises de devant ne
soit pas en contre-bas de leurs extrémités, ce qui aurait
lieu et ferait très mauvais effet si elle avait trop d'inclinaison. C'est pour éviter ce défaut qu'on fait la coupe du
milieu creuse, quand elle est un peu considérable. Cette
coupe étant faite, tracez le devant de la voussure, *fig.* 2,
et projetez sur la ligne du milieu les points 2,3,4,5,6 de
la coupe. Prenez ensuite sur le côté du plan les points
*a,b,c,d,e,f,g,h,i*; portez-les sur la ligne *ai*, *fig.* 4; par ces
points, élevez des perpendiculaires; prenez à la figure 2
la hauteur des points 7,8; au point C de la base, portez
ces hauteurs sur les perpendiculaires *a,b*, *fig.* 4; par ces
points et ceux *h,i*, décrivez deux quarts d'ellipse qui sont
le développement du dedans et du dehors des côtés; des
points *o,o,o*, où les perpendiculaires rencontrent celle
de l'intérieur, menez des horizontales à la figure 2 : leur
rencontre avec les perpendiculaires élevées des points *b*,

$c,d,e,f,g$ du plan, limite les arcs de cercle passant par
les points 2,3,4,5,6 de la ligne du milieu, lesquels sont
les courbes de l'intérieur des assises.

Pour tracer celles de l'extérieur, projetez sur la ligne
du milieu, *fig.* 2, les points $x,x,x$ de la coupe, *fig.* 3 ;
puis, des points $v,v,v$ de la figure 4, menez des horizontales à la figure 2 ; leur rencontre avec les perpendiculaires élevées du plan aux points $k,k,k$ limite les arcs de
cercle pointillés passant par les points $x,x,x$ de la ligne du
milieu qui sont les courbes extérieures des assises ; la
ligne B, *fig.* 2, limite leurs longueurs. Pour obtenir cette
ligne, il suffit de prolonger les courbes de l'intérieur,
leur rencontre avec les perpendiculaires élevées des points
$k,k,k$, du plan, la détermine.

Comme du point $t$ au point $u$, le plan ne donne pas
d'autres points pour la déterminer, pour obtenir celui $x$,
du point $y$, pris à volonté, abaissez une perpendiculaire
sur le côté du plan en $x$ ; par ce point, menez la ligne $xo$ ;
prenez la distance suivant la perpendiculaire du point $x$ à
celui $p$ ; portez cette distance à la coupe, *fig.* 3, de A,
pour fixer le point $o$, projetez-le sur la ligne du milieu,
*fig.* 2 ; par ce point et celui $y$, faites passer un arc de
cercle ayant le centre sur la ligne du milieu ; sa rencontre
avec la perpendiculaire élevée du point $o$, du plan, est le
point cherché.

Pour avoir une coupe sur la ligne MN, *fig.* 2, il faut
prendre la hauteur du point M aux points où la ligne
coupe les cercles de l'intérieur, la porter sur les perpendiculaires, *fig.* 5, espacées d'après les lignes du plan,
prendre de même les points où les courbes de l'extérieur
rencontrent cette ligne, et les porter de même à la figure
5 ; ces points limitent la courbe du dedans et celle du
dehors.

## Figure B.

### *Tracé d'une arrière-voussure de Marseille.*

Après avoir fait, comme à l'ordinaire, le plan, *fig.* 1, et la coupe du milieu, *fig.* 3, d'une inclinaison arbitraire, décrivez du point E le cintre A pour l'intérieur et celui B pour le champ extérieur, *fig.* 2 ; élevez sur le côté du plan, *fig.* 1, des perpendiculaires, des points *a,b,c,d,e,f,g,h, i,j,k,l,m* ; puis, d'une ouverture de compas égale à EA, *fig.* 2, décrivez sur la ligne *ho* du plan un quart de cercle passant par le point *n*. Prenez la hauteur des perpendiculaires de l'intérieur à partir de la ligne *ho* aux points *o,o,o* ; portez-la à la figure 2, sur les perpendiculaires élevées des points *a,b,c,d,e,f* du plan, pour fixer ceux *o,o,o* limitant la courbe C, qui est la coupe par bout des assises à l'intérieur ; par ces mêmes points et par ceux *x,x,x* projetés de la figure 3 sur la ligne du milieu, faites passer des arcs de cercle qui sont les courbes de l'intérieur des assises.

Pour obtenir celles de l'extérieur, il faut faire une coupe d'équerre à l'extrémité des courbes de l'intérieur ; pour cela, tirez du point 1 la ligne 1,2, dirigée au centre de la courbe V. Tirez de même la ligne 1E et divisez la portion du cercle 3A en autant de parties que vous avez d'assises. De ces points de division, menez des droites au point 1 ; leur rencontre avec les courbes de l'intérieur donne la courbe D. Prenez ensuite au plan la distance des lignes de joints *h,h,h*, portez-la à la figure 4 ; puis, des points où la courbe D coupe celles de l'intérieur, menez des horizontales ; leur rencontre avec les perpendiculaires qui leur correspondent à la figure 4 sont des points de la ligne du dessous de la coupe ; figurez l'épaisseur du bois en dessus ; du point 9, menez une horizontale ; celui 10, où elle coupe la ligne 1,2, est un point de la courbe de l'épaisseur du bois en élévation, laquelle se trace comme les autres en la faisant passer par le point *o*.

Les courbes pointillées de l'extérieur s'obtiennent de la même manière que celles de l'intérieur, en observant de faire la hauteur *h, k*, du quart d'ellipse *k,o*, construit sur le côté du plan, *fig.* 1. égal à *h,k*, *fig.* 2.

## Figure C.

*Tracé d'une arrière-voussure en queue de paon, faisant contre-partie de celle de Marseille.*

Après avoir fait le plan, *fig.* 1, et l'avoir divisé comme à l'ordinaire, décrivez au compas les cintres A,B de l'extérieur ainsi que celui C de l'intérieur, en fixant la hauteur CE à volonté, *fig.* 2 ; des points A,B,C, menez des horizontales à la figure 3 ; élevez les perpendiculaires *a*, *b,c,d,e,f,g*, à la distance des mêmes points du plan ; par les points *a,f*, décrivez une courbe à volonté ; du point *h*, décrivez une seconde courbe parallèle à la première, ce qui donne la coupe du milieu ; des points *b,c,d,e*, menez des horizontales sur la ligne du milieu AC ; par ces points et par ceux 2,3,4,5, élevés du plan, faites passer des courbes qui sont celles de l'intérieur ; projetez de même les points *o,o,o* de la coupe, *fig.* 3, ainsi que ceux 7, 8,9,10 du plan ; par ces points, faites passer d'autres courbes qui sont celles de l'extérieur.

Les courbes extrêmes A,B,C étant des parties de cercle, les courbes intermédiaires, tant de l'intérieur que de l'extérieur, ne peuvent pas se tracer par la méthode des ellipses, elles s'obtiennent par tâtonnement, ce qui se fait ainsi : Fixez à volonté les lignes $i,j,k,l$, *fig.* 2; puis, par les points 2,3,4,5 et $b,c,d,e$, tracez légèrement au crayon des demi-ellipses comme à l'ordinaire ; prenez la distance du point $v$ aux points $u,u,u$, où ces ellipses coupent la ligne $l$, pour les porter de la base SS, de la figure 4, sur les perpendiculaires et fixer les points $u,u,u$ ; des points $v,m$, tracez une courbe en la faisant passer le plus près possible des points $u,u,u$, en observant qu'elle ne jarrète pas ; prenez ensuite les points où elle coupe les perpendiculaires, toujours à partir de la base SS, aux points $v,v$ ; portez-les sur la ligne $l$ du point $v$, *fig.* 2, ce qui donne les points réels $u,u,u$ pour le passage des courbes. Vous opérerez de même sur les autres lignes $i,j,k$, en observant que les courbes passant par ces points soient bien suivies. Si pour cela vous étiez obligé de passer à côté de ces points modifiés, il faudrait prendre de nouveau ceux où elles coupent les lignes $i,j,k,l$, pour les porter aux coupes de la figure 4 et modifier ces dernières d'après ces nouveaux points, opération qu'il faut répéter jusqu'à ce que les courbes tant de la figure 2 que celles de la figure 4 soient régulières, ce qui exige un peu de patience ; mais c'est la méthode employée pour la construction des ouvrages composés de courbes différentes : si le cintre C était elliptique, les courbes intermédiaires se traceraient par la méthode ordinaire des ellipses. J'ai préféré un arc de cercle afin d'avoir à démontrer la méthode à suivre pour la construction des courbes des ouvrages dont la forme est irrégulière.

Les courbes de l'intérieur étant ainsi déterminées, tracez l'épaisseur du bois parallèlement aux lignes $i,j,k,l$, *fig.* 4; vous prendrez, à partir de la ligne SS, la hauteur des points où ces dernières coupent les perpendiculaires et vous porterez successivement ces points sur les lignes correspondantes, $i, j, k, l$, de la figure 2, par lesquels vous ferez passer des courbes qui seront celles de l'extérieur ; ces lignes, figurant l'épaisseur du bois, ne sont pas marquées à cette figure, afin d'éviter la confusion des lignes ; je les ai prises sur les coupes L,M,N, ce qui revient au même ; je renvoie, d'ailleurs, pour plus de précision et de clarté à la planche suivante dont les lignes de construction sont doubles en grandeur de celle-ci.

Si on veut construire cette voussure par assises, on les tracera ainsi qu'il a été dit dans la démonstration des archivoltes. Si on voulait la construire par claveaux ou douelles, on marquerait la ligne des joints ainsi qu'il est figuré à la partie droite de la figure 2, puis on ferait le développement de chacun d'eux, ce que je n'ai pas jugé de faire sur cette planche, vu la petitesse du dessin. C'est pour cette raison que je me suis contenté de représenter les coupes L,M,N prises sur les joints L,M,N des claveaux, renvoyant pour leur construction à la planche 19.

## PLANCHE 19.

### Tracé par claveaux d'une arrière-voussure faisant contrepartie de celle de Marseille.

L'élévation, *fig.* 1, de cette voussure est faite d'après la méthode donnée ci-dessus. Pl. 18 ; les courbes A,B,C, *fig.* 2, correspondent aux lignes de joints des claveaux A,B,C, et les courbes du dedans, *fig.* 1, sont déterminées comme il a été dit dans la démonstration de la même voussure construite par assises (Pl. 18.) Les courbes pointillées de l'extérieur sont données par les lignes d'épaisseur $a, b, c$, *fig.* 2, en les prenant de la même manière que celles de l'intérieur, pour les porter à la figure 1, ce qui dispense de la recherche nécessaire pour décrire les premières.

Pour construire cette voussure par claveaux, figurez à la figure 1 les lignes de joints A,B,C (1) ; divisez la largeur du claveau *ab* en deux parties égales ; du point E, tirez une ligne au centre D, prenez la distance des perpendiculaires 1,2,3,4,5,6,7 de la coupe du milieu, *fig.* 3, portez-la à la figure 4, parallèlement à la ligne ED de la figure 1 ; des points E,*d,e,f,g,h*, où les lignes pointillées de l'extérieur coupent la ligne DE, élevez-lui des perpendiculaires jusqu'à la rencontre des parallèles qui leur correspondent, *fig.* 4 ; par les points de rencontre E,*d,e, f,g,h*, faites passer une courbe qui est le bouge extérieur du claveau ; des points *i,j,k,l,m* et *a,b* où les lignes de joints coupent les courbes pointillées de l'extérieur, *fig.* 1, menez des lignes parallèles aux premières : leur rencontre avec celles de la figure 4 donne deux autres courbes qui sont les lignes de largeur du claveau.

Vous observerez que les lettres *i,j,k,l, fig.* 4, indiquent deux points par lesquels passent les deux courbes, n'ayant pu les coter séparément, vu leur rapprochement. Vous opérez de même pour les points 1,2,3,4,5,6, *fig.* 1, où les lignes des joints coupent les courbes de l'intérieur, lesquels donnent deux autres courbes à la figure 4, ainsi que pour ceux 7,8,9,10,11,12, lesquels donnent à la figure 4 la courbe pointillée de l'intérieur qui est le creux du claveau. Cette figure donne l'épaisseur du claveau avant d'être chantourné.

Pour le figurer sur le plat, menez la ligne DE, *fig.* 5, parallèlement à celle AB, *fig.* 4 ; puis, de tous les points

---

(1) Ces lignes ayant servi à déterminer les courbes, je les ai considérées comme lignes de joint ; mais on peut se donner d'autres lignes d'après la largeur qu'on veut donner aux claveaux.

ayant servi à déterminer les courbes de la figure 4, abaissez des perpendiculaires sur cette ligne, prenez à la figure 1 la distance des points $a,i,j,k,l,m$, à la ligne du milieu DE, correspondant à ceux de la figure 4 ; portez cette distance à la figure 5 pour fixer ceux $a,b,i,j,k,l,m$, qui donnent la largeur extérieure du claveau ; prenez de même, à la figure 1, la distance des points $1,2,3,4,5,6$, à la ligne DE, portez-les à la figure 5, pour déterminer deux autres courbes qui donnent la largeur intérieure du claveau. Les perpendiculaires abaissées des points limitant les courbes du bouge et du creux du claveau, *fig.* 4, donnent des points sur la ligne DE, *fig.* 5. En faisant passer des courbes par ces points et par ceux qui fixent la largeur du claveau, on obtiendra autant de calibres pour lui donner le bouge et le creux, en observant de les présenter sur le bois dans la direction des parallèles $1,2$, etc., de la figure 4.

Pour tracer l'extrémité D, des points $n,o,x$, *fig.* 4, abaissez des perpendiculaires sur la figure 5 pour fixer ceux $n,o,x$, les points $n,x$ sont sur deux parallèles à DE, menées des points $6,6$ ; joignez-les par une courbe, joignez ceux $n,m$ et $x,m$ par une droite, l'épure sera terminée.

Vous obtiendrez le développement des autres claveaux de la même manière, en observant qu'à celui H, le côté I doit être droit ; en conséquence, si l'on a bien opéré, tous les points de renvoi pour construire ce côté doivent tomber sur deux lignes droites.

Pour obtenir une coupe par le travers du claveau, il faut tirer une ligne $p$ $p$ d'équerre aux courbes, *fig.* 4 ; des points $q,r$, où elle coupe celles de largeur, abaissez des perpendiculaires sur la figure 5 pour fixer ceux $qq,rr$ ; prendre ensuite la distance des points où la ligne $pp$ coupe les courbes, *fig.* 4, et la porter sur une perpendiculaire, *fig.* 6 ; tirer les lignes d'équerre $qr$, prendre à la figure 5 la distance des points *qr* à la ligne DE, la porter à la figure 6 de la perpendiculaire en *q,r*, joindre ces points à ceux du bouge et du creux par des courbes qui donnent la coupe par le travers du claveau. On pourrait obtenir de la sorte autant de coupes que l'on voudrait, qui serviraient à faire les calibres que l'on présenterait normalement sur le claveau pour lui donner la courbure tant en dedans qu'en dehors.

Quant à l'exécution, après avoir travaillé le bois suivant les courbes extérieures de la figure 5, tracez sur les champs les courbes de largeur, en observant de laisser le bois nécessaire pour le bouge ; après l'avoir calibré extérieurement, donnez un trait de trusquin pour le tirer d'épaisseur ; puis, marquez de chaque côté les courbes de largeur de l'intérieur que vous joindrez à l'arête extérieure par une pente abattue à la varlope, vu qu'il ne doit pas exister de gauche dans les joints. Vous n'aurez plus qu'à creuser l'intérieur, en vous servant de calibres relevés sur les courbes de l'intérieur, en observant que le même calibre ne peut servir qu'à l'endroit où il a été relevé ; en conséquence, on en relèvera le nombre que l'on jugera suffisant.

# CHAPITRE XIII.

——

## Arêtiers cintrés et courbes de revêtissement.

——

*Construction des arêtiers cintrés sur un plan carré.*

La figure 1 est le plan de quatre arêtiers formant un comble à quatre faces en plein cintre, ainsi que l'indique la figure 2.

La figure 3 est le cintre de face de ce comble.

La figure 4 est le plan d'un arêtier de la figure 1. La figure 5 en est le développement.

Pour plus de clarté dans les détails de construction, les figures 3, 4 et 5 sont quatre fois plus grandes que les figures 1 et 2.

Le plan, *fig.* 1, et son élévation, *fig.* 2, étant faits, tracez le demi-cintre de la face, *fig.* 3, et divisez-le en un nombre quelconque de parties égales, *a,a,a*; du centre A et de la naissance B du cintre, élevez des perpendiculaires indéfinies; tracez la ligne CD, *fig.* 4, formant avec les perpendiculaires AD,BC des angles de 45 degrés; cette ligne est la diagonale CD du plan, *fig.* 1; figurez par des parallèles la largeur de l'arètier en plan. Des points *a,a,a*, du cintre de face, *fig.* 3, élevez des perpendiculaires à la base AB, jusqu'à la rencontre de la ligne CD ; de leur point de rencontre *bb*, élevez des perpendiculaires à CD ; tirez la ligne de base A'B' *fig.* 5, parallèlement à CD ; prenez à la figure 3 la distance de la base AB aux points *a,a,a*, portez-la à la figure 5 de la base A'B', sur les perpendiculaires correspondantes à ces points, pour fixer ceux *a',a',a'* ; faites passer par ces points une ligne courbe qui est l'arète extérieure de l'arètier.

Des points *o,p,q,r,s,t*, *fig.* 3, élevez des perpendiculaires à la base AB, jusqu'à la rencontre de la ligne CD ; de leur point de rencontre, *n,n,n*, élevez des perpendiculaires indéfinies à CD, sur lesquelles vous portez la hauteur des points *o,p,q,r,s,t*, de la figure 3, ce qui donne l'arète intérieure de l'arètier.

Pour obtenir les lignes courbes d'équerrage des champs, des points *k,k, fig.* 4, élevez des perpendiculaires : leur rencontre avec les horizontales menées des points *a',a',a', fig.* 5, donne ceux *i,i,i*, pour la ligne courbe d'équerrage du champ extérieur.

Pour avoir celle de l'intérieur, des points *n,n, fig,* 4, tracez des lignes d'équerre, *n,x* ; des points *x,x*, élevez des perpendiculaires : leur rencontre avec les horizontales menées des points *o',p',q',r',s',t'*, donne les points *x',x'*, pour la ligne courbe d'équerrage du champ intérieur.

Pour l'exécution, mettez le bois à l'épaisseur du plan, *fig.* 4, chantournez-le d'après les lignes courbes de l'extérieur et de l'intérieur, *fig.* 5 ; donnez ensuite un trait de trusquin sur le milieu de l'épaisseur ; tracez sur les faces les deux lignes courbes des champs et joignez-les par un chanfrein au trait de trusquin : le débillardement sera terminé.

La ligne courbe du champ de l'extérieur étant semblable à celle de l'arête extérieure, le même calibre peut servir pour tracer ces deux lignes; il suffit de le reporter sur la face du bois d'une quantité égale à $a'i$ : il en est de même pour celles de l'intérieur.

La figure 6 est une coupe suivant VV.

### Tracé du même arêtier sur un plan barlong.

La figure 7 est le plan de quatre arêtiers formant un comble à quatre faces dont deux en plein cintre, *fig.* 8, et deux elliptiques, *fig.* 9. La figure 10 en est le cintre de face, la figure 11 le développement. Comme à l'arêtier précédent, ces figures sont quatre fois plus grandes que celles 7,8 et 9. La méthode pour tracer ces arêtiers étant semblable à celle de l'arêtier précédent, je n'en ferai pas la démonstration ; les lignes et points sont cotés des mêmes lettres, afin que celle que j'ai faite à l'arêtier précédent puisse servir pour l'un et l'autre.

Cet arêtier ayant un parallélogramme pour base ou plan générateur, les points $i,k$ du plan donnent au développement deux lignes courbes $ii,oo$, lesquelles ne sont pas semblables, mais dont les points de construction doivent se trouver sur une même horizontale, ainsi que ceux de la ligne d'arête extérieure $a',a'$, avec lesquels ils forment des retours d'équerre ; il en est de même pour les lignes courbes des champs de l'intérieur dont les points de construction $xx,zz$, se trouvent sur les horizontales menées des points $o,p,q,r,s,t$, de l'arête intérieure.

La figure 12 est une coupe suivant LL.

Ce genre de courbes est peu en usage dans la menuiserie ; car, quoique leur extrémité soit rectangulaire, querrage des champs donne un hexagone, *fig.* 6 et 12, pour la coupe du milieu ; ce qui démontre l'impossibilité de pousser des moulures sur les angles, je ne les donne que comme étude des courbes sur un angle.

PLANCHE 21.

*Construction d'un arêtier cintré formant une noue ou angle rentrant à l'extérieur, et un angle saillant à l'intérieur.*

La figure 1 est le plan d'un comble à quatre faces formant archivolte en plein cintre ; les courbes des angles formées par les quatre faces peuvent être considérées comme engendrées par la pénétration de deux demi-cylindres de même diamètre, en leur supposant une épaisseur quelconque ; la rencontre de leurs surfaces extérieures déterminerait une courbe qui serait l'angle rentrant ; celles de l'intérieur détermineraient aussi une courbe qui serait l'angle saillant, ces deux courbes auraient pour projection horizontale les diagonales AB, CD ; en supposant sur les surfaces extérieures et intérieures de ces cylindres des parallèles aux courbes d'intersection et à une distance égale à la largeur des champs ; en coupant les cylindres d'après ces parallèles, on aurait l'arêtier en question.

Pour plus de clarté dans les détails du tracé, les figures 3, 4, 9 et 10 sont triples des plans, *fig.* 1 et 6.

Commencez par faire le demi-cintre de face, ABCD, *fig.* 3 ; du centre E et de la naissance B du cintre, élevez des perpendiculaires indéfinies ; tirez la ligne FG, formant des angles de 45 degrés avec ces perpendiculaires; figurez par des parallèles la largeur de l'arêtier en plan; fixez à volonté les points $a,b,c,d,e$, sur la ligne FG, desquels vous abaissez des perpendiculaires à la figure 3; de ces mêmes points, ainsi que de ceux $f,g,h,i,k$, élevez des perpendiculaires indéfinies sur la base KL, laquelle est parallèle à la ligne FG; prenez à la figure 3 les hauteurs EA, $1a$, $2a$, etc., pour fixer à la figure 4 celles EA, $1a,2a$, etc., déterminant deux lignes courbes; celle extérieure est la projection des arêtes de l'arêtier; celle pointillée est l'angle rentrant du milieu : faites la ligne M parallèle à celle de l'extérieur (1); des points où elle coupe les perpendiculaires élevées des points $f,g,h,i,k$, menez les horizontales $bb$; leur rencontre avec celles limitant la ligne courbe pointillée de l'angle rentrant de l'extérieur détermine la ligne courbe de l'angle intérieur.

Les cintres de face se joignant d'onglet, la naissance de l'arêtier n'est pas vue extérieurement, étant coupée d'équerre dans son aplomb pour s'appliquer dans l'angle, de sorte que l'arête intérieure aboutit à la naissance des cintres de face. Pour tracer cette coupe, il suffit d'élever des perpendiculaires des points $m,n$; la rencontre de celle menée du point $m$ avec la courbe pointillée de l'angle extérieur, donne la longueur totale de l'arêtier; la rencontre de celle menée du point $n$ avec les lignes courbes des faces de l'arêtier donne l'arasement $oo$; ces deux lignes suffisent à l'exécution, n'ayant qu'à abattre un chanfrein de l'une à l'autre.

Pour figurer l'arête que fait ce chanfrein avec les équerrages du dessus et du dessous de l'arêtier, fixez à volonté les points $p,p,p$, desquels vous élevez des petites perpenculaires jusqu'à la rencontre de l'épaisseur de l'arêtier

---

(1) Cette manière de faire la courbe de même largeur a un inconvénient dont je ferai mention à la suite de cette démonstration.

prolongé; par ces nouveaux points, élevez des perpendiculaires à la ligne de base K L; de leur point de rencontre *rr* avec la ligne courbe M, menez des horizontales, les points *ss* où elles coupent les perpendiculaires élevées de ceux *p,p,p*, donnent l'arête du bas; celle du haut s'obtient de la même manière.

Cette manière de construire l'arêtier, en faisant les faces de même largeur, ne donne pas les champs de l'intérieur au niveau du dedans des cintres de face, ainsi que l'indique la ligne courbe M, *fig.* 3, dont la hauteur des points *u,u* de construction égale ceux *b,b* de la figure 4; il s'ensuit que, si on voulait mettre un plafond à l'intérieur, sa retombée ne serait pas d'équerre avec les faces des cintres ce qui serait intolérable; il faudrait donc, le cas échéant, faire les ordonnées 1*b*, 2*b*, etc., *fig.* 4, égales à celles 1*b*, 2*b*, etc., *fig.* 3; l'arêtier prendrait alors plus de largeur à sa partie inférieure. C'est d'après cette méthode que l'arêtier, *fig.* 10, a été tracé.

La figure 2 est la coupe verticale faite sur la ligne EF du plan, pour y figurer la courbe R du champ intérieur de l'arêtier, ainsi que la courbe S du champ extérieur; des points *tt*, *fig.* 4, abaissez des perpendiculaires sur le cintre de face; des points *a* et *u*, menez des horizontales; leur rencontre avec les perpendiculaires détermine ces deux courbes.

La figure 5 est une coupe suivant TT, *fig.* 4.

On met ordinairement au haut de ces sortes de combles, des traverses formant croisillon, dans lesquelles les arêtiers s'assemblent à fausse coupe (Voir le plan, *fig.* 1, coté O). Ces arêtiers peuvent aussi s'assembler ainsi qu'il est figuré au plan, coté P; ils sont alors reliés au cintre de face par des panneaux cloués dans les feuillures.

*Tracé du même arêtier sur un plan barlong.*

Si on a bien compris la démonstration précédente, que j'ai rendue le plus clairement possible, on comprendra facilement ce tracé, qui ne diffère du précédent que par la forme du plan qui est un rectangle; néanmoins, comme sa forme présente quelques détails à étudier, que ne comporte pas l'arêtier précédent, j'en ferai une démonstration particulière.

La figure 6 en est le plan.

Les figures 7 et 8, les élévations dans les deux sens.

La figure 9, les cintres de face.

La figure 10 est le développement de l'arêtier.

Les figures 9 et 10 se font exactement comme celles 3 et 4 de l'arêtier précédent; les lignes de construction sont côtées des mêmes lettres; seulement, on observera que chaque ligne d'équerrage du plan de l'arêtier donne trois perpendiculaires à élever, tandis que le plan, *fig.* 4, n'en donne que deux. Les trois lignes d'arêtes de l'intérieur, *fig.* 10, sont données par la hauteur des ordonnées EC, 1*b*, 2*b*, etc., du cintre de face, *fig.* 9.

Pour figurer la coupe du bas de l'arêtier, du point *m*, élevez une perpendiculaire jusqu'à la ligne de l'angle extérieur en *n*; de ce point et de celui *n'* de l'arête intérieure, menez des horizontales; leur rencontre avec les perpendiculaires élevées des points *o,o* limite la ligne courbe de l'arête que l'arasement fait avec les champs extérieur et intérieur.

Pour tracer le cintre HIBD de la face longitudinale, *fig.* 9, prenez au plan de l'arêtier *fig.* 10, la distance des lignes de 8 à F, pour la porter sur la base EB, *fig.* 9, en fixant le point F sur le point B; de ces points, élevez des perpendiculaires; leur rencontre avec les horizontales menées des points $a,a$ donne la courbe BH de l'extérieur du cintre; celles BI de l'intérieur lui est menée parallèlement.

Cet arêtier prend naissance, comme celui *fig.* 4, dans l'angle formé par les cintres de face; sa retombée en plan n'étant pas à 45 degrés avec celle des cintres, il en résulte une différence dans leur épaisseur réciproque; cette différence est inévitable, si les angles de l'arêtier doivent correspondre à ceux du plan.

On pourrait prolonger l'arêtier jusqu'à l'angle extérieur F; on assemblerait alors les cintres de face contre l'arêtier.

La figure 11 est le plan de cette manière d'exécution, qui offre une difficulté d'un autre genre. Les lignes d'angles $ab$ ne tombant plus au même aplomb, il en résulte que les champs ne sont pas de même largeur; de sorte que si on fait ceux de l'extérieur de même largeur, les faces des côtés devant être d'aplomb, ceux de l'intérieur ne seront pas égaux; si, par contre, on fait ceux de l'intérieur égaux, ceux de l'extérieur ne le seront plus. Dans cette alternative, ce que l'on a de mieux à faire c'est de régulariser les champs du côté du parement.

Quant à la construction des lignes courbes du développement, celles de l'extérieur seraient semblables à celles de la figure 10; si on prenait pour largeur des champs extérieurs les lignes $c,a,d$, *fig.* 11, dont les lignes d'équerre $g,h,i$ sont égales à celles du plan de la figure 10: il en serait de même pour la ligne courbe de l'intérieur provenant du point $i$; il n'y aurait donc que celles provenant des points $k,l$ qui changeraient de forme.

Si on voulait que les champs de l'intérieur fussent de même largeur, la construction serait la même; les courbes extérieures seraient données par les points *m,n,o,* et celles de l'intérieur par ceux *o,p,q.*

La figure 12 est une coupe suivant VV, *fig.* 10.

## PLANCHE 22.

### *Courbes de Revêtissement.*

La figure 1 peut être considérée comme le plan d'un dôme ou toiture composé de quatre faces plein cintre, suivant les lignes A,B,C,D, d'après lesquelles la figure 2 est une coupe ; ou bien le plan d'un lambris de revêtissement d'une voûte en arcs de cloître. Les angles que ces voûtes forment en se joignant sont rentrants, ce qui les distingue des voûtes d'arêtes, dont les angles étant saillants, sont à l'inverse de ceux en arcs de cloître.

Ce plan peut être aussi considéré comme le plan de quatre trompes sur un pan coupé ayant un sommet commun ; la figure 3 est le plan d'une trompe de ce genre, qui est le quart de la figure 1. La figure 4 est l'élévation de cette trompe, vue de face ; la figure 5 est une coupe suivant A'B du plan, *fig.* 1.

Quelle que soit l'application, le mode de construction est le même. Pour tracer les montants d'angles, faites le cintre de face, *fig.* 6, dont les dimensions sont doubles du plan *fig.* 1. Divisez-le en parties égales ; des points de division, élevez des perpendiculaires indéfinies, tirez la ligne AB, *fig.* 7, en sorte qu'elle soit d'onglet avec les perpendiculaires, ou bien, ce qui est la même chose, qu'elle forme avec ces dernières des angles de 45 degrés. Des points où elle rencontre les perpendiculaires, menez des horizontales pour faire la figure 8, qui est le développement du montant dont la figure 7 est le plan.

Pour faire ce développement, portez sur la ligne AC, à partir du point C, les divisions extérieures et intérieures du cintre de face, *fig.* 6, et par tous ces points de division, élevez des perpendiculaires ; leur rencontre avec les horizontales provenant des mêmes points du cintre de face, donne les points $a,b,c,d,e,f,g,h$, pour la courbe intérieure E du joint, et les points $i,j,k,l,m,n,o,h$, pour la courbe extérieure F. Faites ensuite la courbe G parallèle à celle E, de la largeur que vous voudrez donner au champ ; des points $p,q,r,s,t,u,v$, où elle coupe les perpendiculaires, menez des horizontales à la figure 7 ; leur rencontre avec les perpendiculaires de la figure 8, provenant du développement de la courbe de l'extérieur du cintre de face, donne les points de 17 à 23 pour le passage de la courbe H, du champ extérieur développé ; ces mêmes horizontales, rencontrant les perpendiculaires élevées du cintre de face aux points de 17 à 24, *fig.* 7, limitent la courbe H, retombée du même champ en plan ; les points $p,q,r,s,t,u,v$, limitent la courbe G, retombée du champ intérieur.

Pour tracer les calibres rallongés, *fig.* 9, tirez la ligne de base MN ; puis, des points où les perpendiculaires élevées du cintre, *fig.* 6, rencontrent la ligne AB, du joint du montant en plan, *fig.* 7, élevez-lui des perpendiculaires qui la coupent aux points 1,2,3,9, etc., etc., jusqu'à 16 ; prenez la hauteur des points 8,16, à la base AB, *fig.* 6, portez-la à la figure 9 de la ligne de base MN, du point 8 ou 16 ; pour fixer la hauteur 8,16, prenez de même, à la figure 6, la hauteur du point 15, à la base, portez-la du point 15, de la base MN, pour fixer la hauteur du point 15, *fig.* 9. En prenant de la même manière les hauteurs des différents points du cintre, *fig.* 6, pour les reporter sur les perpendiculaires cotées des mêmes chiffres, vous obtiendrez les points de 1 à 8, pour le cintre de l'extérieur

F du joint, et les points de 9 à 16, pour celui de l'intérieur E du même joint, qui doit être droit et sans gauche. De tous ces points, menez des petites lignes parallèles à la base MN ; puis, de ceux ayant servi à construire les courbes GH, *fig.* 7, élevez des perpendiculaires à la figure 9 ; leur rencontre avec les petites parallèles limite les deux courbes G′H′, qui sont les lignes d'arêtes des champs extérieur et intérieur.

Pour l'exécution, mettez le bois d'égale épaisseur, d'après la plus forte dimension de la figure 7 ; chantournez-le ensuite sur le plat, d'après les courbes FG′ tracez sur la face du joint la courbe E ; abattez un chanfrein de cette courbe à l'arête G′, ce qui donnera la face intérieure ; mettez la courbe d'épaisseur, d'après cette face ; puis, tracez sur celle extérieure la courbe H′ en vous servant des horizontales 2.18, 3.19, etc. ; abattez un chanfrein de l'arête G′ à cette courbe : le débillardement sera terminé.

Si on voulait que le parement fût du côté du bouge ou en dehors, il faudrait, en faisant le développement des champs, *fig.* 8, faire la courbe H parallèle à celle F, ce qui ne changerait rien pour le reste du tracé.

Pour faire le développement du panneau, *fig.* 10, élevez des perpendiculaires sur le milieu des lignes 17.*p*, 18.*q*, etc., *fig.* 8 ; tirez la ligne du milieu, TV ; marquez la largeur de la traverse du bas ; prenez la distance du point 25 à la ligne 18.*q*, *fig.* 8 ; portez-la de la ligne du milieu TV, en *x*, *fig.* 10 ; portez de même les autres distances, pour fixer les points *x,x* ; ajoutez la languette, vous aurez le développement.

J'ai dit, en parlant du plan, *fig.* 1, qu'il pouvait être considéré comme le plan de quatre trompes ayant un sommet commun ; la différence qui résulterait de cette considération serait dans le cintre de la coupe, qui ne serait plus un arc de cercle, la courbe provenant de la coupe verticale d'une trompe étant plus prononcée à sa partie supérieure.

Pour tracer celle *fig.* 4, commencez par en faire la coupe, *fig.* 5, en lui donnant le cintre que vous voudrez, ayant une retombée égale à A′B du plan, *fig.* 1 ; divisez-la en un nombre quelconque de parties égales ; des points de division de l'extérieur et de l'intérieur, menez des horizontales à la figure 4 ; de ces mêmes points, abaissez des perpendiculaires sur la base AB ; prenez-en les distances, portez-les sur la ligne du milieu du plan, *fig.* 3 ; par ces points, menez des parallèles à la ligne CD ; des points où ces parallèles coupent la ligne CE du plan, élevez des perdendiculaires ; leur rencontre avec les horizontales qui leur correspondent limite les courbes du champ F ; les deux ligne G,H, de retombée du champ de l'intérieur en plan, s'obtiennent de la même manière que celles figure 7 ; des points où les parallèles coupent ces lignes, élevez des perpendiculaires ; leur rencontre avec les horizontales qui leur correspondent donne à l'élévation la projection des courbes des mêmes champs.

On obtiendra le développement de ces courbes de la même manière que celle figure 9 ; l'exécution du panneau n'offre aucune difficulté ; il sera cintré d'après la courbe de la coupe, *fig.* 5.

## PLANCHE 23.

### *Courbe de revêtissement.*

La figure 1 est le plan de quatre courbes du revêtissement de deux voûtes d'arête de même hauteur, mais de différente largeur et se croisant à angle droit; les points A,B,C,D, sont les angles des piliers, sur lesquels prennent naissance les lignes d'arête des voûtes qui se rencontrent suivant les diagonales AC,BD. La figure 2 est une coupe suivant la ligne EF du plan, *fig.* 1. Ces courbes sont en deux pièces, ce qui économise du bois et simplifie l'exécution ; elles se joignent d'onglet quand le plan est carré, ou à fausse coupe quand le plan est plus long que large et forme un angle saillant ; les champs sont d'équerre aux faces pour recevoir panneaux et moulures.

L'épure de ces courbes se trace de la même manière que celle des courbes de revêtissement des voûtes en arc de cloître.

Pour plus de clarté dans l'épure, les figures 3,4,5,6,7, 8 et 9, sont trois fois plus grandes que le plan, *fig.* 1.

Pour tracer les détails de ces courbes, faites le cintre de face, *fig.* 3; la courbe A correspond à celle A de la coupe *fig.* 2 ; figurez l'épaisseur du bois, après l'avoir divisé en parties égales ; des points de division, *a*,9,2,10,3,11, etc., élevez des perpendiculaires indéfinies ; puis, d'un point quelconque, I, de la perpendiculaire élevée du point *a* du cintre de face, tirez les lignes d'équerre, I,*a fig.* 4 et 5 ; tracez parallèlement l'épaisseur H9 du bois ; par les points H,1, menez LI,LH, qui sont les lignes d'arête du joint des courbes, de manière qu'elles forment, avec les perpendiculaires élevées des points 9,*a*, du cintre de face, des angles semblables à ceux que font les diagonales BD avec le côté BC du plan, *fig.* 1 : le point L, correspondant au centre du plan, fixe la longueur des courbes en plan,

Pour avoir la largeur de cette figure 4, il faut en faire le développement. Pour cela, prenez sur l'extérieur du cintre de face, *fig.* 3, les points *a*, 2,3,4,5,6,7,8; portez-les à la figure 6 de la base AB, pour fixer en élévation ceux 2,3,

11

4,5,6,7,8, par lesquels vous menez des horizontales.
Prenez sur la ligne XX, les distances des perpendiculaires
élevées de ces mêmes points, portez-les sur la base **AB**,
*fig*. 6, par lesquels vous élevez des perpendiculaires : leur
rencontre avec les horizontales provenant des mêmes points
donne le passage de la courbe C, qui est l'arête du joint
en faux parement (l'intérieur étant pris pour le parement) ;
prenez sur le cintre de face les distances des points de 9
à 16, portez-les, *fig*. 6, en fixant le point 16 sur l'horizontale 8, et, par les autres, menez des parallèles ; prenez
sur la ligne **XX**, la distance des perpendiculaires élevées
de ces mêmes points, portez-les sur la base **AB** du développement, et élevez des perpendiculaires ; leur point de
rencontre avec les horizontales qui leur correspondent
limite la courbe D, arête du joint en parement ; faites la
courbe E, parallèle à celle D, de la largeur que vous voulez
donner aux champs en parement ; des points de 9 à 15 où
cette courbe rencontre les horizontales 9 à 15 du parement, abaissez des perpendiculaires sur la base, pour
fixer les points $a,b,c,d,e,f,g,h$ : leur rencontre avec les
horizontales de 2 à 8, donne la courbe F du faux parement. Ensuite, des points où les perpendiculaires élevées
du cintre de face coupent les lignes LI,LH, menez des
horizontales de 2 à 16, prenez sur la base du développement les points $a,b,c,d,e,f,g,h$, 8 ; portez-les sur la ligne
XX, en faisant coïncider les points 8 ; par ces points,
élevez des perpendiculaires : leur rencontre avec les horizontales du parement de 9 à 16, *fig*. 4, donne la courbe
E, pour l'arête du champ en parement, et leur rencontre
avec les horizontales du faux parement de $a$, à 8, donne
la courbe F pour l'arête du faux parement.

Pour tracer le second cintre de face, qui est un quart
d'ellipse, projetez sur la perpendiculaire $aa$, *fig*. 4, les

lignes d'équerrage de 3 à 16; portez ces points sur la base du cintre de face en faisant coïncider ceux $a,a$; par ces points, élevez des perpendiculaires : leur rencontre avec les horizontales tirées des points de division du cintre primitif donne le cintre cherché.

Faites ensuite un second développement en prenant sur le cintre de face les points $a,b,c,d,e,f,g,h$, de l'extérieur; portez-les en élévation à partir d'une ligne de base, **AB**, *fig.* 7, pour fixer les horizontales de $a$ à $h$; prenez de même ceux de l'intérieur pour fixer les horizontales $h,i,k,l,m,n,o,9$, en faisant coïncider les deux horizontales $h$; prenez sur la base du cintre les points $a,2,3,4,5,6,7,8$; portez-les sur la base **AB**; de ces points, élevez des perpendiculaires : leur rencontre avec les horizontales $a,b,c,d,e,f,g,h$, donne la courbe du faux parement du joint; prenez de même les points $9,10,11,12,13,14,15,8$, portez-les sur la base **AB**, élevez des perpendiculaires; leur rencontre avec les horizontales $h,i,k,l,m,n,o,9$, donne la courbe D du joint en parement; tracez la courbe E de la largeur que vous voulez donner aux champs parallèlement à D, où elle coupe les horizontales $h,i,k,l,m,n,o,9$; abaissez sur la base les perpendiculaires de $a$ à $h$ : leur rencontre avec les horizontales $a,b,c,d,e,f,g$, donne la courbe F du champ du faux parement. Prenez les largeurs $a,a,2,3,4,5,6,7,8$, du développement de la face extérieure; portez-les à la figure 5, sur les lignes correspondantes à partir de la ligne IL; joignez ces points par la courbe F; prenez de même les largeurs $9,10,11,12,13,14,15$ du champ intérieur ou parement, portez-les à la figure 5, sur les lignes qui leur correspondent; à partir de la ligne HL; joignez ces points par la courbe E, le plan horizontal de la courbe sera terminé.

Quoique la largeur de ces deux courbes soit semblable,

leurs lignes d'équerre de retombée en plan sont de différentes longueurs; cela provient de la différence d'ouverture des cintres de face; il n'y a que ceux de mêmes rayons, et se croisant à angle droit qui donnent des lignes de retombée semblables entre elles; dans ce dernier cas, la ligne du joint HL, se confondrait avec celle IL, et serait la retombée des arêtes du dessus et du dessous du joint.

Pour tracer les calibres rallongés de ces courbes, tirez les lignes de base, MN, *fig.* 8 et 9, parallèlement au joint IL du plan des courbes, *fig.* 4 et 5; par l'angle saillant et rentrant des lignes d'équerre, élevez des perpendiculaires indéfinies à ces bases; prenez au cintre de face, *fig.* 3, la hauteur de la base aux points correspondants aux angles des équerres; portez ces hauteurs sur les perpendiculaires, *fig.* 8 et 9, par ces points, faites passer les deux courbes, CD, du joint et des parallèles à la base MN; des extrémités des lignes d'équerre, *fig.* 4 et 5, élevez des perpendiculaires : leur rencontre avec les horizontales qui leur correspondent donne la courbe E pour le champ en parement, et F pour celle du faux parement.

Pour l'exécution, après avoir chantourné la pièce, suivant les courbes DF, *fig.* 8, et l'avoir dressée du côté du joint IL, tracez sur le plat les perpendiculaires 2,3,4,5,6, 7,8, retournez-les sur les côtés cintrés; prenez au plan, *fig.* 5, la largeur à partir de la ligne IL aux points où tombent ces perpendiculaires sur le côté E; portez ces largeurs sur les traits retournés, et mettez la courbe de large suivant ces points. Ensuite tracez sur le bouge la ligne F du plan, et du côté du creux la ligne LH, sur le plat du côté du joint la courbe C, et de l'autre côté la courbe E; abattez des chanfreins d'une ligne à l'autre, la courbe sera débillardée. Faites de même pour la figure 9.

PLANCHE 24.

*Chambranle et Imposte, cintrés en plan et en élévation.*

Commencez par faire le plan, *fig.* 1, d'après le cintre et la profondeur de la baie. Figurez les épaisseurs du bois tant de la porte que du chambranle ; fixez la largeur 7,9, du chambranle ; tirez sur le milieu la ligne 8,*h*, dirigée au centre du cintre ; des points 7,9, menez des petites parallèles, 7*g*, 9*i*, à cette ligne ; divisez le cintre intérieur de 1 à 7, en parties égales ; divisez en un même nombre de parties celui de l'extérieur de *a* à *g* ; joignez ces points par de petites lignes qui ne doivent pas tendre au centre, par ce moyen le chambranle sera de même largeur devant et derrière, ce qui facilitera pour pousser les moulures.

Tirez une horizontale, AB, *fig.* 2 ; du point C, décrivez l'arc de cercle A, correspondant au point 7 du plan ; faites ensuite la coupe du haut, *fig.* 6, en observant que la feuillure de la baie soit plus grande que sur les côtés, sans cela les champs extérieurs du dormant ne seraient pas réguliers.

Pour faire le développement du chambranle, tirez une ligne AB, *fig.* 3 ; prenez au plan, *fig.* 1, les distances des points 1,2,3,4,5,6,7,8,9, portez-les sur cette ligne ; par ces points, élevez des perpendiculaires indéfinies ; prenez à la figure 2, sur les perpendiculaires élevées du plan, la hauteur des points 1,2,3,4,5,6 à la ligne AB ; portez-la sur celles de la figure 3, à partir de la ligne AB : ces points donnent la courbe A′ ; menez-lui parallèlement celle B à une distance égale à la largeur 7,9 du chambranle en plan ; prenez la hauteur des points de 10 à 17, à la ligne AB, portez-les à la figure 2 ; par ces points, faites passer la courbe B' qui, avec celle A, donne la projection de la face du chambranle ; de ces mêmes points, tirez des petites horizontales : leur rencontre avec les perpendiculaires élevées du plan donne la courbe D pour projection de l'épaisseur du bois.

Pour développer les quatre lignes d'arête, tirez au plan, *fig.* 1, la ligne AB tangente aux points 1,9 ; par les points de 1 à 9, élevez des perpendiculaires indéfinies à cette ligne ; prenez, à la figure 2, les hauteurs des points 1 à 6 à la ligne AB ; portez-les sur les perpendiculaires de la figure 4, à partir de la ligne AB : la courbe L, passant par ces points, est l'arête intérieure du parement ; de ces mêmes points, menez des petites parallèles à la ligne AB : leur rencontre avec les perpendiculaires élevées du plan donne la courbe I, laquelle est l'arête intérieure du faux parement. Prenez de même, à la figure 3, les hauteurs des points de 10 à 17 à la base AB ; portez-les à la figure 4, sur les perpendiculaires élevées des points de 1 à 8 du plan : la courbe M, passant par ces points, est l'arête extérieure du champ en parement : de ces mêmes points, menez de petites parallèles à la ligne AB : leur rencontre avec les perpendiculaires élevées des points de *a* à *h* du plan, donne la courbe K pour l'arête extérieure du faux parement.

Le calibre rallongé, *fig.* 5, se fait d'après la méthode employée pour ceux des limons d'escaliers. Tirez la ligne CD tangente aux extrémités de la courbe, *fig.* 4 ; menez-lui parallèlement celle EF, *fig.* 5 ; aux points où elle coupe les perpendiculaires élevées du plan, élevez-lui-en d'autres petites ; prenez au plan la distance des points 2*b* à la ligne AB ; portez-la, *fig.* 5, de la ligne EF, pour fixer ceux 2*b* ; portez de même les autres points qui donnent les deux courbes G,H, du calibre.

Pour l'exécution, mettez le bois de largeur, en sorte qu'il affranchisse les courbes de la figure 4 ; l'épaisseur étant donnée par le calibre rallongé, tracez les perpendiculaires sur le plat, lesquelles serviront à présenter le calibre rallongé sur les champs ; la pièce étant chantournée sur le plat, tracez du côté du creux les courbes LM ; puis, du côté du bouge, celles I,K, en vous servant des perpendiculaires que vous retracerez sur les faces, après qu'elles seront chantournées : ces courbes serviront à mettre le chambranle de largeur.

La figure 7 est l'élévation de l'imposte, comprenant le dormant et les panneaux correspondant aux ventaux de la porte ; les courbes ne sont pas en plein cintre ; pour les tracer, il suffit de projeter les champs figurés à la coupe, *fig.* 6, sur la ligne C du milieu, aux points $a,b,c$, et ceux du plan, sur la ligne AC, *fig.* 7, aux points $d,e,f$, et opérer sur les points $ad$C, $be$C, et $cf$C, comme pour tracer autant de quart d'ovale borné.

Ces cintres étant faits, pour tracer le développement du dormant, *fig.* 8, fixez à volonté sur son cintre en plan les points de 1 à 6 ; par ces points, élevez des perpendiculaires à la figure 7 ; de ces mêmes points et de ceux $o,o$, où les perpendiculaires élevées à la figure 7 coupent le trait extérieur du plan, abaissez des perpendiculaires indéfinies sur la ligne OO, tangente aux extrémités du plan ; prenez à l'élévation, *fig.* 7, la hauteur des points $1,2,3,4,5,6a$, à la ligne AC ; portez-la *fig.* 8, de la ligne OO sur les perpendiculaires qui leur correspondent ; par ces points, faites passer la courbe N ; de ces mêmes points, menez des petites parallèles à la ligne OO ; leur rencontre avec les perpendiculaires abaissées des points $o,o$ du plan, donne la courbe O : ces deux courbes sont les arêtes du champ extérieur.

Pour obtenir celles de l'intérieur, des points $y$,2,3,4,5, 6,7, du plan, tracez sur l'épaisseur du dormant des lignes $yo$,$3x$,$4x$, tendant au centre; prenez à la figure 7 la hauteur des points $m,n,o,p,q,r$, à la ligne AC; portez-la à la figure 8 de la ligne OO sur les perpendiculaires abaissées des points $y$2,3,4,5,6,7 du plan; par ces points, faites passer la courbe V; de ces mêmes points menez des petites parallèles à la ligne OO; leur rencontre avec les perpendiculaires abaissées des points $o,x,x$ du plan donne la courbe X : ces deux courbes V,X sont les arêtes du champ intérieur.

Le calibre rallongé n'est pas figuré; il se trace de la même manière que celui figure 5. Vous observerez seulement de vous servir des perpendiculaires et points ayant déterminé les courbes V,X; celles N,O, ayant du biais, donneraient de faux points.

Pour l'exécution vous suivrez la même méthode que pour le chambranle; les courbes N,V sont pour l'intérieur, celles O,X pour l'extérieur.

La figure 9 est la courbe du panneau, *fig.* 7, que j'ai reporté sur le côté afin de ne pas embrouiller les lignes de construction. La figure 10 est son développement avec le calibre rallongé : cette épure se trace de la même manière que la figure 4.

La figure 11 est le plan du lambris de revêtissement de l'embrasure. Pour le tracer, tirez la ligne du milieu AB, que vous prolongerez indéfiniment en contre-bas; tracez la courbe C dont le point du centre sera sur le prolongement de la ligne du milieu AB, et d'un rayon égal à celui de la courbe extérieure du plan, *fig.* 1, prenez à la figure 8 la distance verticalement des angles $r,r,v,v$ de la coupe à la courbe extérieure pour les porter à la figure 11; prenez aussi la distance de ces angles à la face extérieure A, *fig.* 6, portez-la à la figure 11 du point A, pour fixer ceux *v,v,v,v* ; par ces points, faites passer des arcs de cercle dont le point de centre sera sur la ligne prolongée AB.

Pour tracer l'élévation, *fig.* 12, tirez la ligne de base MM ; projettez dessus les points *v,v* ; prenez à la figure 2 la hauteur *a* du dessus du plafond à la base AB ; pour fixer la hauteur *a*, *fig.* 12, portez en contre-bas l'épaisseur du bois *x* et joignez les points *av,xv*, par un quart d'ovale, ainsi qu'il a été dit pour les courbes de la figure 7.

Pour faire le développement, *fig.* 13, fixez à volonté, sur la courbe intérieure en plan, les points *a,b,c,d,e,f, fig.* 11 ; par ces points, élevez des perpendiculaires jusqu'à la rencontre des cintres, *fig.* 12 ; de ces mêmes points et de tous ceux où les perpendiculaires coupent les lignes courbes, *fig.* 11, abaissez des perpendiculaires indéfinies sur la ligne de construction BB ; prenez à l'élévation la hauteur des points *a,a',b,c,d,e,f,* à la base MM ; portez-la à la figure 13, pour fixer les petites lignes *a,b,c,d,e,f,* parallèles à BB ; leur rencontre avec les perpendiculaires élevées des courbes du faux parement du plan, *fig.* 11, limite le passage des deux courbes d'arête C,D ; prenez de même à l'élévation les hauteurs de l'intérieur, pour fixer le passage des deux courbes du parement EF ; l'épure sera terminée.

Pour l'exécution, prenez un morceau de bois dont la largeur est donnée par les courbes, *fig.* 13, et l'épaisseur par celle du plan, *fig.* 11 ; tracez sur le plat les perpendiculaires abaissées des points *n,n*, ainsi que les courbes D,E, suivant lesquelles vous le chantournerez ; retournez avec l'équerre les perpendiculaires sur les faces chantournées et servez-vous de ces lignes pour tracer sur les deux

faces les courbes *nn* et *abc*, *fig.* 11 ; chantournez de nouveau la pièce d'après ces courbes ; tracez ensuite avec le
trusquin l'épaisseur du bois, en le présentant du côté du
bouge pour le champ extérieur, et du côté du creux pour
le champ intérieur. Ces deux traits donnent le gauche des
faces ; vous n'aurez plus qu'à mettre les champs d'équerre
aux faces, soit avec l'équerre, ou, ce qui serait un peu
plus long, en portant sur les traits retournés, du côté du
creux, les points où les perpendiculaires *n,n* coupent la
courbe *p* de l'intérieur, *fig.* 11, et sur ceux du côté du
bouge, les points où ces mêmes perpendiculaires coupent
la courbe *q* de l'extérieur. Le débillardement sera terminé.

Pour faire le développement du panneau, *fig.* 14, figurez son épaisseur par une ligne pointillée *fig.* 12 ;
divisez-la en parties égales ; des points de division, abaissez
des perpendiculaires au plan, *fig.* 11, lesquelles donnent
les ordonnées *u,u* ; figurez sa largeur par des arcs de cercle pointillés ; par son extrémité, tirez la ligne KK,
d'équerre aux ordonnées *u,u* ; tirez ensuite une ligne KK,
*fig.* 14 ; portez dessus cette ligne les points de division de
la ligne pointillée, *fig.* 12, par lesquels vous menez les
lignes d'équerre *u,u* ; prenez à la figure 11 la distance
des extrémités des ordonnées *u,u* à la ligne KK ; par ces
points, faites passer des courbes, vous aurez le développement du panneau.

## PLANCHE 25.

### *Tracé d'un cul-de-lampe en talon.*

La figure 1 est le quart du plan, fait sur un polygone
à 6 côtés. Pour le tracer, tirez les deux lignes d'équerre
ABC ; du point A, décrivez le quart de cercle BC, de la

même ouverture de compas et du point B, marquez celui
D, que vous joindrez au point A ; projetez à l'élévation,
*fig.* 2, le point B ; après avoir fixé la hauteur HE, tracez
comme vous l'entendrez la courbe F et fixez dessus à volonté les points 1,1,1, que vous abaissez sur la ligne
AB du plan, par lesquels vous menez des parallèles à
BD, ainsi que l'indique le plan ; prolongez-les indéfiniment
pour faire la coupe, *fig.* 3, par les points 1,1,1, de la figure 2, menez les horizontales 2,2,2 ; prenez leurs distances respectives, portez-les à la figure 3, à partir d'une
ligne 2,3, parallèle à la ligne AG du plan, laquelle partage
le côté du plan en deux parties égales ; la rencontre des
parallèles du plan passant par les points 1,1,1, avec celle
2,2,2, *fig.* 3, donne la courbe H. Figurez l'épaisseur
du bois par une parallèle I : vous aurez la coupe faite suivant
la ligne AG du plan ; tirez les petites lignes 4,4,4, *fig.* 3,
carrément aux courbes ; faites ensuite le développement
d'une face, *fig.* 4.

Pour faire ce développement, prenez sur la ligne courbe
F, *fig.* 2, les distances des points 1,1,1 ; portez-les sur
la ligne AG, *fig.* 4 ; par ces points, menez les horizontales 1,1,1 ; prenez au plan, *fig.* 1, la distance des points
1,1,1, à la ligne AG ; portez-la à la figure 4, sur les horizontales qui leur correspondent, ce qui donne les deux
courbes K,L ; figurez la largeur des champs M ; puis,
prenez cette largeur sur les parallèles 1,1,1, portez-la au
plan, *fig.* 1 ; sur les parallèles à partir des lignes AB,AD,
tirez les petites lignes d'équerre 3,3,3 ; abaissez des
points 4,4,4, de la figure 3, des perpendiculaires sur ces
lignes, pour fixer les points o,o,o, qui limitent une seconde ligne qui est la retombée du champ en plan.

Faites le plan de l'arêtier AD semblable à celui AB ; des
points 3,3,3 du plan, élevez des perpendiculaires ; leur

rencontre avec les parallèles de la figure 2 donnent les trois courbes N ; tirez les petites lignes d'équerre 3,3 ; puis, des points *o,o*, du plan de l'arêtier **AB** ; élevez des perpendiculaires jusqu'à la rencontre de ces petites lignes d'équerre aux points *o,o*, par lesquels vous ferez passer une ligne courbe O ; projetez de même ceux 1,1,1 du plan de l'arêtier **AD**, qui donnent, à l'élévation, la courbe d'angle P, ce qui termine l'épure.

Ordinairement, ces culs-de-lampe sont terminés à leur partie inférieure par un culot Q sculpté.

Pour l'éxécution, prenez un morceau de bois dont l'épaisseur affranchisse la largeur du plan de l'arêtier **AD**, chantournez-le sur l'autre face, suivant les lignes F,O, *fig*. 2 ; puis, tracez sur le millieu du côté F, la ligne du centre **AD**, et sur le côté O, les deux lignes du dedans *o,o* ; tirez-le ensuite de large d'après les points 3,3 ; puis, vous tracerez sur le champ et des deux côtés la ligne courbe N que vous joindrez par un chanfrein à la ligne d'angle du dehors **AD**, ainsi qu'à celle *oo* du dedans.

Quant aux panneaux, ils se font ordinairement en bois mince que l'on fait ployer par le moyen de l'eau chaude et du feu. Suivant la coupe, *fig*. 3, il est bon de les couper de longueur et de largeur avant de les cintrer ; les lignes **M,M** de la figure 4 en donnent la dimension, à laquelle il faudra ajouter les languettes. On peut aussi, pour plus de sûreté, prendre leur dimension sur les bâtis une fois montés, en appliquant sur la face un morceau de carton sur lequel on trace l'ouverture des arêtiers, et on ajoute la languette. Si on veut le faire par collage, on tracera son épaisseur sur la figure 3, et on prendra les dimensions sur la figure 4.

### Tracé d'un cul-de-lampe en doucine.

Ce cul-de-lampe se trace exactement comme celui à talon. C'est pourquoi je n'en ferai pas de démonstration, ce serait une répétition de la précédente. J'ai coté les points et lignes de construction de lettres et chiffres semblables à ceux des figures pour la construction de celui à talon, en sorte que l'explication de l'un peut servir à l'autre.

### PLANCHE 26.

### Tracé d'une calotte à pans coupés.

Cette calotte se trace d'après les mêmes principes que les culs-de-lampe précédents. Ainsi, vous opérerez de la même manière que pour faire le plan, *fig.* 1, en fixant à volonté des points sur la courbe extérieure F, *fig.* 2, par lesquels vous mènerez des horizontales, et abaisserez des perpendiculaires sur la ligne AB du milieu du plan, par le pied desquelles vous tracerez des parallèles aux côtés BD, DC, CA du plan.

En faisant le développement, *fig.* 3, vous observerez que le champ de la partie à droite est parallèle à la ligne extérieure, tandis que le champ de la partie gauche est plus étroit en haut, ce qui est plus convenable et donne de la légèreté, ainsi que l'indique la partie gauche des figures 1 et 2, la partie à droite ayant le champ parallèle ; quand au tracé, c'est le même pour l'un et l'autre cas.

La figure 4 est la coupe sur la ligne GG du plan, *fig.* 1, Vous tirerez la ligne de base HI, parallèle à GG du plan, sur laquelle vous construirez la coupe d'après la méthode employée aux culs-de-lampe, Pl. 20.

Pour bien comprendre les rapports qu'il y a entre ces derniers et cette calotte, il n'y a qu'à supposer que la courbe extérieure F, *fig.* 2, Pl. 20, soit formée de deux quarts de cercle d'un rayon égal à celui de la calotte. Il en résultera que la courbe de cette dernière sera juste la moitié de celle du cul-de-lampe, et comme le plus ou moins de courbure ne change rien au tracé, on peut donc considérer les arêtiers de cette calotte comme la moitié de ceux des culs-de-lampe.

*Tracé d'une Corniche cintrée en S, en plan et en élévation.*

Cette corniche peut être appliquée soit à un confessionnal, soit à une armoire en encoignure, ou à tout autre ouvrage de ce genre. Pour la tracer, commencez par faire les courbes ABC du plan, *fig.* 5, le cintre est arbitraire, mais elles doivent être parallèles entre elles. Pour en simplifier le tracé, je les ai composées d'arcs de cercle raccordés, ayant les points DD pour centre; la largeur AB est la saillie de la corniche, celle BC est l'épaisseur de la traverse destinée à la recevoir; elle en suit la courbure tant en plan qu'en élévation : faites les courbes EG de l'élévation, *fig.* 6, semblables à celles AB du plan; des points E,G et des extrémités de la courbe G, menez des horizontales indéfinies pour faire la figure 7; d'un point quelconque, 5, de celle inférieure, élevez une perpendiculaire, 5H, faites HI égal à H5, qui doit aussi égaler AH, *fig.* 5; joignez les points 1,5, et faites le carré 1,2,3,4, ayant deux de ces angles aux points 1,4, tracez dans ce carré le profil de la corniche qui aura par conséquent autant de saillie que de hauteur, ce qui est essentiel, tant pour faire cette corniche volante, que pour la débiter dans du bois mince et en simplifier l'exécution.

Divisez la courbe E, *fig*. 6, en un nombre quelconque de parties égales, *o,o* ; de ces points, abaissez des perpendiculaires indéfinies qui serviront à la construction des figures 8, 10 et 12 ; de ces mêmes points et de ceux *x,x*, menez des horizontales jusqu'à la rencontre de là ligne 1,5, *fig*. 7, sur laquelle vous construirez autant de carrés passant par les points où les horizontales la rencontrent ; prenez ensuite sur cette figure la distance du point 5 à ceux *o,o* et *x,x* portez-la à la figure 8, de la ligne 5,5, sur les perpendiculaires correspondantes à ces points pour fixer ceux *oo* et *xx*, qui limitent les deux courbes GE du développement ; prenez aussi, à la figure 7, la distance des points *a,a* et *e,e*, à la ligne d'équerre passant par le point 5, portez-la de même sur les perpendiculaires, *fig*. 8 ; ces points donnent les deux courbes *a* et *e* ; prenez pareillement les points *uu,vv*, portez-les au développement, lesquels donnent les courbes *u,v*.

Pour l'exécution de cette corniche, prenez un morceau de bois dont l'épaisseur est donnée par les lignes pointillées de la figure 7, et dont la largeur affranchisse la figure 8, chantournez-le sur le plat d'après les courbes EG, tracez ensuite sur les deux champs avec le trusquin la ligne 1,5 *fig*. 7. Tracez sur le plat en parement, les deux courbes *a,u*, et en faux parement celle pointillées, *e,v* ; joignez par deux chanfreins les lignes E,*a,e*, qui donnent l'équerrage du haut. Joignez pareillement par des chanfreins les courbes G,*u,v*, lesquelles donnent l'équerrage du bas ; puis, tracez sur le plat les lignes des moulures d'après le profil.

Comme les lignes extrêmes, *a,u*, de largeur ne sont pas parallèles, les lignes des moulures ne le seront pas non plus ; pour les tracer, faites le profil *fig.* 9 ; des points 10, et d'une ouverture de compas arbitraire, fixez le point 11 ; de ce point, tirez des lignes à tous les angles des moulures du profil ; tracez ensuite sur le développement des lignes d'équerre aux courbes, comme celles *mm,* prenez la distance des points *n,n,* où elles coupent les courbes de l'extérieur ; portez-la sur la figure 9, à l'endroit où l'ouverture des lignes 11,10,10, correspond à cette distance ; prenez ensuite les points *a,a,* où elle rencontre les lignes tirées du point 11, aux angles des moulures ; portez-les sur la ligne *mm, fig.* 8 : ces points sont le passage des lignes courbes limitant la largeur des moulures ; vous tracerez d'autres lignes d'équerre, comme celles *s,t,* sur lesquelles vous opérerez comme sur celles *mm.*

Pour tracer la traverse sur laquelle reposera la corniche, tracez la ligne courbe, F, du haut en élévation, *fig.* 10, semblable à celle I pointillée, de la figure 6, laquelle est décrite des mêmes centres que celle de la corniche ; tracez parallèlement et à la distance que vous voudrez, la ligne courbe K, qui est la largeur de la traverse ; prenez à la figure 5, la distance des points 1,1,1,2,2,2, de l'épaisseur de la traverse à la ligne L ; portez-la à la figure 11, à partir de la perpendiculaire M, pour fixer les perpendiculaires 1,1,1, 2,2,2, des points 3,3,3, et 4,4,4, de la figure 10 ; menez des horizontales jusqu'à la rencontre de ces perpendiculaires, ce qui donne une série de rectangles 1,2,3,4 ; construisez ensuite une série de carrés passant par les points 1,2,3,4, dont deux des côtés seront perpendiculaires à la ligne ST, qui est parallèle à la ligne 1,5, de la figure 7, et forme, ainsi que cette dernière, un angle de 45 degrés ou d'onglet avec la perpendiculaire M.

Faites ensuite le développement de la même manière que pour la corniche. Prenez à la figure 11, la distance des points 1,1,1, à la ligne $xx$, passant par le point 4 du bas ; portez-la à la figure 12, à partir d'une ligne de base, $yy$, sur les perpendiculaires correspondantes aux rectangles dont ces points font partie, pour fixer ceux 1,1,1 ; par ces points, faites passer une courbe N ; prenez de même, à la figure 11, les points 2,2,3,3,4,4 ; portez-les à la figure 12 ; ces points limitent les trois autres courbes OPQ.

Pour l'éxécution, prenez un morceau de bois dont la largeur affranchisse la figure 12, et dont l'épaisseur est donnée par le côté du plus grand carré de la figure 11 ; après l'avoir chantourné suivant les lignes de largeur NQ, *fig.* 12, donnez un coup de trusquin sur le milieu de l'épaisseur sur laquelle vous tracerez des lignes d'équerre correspondant aux points 1,1,1,4,4,4 ; tirez à la figure 11, la ligne VV passant par le milieu des carrés ; prenez la distance de cette ligne aux côtés des carrés ; portez-la, à partir du trait de trusquin, sur les lignes d'équerre correspondantes à ces carrés, et tirez d'épaisseur votre traverse d'après ces points en sorte qu'elle sera plus mince au milieu et aux extrémités ; tracez ensuite sur le plat en parement la ligne courbe P, *fig.* 10, et en faux parement celle pointillée O.

Tracez sur le champ du haut la ligne passant par les points 1,1,1, *fig.* 11, et sur le champ du dessous, celle passant par les points 4,4,4 ; joignez ces quatre lignes par quatre chanfreins, votre traverse sera débillardée. La coupe du bout, *fig.* 13, indique les chanfreins.

## PLANCHE 27.

### *Tracé d'un Autel à tombeau.*

Commencez par faire l'élévation, *fig.* 1, d'après les dimensions que vous voudrez ; la hauteur totale étant d'environ un mètre, quant à la longueur, elle varie en raison de l'emplacement. Un maître-autel étant beaucoup plus grand et plus riche qu'un autel placé dans une chapelle latérale : fixez la hauteur du socle A et tracez le profil extérieur des pieds corniers ou d'angles, B ; des extrémités *a,a*, abaissez des perpendiculaires pour tracer le plan *bb, fig.* 2, auquel vous donnerez une largeur *bc*, d'après le nombre et la largeur des gradins, en observant, toutefois, que le devant doit avoir moins de rentrée que les extrémités ; divisez ensuite en un nombre quelconque de parties égales, *d,d*, le profil des pieds d'angle, *fig.* 1 ; par ces points de division, menez des horizontales ; de ces mêmes points, abaissez des perpendiculaires sur la ligne d'arête *bb*, du pied d'angle en plan, puis tracez les horizontales, *fig.* 3, semblables à celles de la figure 1 ; le profil *c* est donné par leur rencontre avec les perpendiculaires élevées des points *e,e* du plan. Faites ensuite le développement de la face de devant, *fig.* 4, en prenant à la figure 3 la distance des points *a,d,d*, pour tracer les parallèles *a,d,d*, leur rencontre avec les perpendiculaires abaissées des points *e,e* du plan, donne les lignes courbes D.

La partie à gauche de ce développement, ainsi que celle du plan et de l'élévation, diffère de celle de droite pour un motif qui s'applique à la partie de gauche et dont nous parlerons après cette démonstration.

Prenez à l'élévation, *fig.* 1, sur la ligne B du pied d'angle, la distance des points *a,d,d* ; portez-la à la figure 5, pour tracer les parallèles *a,d,d* ; tirez la ligne de derrière E d'équerre aux parallèles ; prenez à la figure 3 la distance des points *a,d,d*, à la ligne de derrière E, portez-la à la figure 5, sur les parallèles *a,d,d,* ce qui donne la courbe F. Tracez sur ce développement, ainsi que sur celui figure 4, la largeur des champs ; figurez la profondeur des

rainures qui égale la largeur de la moulure, pour simplifier le nombre de lignes.

Tracez sur le développement de face, *fig.* 4, le panneau
ovale du milieu avec le champ; prenez la distance des
points G,G, à la ligne du milieu II, portez-la à l'élévation,
*fig.* 1, pour fixer les points G,G; opérez de même sur
toutes les autres parallèles *a,d,d,* ce qui donne la ligne L
pour la largeur des champs en élévation; prenez au développement, *fig.* 5, la distance des points G,G, portez-la
à la figure 3, pour fixer les points G,G; portez ainsi
toutes les autres longueurs, lesquelles donnent la largeur
du champ de côté du pied d'angle, qui doit différer un
peu de celui de face, vu que l'inclinaison n'est pas la
même, ainsi que l'indique le plan.

Tracez ensuite à l'élévation, *fig.* 1, ainsi qu'à celle de
côté, *fig.* 3, l'épaisseur du bâti et celle du panneau,
parallèlement à la courbe extérieure; par les points *d,d,*
*fig.* 1 et 3, tirez des petites lignes *d,n,* d'équerre aux
courbes; des points *ii, fig.* 3, abaissez des perpendiculaires au plan; leur rencontre avec celles abaissées des
points *d,n* de la figure 1, donne les deux lignes K,L, qui
sont la retombée en plan du champ de côté du pied d'angle; des points *d,n, fig.* 3, abaissez de même des perpendiculaires au plan : leur rencontre avec celles abaissées
des points *k,k* du développement, *fig.* 4, donne les deux
lignes M,N, pour la retombée en plan du champ de
devant.

Pour faire le calibre rallongé du pied d'angle, *fig.* 6,
tirez la ligne de base *am* : prenez à l'élévation, *fig.* 4, la
distance des parallèles *d,d,* ainsi que la hauteur des points
*n,n,* portez-la à la figure 6, pour fixer les parallèles *a,d,n;*
des points *b,e,e* de l'angle du pied cornier au plan, élevez
des perpendiculaires à la figure 6 : leur rencontre avec

les horizontales *d* donne des points pour faire passer la courbe.O qui est l'angle du pied. Celles élevées des points *o,x*, donnent les courbes P,R, pour la largeur des champs. La rencontre de celles élevées des points *o'x'*, avec les parallèles *n,n*, donne les courbes S,Q pour l'épaisseur des mêmes champs.

Pour l'exécution, prenez un morceau de bois dont l'épaisseur est donnée par le plan et la largeur par le développement, *fig.* 6 ; tracez sur le plat et de chaque côté les perpendiculaires élevées des points *o,o* et *x,x* du plan ; chantournez-le ensuite d'après les courbes O, Q, en laissant quelques millimètres de bois du côté de celle Q ; retournez les perpendiculaires sur les faces chantournées, tracez sur ces faces la ligne d'angle *b,b* du plan ; prenez sur ce plan la distance des points *o,o* et *xx* à cette ligne, portez-la à partir de la ligne *bb* sur les traits retournés correspondant à ces points, ce qui donne l'épaisseur du pied d'angle ; tracez ensuite la courbe Q sur le champ de devant, et celle S sur celui du côté ; chantournez-le d'après ces courbes, vous aurez la face intérieure ; tracez sur cette face les courbes L,M du plan, en vous servant des traits retournés des perpendiculaires ; tracez aussi sur le champ de devant la courbe P, et sur celui de côté celle R ; abattez un chanfrein des courbes L,M à celles R,P, puis un autre, de ces dernières courbes R,P à la ligne *bb* tracée sur la face extérieure *o*, le débillardement sera terminé.

Il est bon de retourner les traits sur les faces, au fur et à mesure qu'elles sont débillardées, afin d'y avoir recours au besoin.

Le panneau ovale, ainsi que les deux champs, sont d'une seule pièce. L'ovale étant ravalé dans l'épaisseur du bois, qui sera cintré sur la longueur, suivant la courbe

C, *fig.* 3, les deux panneaux de devant seront également cintrés, suivant la coupe de leur épaisseur (même figure), et coupés de longueur d'après le développement, *fig.* 5.

Comme la courbure des pieds d'angle fait paraître les champs d'inégales largeurs, je me suis permis de sortir des principes de faire les champs réguliers, afin qu'ils le paraissent à l'œil ; pour cela, j'ai tracé à l'élévation, *fig.* 1, une parallèle K à la courbe B ; puis, j'ai partagé en deux parties égales *o,o* la différence existant entre cette parallèle et la ligne L du champ régulier ; par les points *o,o*, j'ai supposé une ligne qui est reportée en M au pied d'angle de droite ; ce qui donne une plus grande largeur au milieu du champ développé, comme l'indique la partie à droite du développement, *fig.* 4, ainsi que celui *fig.* 7, tout en paraissant plus étroit à l'élévation.

Si l'on veut admettre cette modification, il suffira de tracer la ligne M du champ de dedans, *fig.* 1, ainsi que celle N, *fig.* 8, d'après les points *o,o* ; puis, de ceux où elles rencontreront les horizontales, on abaissera des perpendiculaires pour figurer au plan la retombée du pied d'angle, le reste se fera exactement comme la partie de gauche.

## PLANCHE 28.

### *Tracé d'un Autel, genre Louis XV.*

Commencez par faire le plan ABCD, *fig.* 1 ; figurez l'épaisseur du bois et les pans coupés C,D ; tracez à l'élévation, *fig.* 2, la hauteur, ainsi que le profil extérieur des extrémités *a,b,c,d*, comme vous l'entendrez ; des points *a,b*, abaissez des perpendiculaires au plan, pour fixer sur la ligne de derrière AB les points *e,h*; figurez la largeur E des montants de derrière, et faites, comme vous l'entendrez, le pourtour extérieur *efgh,* en observant, pour simplifier l'exécution du dessin, de faire la courbe 13,14 des bouts au compas et à la distance FG égale à la retombée A*c* du pied de derrière E.

Divisez ensuite la ligne *ac* du profil, *fig.* 2, en un nombre quelconque de parties égales *i,i*; par ces points, menez des horizontales; puis, des perpendiculaires au plan : ces dernières coupent la retombée du pied de derrière aux points 1,3,5,7,9,11,13, et celui de devant sur l'angle du pan coupé aux points 2,4,6,8,10,12,14; ces points appartiennent aux retombées courbes des horizontales de l'élévation. Pour avoir un troisième point, divisez le côté en deux parties égales, par une ligne *m,m'*; du point *m,* élevez une perpendiculaire pour fixer le point J à l'élévation; de ce point à celui *c,* tracez une courbe semblable à celle du profil *ac*; des points *k,k,* où elle coupe les horizontales, abaissez des perpendiculaires sur la ligne *m,m'* du plan, qui donnent les points *l,l* pour faire passer les courbes qui se tracent au compas.

Pour obtenir les retombées de face, portez les points 1,3,5,7,9,11,13 du pied de derrière sur la ligne FG du milieu, pour fixer ceux *o,o*; prenez sur une ligne *pp,* tracée sur la partie la plus rentrée du côté, la distance des retombées, portez-la sur la face du devant en *nn* pour fixer les points *q,q*; par ces points et par ceux *o,o,* faites passer des courbes qui doivent rencontrer celles de côté sur la ligne du milieu des pieds d'angle. Ces retombées étant tracées, vous vérifierez par des coupes si elles ne font pas de jarrets entre elles; la courbe NO, *fig.* 3, est une coupe faite suivant la ligne *rr* du plan.

Les lignes de retombée étant tracées, des points *s,s* où

elles coupent la ligne du pan coupé en plan, élevez des perpendiculaires à l'élévation, *fig.* 2; par leurs points de rencontre avec les horizontales, faites passer la courbe RR'; figurez la largeur du champ par une seconde courbe SS'; des points où cette dernière coupe les horizontales, abaissez des perpendiculaires au plan, pour fixer ceux *t,t* qui donnent la retombée du champ en plan. De ces points *t,t* et de ceux *o*2,4,6,8,10,12,14, élevez des perpendiculaires à la figure 4; leur rencontre avec les horizontales qui sont tracées à une distance égale à celle de l'élévation, donne les courbes T,U; figurez l'épaisseur I du bois, ainsi que la largeur H du champ; tracez sur l'épaisseur du bois les petites lignes d'équerre à la courbe; des points *u,u* abaissez des perpendiculaires au plan; leur rencontre avec celles élevées sur les lignes de retombées cintrées donne les points *v,v* pour l'épaisseur du champ de devant en plan; des points *o,o* de largeur du champ, *fig.* 4; abaissez des perpendiculaires au plan; leur rencontre avec les retombées cintrées de côté donne les points *x,x* pour la ligne du champ.

Pour avoir la retombée de l'épaisseur, des points *x,x*, élevez des perpendiculaires à l'élévation, *fig.* 2; leur rencontre avec les horizontales limite la courbe *hc*; tracez parallèlement celle *ii* pour figurer l'épaisseur du bois, ainsi que les petites lignes d'équerre; des points *o,o* où ces dernières coupent celle de l'épaisseur, abaissez des perpendiculaires au plan; leur rencontre avec celles élevées sur les retombées cintrées aux points *x,x* donne ceux *z,z* pour la retombée de l'épaisseur du champ.

Cette manière de tracer en plan le pied d'angle est la même que celle employée pour la partie de droite de l'autel à tombeau (Pl. 27). Elle ne donne pas, ainsi que je l'ai dit, la largeur du champ régulière; mais elle contente mieux l'œil. Si on tenait à faire les champs réguliers, on ferait le développement, *fig.* 5, en développant successivement la longueur des lignes courbes de retombée; la largeur des champs étant tracée, on prendrait, par exemple, sur ce développement la largeur *ab*, que l'on porterait au plan, sur la courbe correspondante, à partir du point 8, pour fixer le point *x*, ce qui changerait un peu la largeur du pied en plan.

Le calibre rallongé, *fig.* 6, se fait de la même manière que celui de l'autel à tombeau; les faces des champs seront creusées d'après le cintre des retombées du plan; la face (1) des pans coupés a un peu de gauche, ce qui donne six courbes aux calibres rallongés; ce gauche provient de la différence de courbure de la partie du haut; on pourrait le faire disparaître en faisant le pan coupé du bas C parallèle à celui du haut *f*.

La figure 7 est le pied d'angle, vu dans toute sa longueur en faux parement, laquelle servira à mettre le pied de largeur, ainsi qu'à tracer les lignes intérieures des champs.

Pour l'exécution du panneau rond du milieu qui sera à bois montant, tracez deux coupes verticales, *fig.* 8, une FG sur le milieu FG du plan, l'autre KG sur la ligne KL, largeur du panneau en plan; ajoutez l'épaisseur M du bâti, ce qui donne l'épaisseur nécessaire du bois : donnez-

---

(1) Cette face étant figurée au plan par deux lignes droites, il en résulte dans sa largeur une légère variation dans le développement; si on voulait en obtenir rigoureusement la largeur, il faudrait développer la courbe *ac*, *fig.* 2, sur une ligne droite, *fig.* 11; prendre successivement la longueur des ordonnées correspondant aux horizontales *i,i*, pour les porter au plan, ce qui donnerait deux lignes courbes pour la retombée du pan coupé; ce que je n'ai pas cru nécessaire de faire, vu le peu de différence qui en résulterait, et pour ne pas trop compliquer les lignes.

lui la courbure longitudinale au moyen de calibres relevés sur les retombées cintrées du plan. Cela étant fait, tracez dessus le développement du panneau rond ; s'il était tracé au compas, l'inclinaison, ainsi que la courbure, lui donnerait une forme irrégulière et désagréable à l'œil. Le morceau de bois étant tracé d'après le développement, chantournez l'extérieur d'après les champs voulus : le panneau rond sera ravalé dans l'épaisseur du bois.

Pour les panneaux de côtés, ils seront faits par assises cintrées, d'après les retombées courbes en plan ; pour en avoir l'épaisseur, comme le cintre des retombées ne s'éloigne pas sensiblement du parallélisme, une coupe faite sur *rr* suffira pour la fixer, ainsi que l'indique la figure 3. Vu la difficulté qu'offre leur double courbure de les réunir avec des languettes, ces assises seront collées à plats joints avec tourillons ; pour les couper de largeur et de longueur, ce qu'il y a de plus simple à faire, c'est d'appliquer une feuille de carton sur le bâti, sur laquelle vous tracerez le vide du bâti ; vous découperez cette feuille en laissant en plus les languettes ; vous l'appliquerez ensuite sur le panneau pour en tracer le pourtour.

Les panneaux des bouts, vu leur cintre, exigent une épure particulière, tant pour trouver l'épaisseur des assises qui varient sur la longueur, que pour tracer la largeur des rainures dans les pieds d'angle.

Pour trouver l'épaisseur des assises, commencez par tracer au plan une ligne *aa* ; des points où elle coupe les lignes de retombées *b, b*, élevez des perpendiculaires pour déterminer à l'élévation la courbe de profil *c* ; tracez trois autres courbes parallèles *d, e, f* : une *d* d'après l'épaisseur de la joue ; une autre *f* indiquant l'épaisseur du panneau, et une *e* indiquant, avec celle *d*, l'épaisseur de la languette du pourtour du panneau. De tous les points où les courbes *d,c* coupent les horizontales à l'élévation, abaissez des perpendiculaires sur la ligne *aa* du plan, pour fixer des points comme ceux *g,g,* par lesquels vous faites passer des courbes parallèles aux retombées ; fixez la profondeur *h* de la rainure dans le pied de derrière **E** ; coupez par de petites lignes d'équerre les courbes pleines du devant : leur rencontre avec celles de derrière pointillées donne des points pour faire passer la ligne *i* de l'épaisseur de la languette en plan.

Pour figurer celle rentrant dans le pied d'angle, tracez les horizontales *a,a, fig.* 9, d'une distance égale à celle de l'élévation ; des points *c,c* du plan où l'arête du pied montant coupe les retombées cintrées, élevez des perpendiculaires à la figure 9, pour déterminer la courbe du profil *b* ; figurez l'épaisseur de la joue par une seconde courbe *d* ; des points où elle coupe les horizontales *a,a,* abaissez des perpendiculaires au plan ; figurez ensuite à l'élévation, *fig.* 4, par une courbe *e*, la profondeur de la rainure ; des points *f,f,* où elle coupe les horizontales, abaissez des perpendiculaires au plan : leur rencontre avec les lignes pleines du devant du panneau donnent des points pour faire passer la ligne *m* ; la rencontre des petites lignes d'équerre élevées de ces mêmes points avec celles pointillées de derrière donne la ligne *n*, qui limite la longueur du panneau en plan.

Pour tracer la largeur de la rainure du montant d'angle, des points *o,o* du profil, *fig.* 9, abaissez des perpendiculaires au plan ; leur rencontre avec les lignes pleines du devant du panneau donne des points pour faire passer la ligne pointillée *o*, qui est la retombée de l'épaisseur de la joue ; des points où cette ligne *o* coupe les lignes de derrière du panneau, élevez des perpendiculaires à la figure 9 ; leur rencontre avec les horizontales donne la courbe $p$, qui, avec celle $d$, limitent la largeur de la rainure.

Les deux courbes $k,k$ de l'élévation, *fig*, 2, donnent la largeur de la rainure du pied de derrière ; elles s'obtiennent de la même manière que celles $p,d$, *fig*. 9.

Pour l'éxécution, ces panneaux seront, comme ceux de face, collés à plats joints ; les assises seront chantournées sur le devant d'après leur retombée en ligne pleine au plan, la ligne d'épaisseur sera prise à l'élévation *fig*. 2, d'après les courbes $d,f$, et sera parallèle à celle de devant ; vous les mettrez de largeur et longueur d'après le développement, *fig*. 5.

Quant à la sculpture figurée sur les pieds d'angle, *fig*. 10, elle sera rapportée sur le pan coupé, avec addition sur les faces pour le retour des feuilles.

# CHAPITRE XIV.

—

## Tracé des Calottes, Voussures et Trompes en assemblage.

—

### Tracé d'une Calotte en assemblage.

Cette calotte est en plein cintre à l'élévation, ovale en plan, ainsi que dans la coupe verticale du milieu ; la partie à droite du plan ainsi que de l'élévation est l'épure du bâti. Celle de gauche est l'épure des panneaux.

Pour le tracé, commencez par faire le plan ABC, *fig.* 1, en fixant la profondeur AB et la demi-largeur BC, comme vous l'entendrez ; décrivez le quart d'ellipse AC, ainsi que celui pointillé *a*, pour figurer l'épaisseur du bois, d'après la méthode employée pour la calotte en bois plein ; tracez à l'élévation, *fig.* 3, du point D, le quart de cercle BC ; d'un rayon égal à BC du plan, décrivez du même point D, le quart de cercle *a*, pour figurer l'épaisseur du bois ; puis, faites la coupe, *fig.* 4, dont la profondeur égale celle AB du plan, et la hauteur égale BD de l'élévation, *fig.* 3 ; tracez la largeur des traverses et l'épaisseur du panneau ; prenez la distance des points *o,o* à la ligne du devant BE, portez-la au plan, *fig.* 1, de B en *o,o* ; tirez la petite ligne d'équerre *bb* pour figurer la largeur de la courbe de devant à son extrémité; joignez les points *b,b* aux points *o,o*, vous aurez la retombée en plan du champ intérieur de la courbe; du point B, tracez l'arc de cercle *c* d'une grandeur suffisante pour recevoir les montants rayonnants ainsi que l'extrémité des panneaux; portez la même ouverture de compas à la figure 4, de la ligne de devant EB pour fixer le point *c*, duquel vous tirez une ligne d'équerre à la courbe de l'épaisseur du bois *cd*; prenez la distance du point D à la ligne du devant, portez-la au plan, *fig.* 1, de B, pour décrire l'arc de cercle *d*; tracez la largeur *ee* des montants rayonnants; tirez les lignes d'équerre *e,f*, sur l'épaisseur du bois; joignez les points *f,f* : vous aurez la retombée en plan des quatre arêtes (1).

Tracez ensuite, à l'élévation, les horizontales *g,g*, dont le nombre et la distance sont arbitraires; prenez à la figure 4 les distances des points 1,2,3,4,5 à la ligne de devant EB; portez-les sur la ligne AB du plan, *fig.* 1; abaissez les points 1,2,3,4,5 de la figure 3 sur la ligne BC du plan; par ces points, faites passer des quarts d'ellipse; portez au plan, de la même manière, les points *x,x* de la coupe, *fig.* 4, ainsi que ceux de la figure 3; par ces points, faites

---

(1) Cette manière ne donne pas rigoureusement la largeur des montants rayonnants, vu que ses lignes d'arête en plan doivent être courbes. Si on voulait obtenir rigoureusement leurs retombées, il faudrait développer leurs cintres sur une ligne droite, sur laquelle on reporterait les parallèles *g.g*; on fixerait aux deux extrémités du développement la largeur, tant du dedans que du dehors des bouts des montants rayonnants, que l'on joindrait par des lignes droites; on prendrait ensuite la largeur sur les parallèles que l'on porterait sur celles qui leur correspondent au plan, ce qui renflerait un peu la largeur au milieu de leurs retombées. Vu la petitesse du dessin, j'ai négligé cette opération, qu'il est bon d'observer à l'exécution en grandeur.

Ce développement se fait de la même manière que celui *fig.* 11, de la planche précédente.

passer d'autres quarts d'ellipse pointillés pour l'intérieur;
ceux de l'extérieur sont tracés en lignes pleines.

Pour figurer à l'élévation, *fig.* 3, la courbe de devant,
des points du plan, *fig.* 1, où les lignes *b,o* rencontrent
les quarts d'ellipse tant du dedans que du dehors, élevez
des perpendiculaires ; leur rencontre, à la figure 3, avec
les horizontales correspondant à ces quarts d'ellipse,
donne le passage des deux courbes *h* et *i*, qui sont les
arêtes du champ intérieur de la courbe en élévation.

Le montant rayonnant F s'obtient de la même manière;
les lignes d'arêtes intérieures *j,k* sont limitées par les
points de rencontre des horizontales avec les perpendiculaires élevées des points du plan, où les quarts d'ellipse
de l'intérieur coupent les lignes *f,f*; celles *l,m* de l'extérieur sont données par les perpendiculaires élevées des
points où les quarts d'ellipse du plan coupent les lignes *e,e*.

La figure 5 est le développement de ce montant, la figure 6 en est la vue de face, et la figure 7 en est le plan,
lequel est conforme à celui figuré au plan, *fig.* 1. Pour
tracer ce développement, commencez par faire le plan,
*fig.* 7, en mettant l'arête de dessous horizontalement ;
tirez les horizontales *g,g* semblables à celles des figures
3 et 4, et opérez exactement comme vous avez fait pour
le mettre en projection verticale à la figure 3. Ce qui vous
donnera les quatre lignes d'arête *j,k,l,m,* dans leur plus
plus grande longueur.

Pour faire la vue de face, *fig.* 6, tirez au plan, *fig.* 1,
une ligne *n,n* passant par les points *e,e*; tirez une autre ligne *o,p* sur le milieu des distances *e,e*; du point *o* abaissez
une perpendiculaire sur *n,n* en *q*; prenez la distance
*p,q,* portez-la à la figure 6, de *q* en *p*; élevez du point
*q* une perpendiculaire jusqu'à la rencontre de l'horizontale *r* correspondant à la hauteur du point *c* du trom-

pillon de la figure 4 ; joignez le point *r* au point *p*, ce qui donne en élévation l'obliquité de la ligne *p,o* du plan. Prenez ensuite la distance de cette ligne aux points où celles *ee, ff* coupent les quarts d'ellipse ; portez-la à la figure 6. Par exemple, prenez à la figure 1 la distance des points *v,v* au point *u* ; portez cette distance, à la figure 6, sur l'horizontale correspondante de *u* en *v,v* ; prenez de même, à la figure 1, la distance des points *x,x* à celui *y* ; portez-la à la figure 6, de *y* en *x,x*. Opérez de même sur toutes les autres courbes du plan, qui donnent une série de points à la figure 6, par lesquels vous faites passer les quatre lignes d'arête *j,k,l,m*.

Pour l'exécution, vous chantournerez le bois d'après les courbes extérieures de la figure 5, puis vous la tirerez de large, d'après la figure 6. Pour cela, vous tracez sur les deux faces chantournées la ligne du milieu *r,p*, ainsi que les horizontales, en observant les obliquités données par la même figure ; vous prendrez ensuite, sur les horizontales, la distance de la ligne du milieu aux courbes extérieures, que vous porterez des deux côtés sur les lignes correspondantes tracées sur le bois ; après l'avoir tiré de large de cette manière, vous tracerez sur le champ de face la ligne d'arête *k*, et sur l'autre la ligne *l*, *fig.* 5 ; vous joindrez par un chanfrein la ligne *k* à l'arête *j*, et celle *l* à l'arête *m*, vous n'aurez plus qu'à la mettre d'équerre en traçant du côté du creux la ligne *j*, *fig.* 6, et du côté du rond la ligne *m*. Ces figures donnent les longueurs d'arasement en arasement ; vous ajoutez le bois pour les tenons.

Pour l'exécution de la courbe du devant, après l'avoir mise de largeur suivant sa retombée en plan, vous tracerez sur le champ de devant les arcs de cercle BC et *a*, *fig.* 3, et sur celui de l'intérieur ceux *h,i* ; après l'avoir chantourné, vous tracerez à l'intérieur la ligne pointillée *ob* du plan, qui donne l'équerrage du champ. Pour la traverse du bas, elle sera mise de largeur d'après sa coupe, *fig*. 4 ; vous tracerez sur le champ du dessous les courbes AC et *a* du plan ; vous tracerez également sur celui du dessus deux autres courbes passant par les points *s,s*, *fig*. 3 et 4 ; puis vous la mettrez d'équerre sur le champ, d'après la ligne *t*, *fig*. 3. En chantournant l'extérieur vous laisserez le bois nécessaire pour le bouge.

Quant aux panneaux, ils seront faits par assises, de la même manière que la calotte en bois plein. Comme ils sont arasés à l'extérieur, la dimension du plan et de l'élévation est semblable à celle du bâti. L'intérieur est limité par l'épaisseur du bois. Commencez par faire le plan, *fig*. 2, comme s'il n'y avait ni traverses, ni montants ; faites de même l'élévation, *fig*. 8, dont les deux lignes pointillées *a,a* sont les arêtes de l'épaisseur de devant correspondant à la ligne E du plan, *fig*. 2. La figure 9 est la coupe du milieu, dont l'arête extérieure A correspond à la courbe AE de la figure 4. Comme ce n'est qu'une répétition de la calotte pleine, je n'entrerai dans aucun détail de construction ; ainsi, toutes les courbes ou quarts d'ellipse du plan étant terminés, vous tracerez, dessus, les montants rayonnants, ainsi que la courbe de devant, en ayant soin d'avancer les languettes. Vous supprimerez, à l'élévation, la largeur de la traverse, moins la rainure, et vous couperez les panneaux d'après ces lignes.

On peut faire ces panneaux de deux à deux, et les couper quand ils sont travaillés ; mais il faut avoir soin de faire tomber les abouts des assises à l'endroit du montant, afin que le joint disparaisse dans la coupe. Si vous voulez faire les panneaux d'une seule pièce, vous opérerez de la manière suivante :

Tirez la ligne *m,m*, *fig.* 2, passant par les angles infé-
rieurs du panneau ; menez-lui les parallèles 1,2,3,4,5,6,
*fig.* 10 ; puis, des points où les lignes de largeur du panneau rencontrent les quarts d'ellipse tant du dedans que
du dehors, élevez des perpendiculaires à la figure 10 ;
leur rencontre avec les parallèles qui leur correspondent
donne le passage des courbes de largeur. Pour avoir le
profil rallongé, *fig.* 11, tirez la ligne *tt* du milieu du
panneau, prenez la distance des points 7,8,9,10,11,12,13,
à la ligne *m,m*, portez-la à la figure 11, à partir d'une
perpendiculaire M, pour fixer les points 7,8,9,10,11,12,13
prenez au plan et de la même manière la distance des
points 14,15,16,17,18,13 en ayant soin de la prendre normalement ou carrément à la ligne *m,m*, et non suivant les
côtés du panneau ; portez ces distances à la figure 11,
lesquelles donnent les courbes *a* et *b* pour les lignes
d'arêtes extérieures du panneau ; tracez parallèlement
les deux lignes *c,d* de l'épaisseur du bois, l'épure sera
terminée.

Pour l'exécution, vous chantournerez le bois d'après les
lignes *x,x* de l'extérieur, *fig.* 11, et d'après les lignes *c,d* de
l'intérieur ; vous tracerez ensuite, des deux côtés, les parallèles 1,2,3,4,5,6, ainsi que les lignes du milieu *x,x*,
qui vous serviront de point de départ pour prendre les
différentes largeurs sur les parallèles. Le panneau étant
tiré de large, vous donnerez de l'intérieur un trait de
trusquin sur les deux champs, pour tracer l'épaisseur du
bois, et vous terminerez votre panneau en arrondissant
l'extérieur et creusant l'intérieur d'après des calibres que
vous relèverez sur le plan.

Les figures 12 et 13 sont les développements du panneau, *fig.* 14, du plan ; ils s'obtiennent de la même manière que ceux du panneau, *fig.* 2.

13

PLANCHE 30. *Figure A*.

## Tracé d'une arrière-voussure de Saint-Antoine en assemblage.

Commencez par faire le plan ABCD, *fig*. 1 ; figurez à la partie de gauche, qui est, pour le bâti, l'épaisseur du bois, et menez un nombre quelconque de parallèles, qui serviront à la partie de droite pour les assises du panneau : Des points A, *a,b,c,d,e,f,g,h,i,k,l*, élevez des perpendiculaires sur la ligne de base E, *fig*. 2 ; du centre F, décrivez les quarts de cercle GH (qui, à la rigueur, devraient être construits comme des quarts d'ellipse, attendu qu'à la partie du haut, le bois est vu dans son épaisseur, tandis que sa retombée sur la base est limitée par les perpendiculaires élevées des points A,*f* du plan, lesquelles donnent une épaisseur plus grande, provenant du biais du côté ; la différence étant très-minime, on peut la négliger dans un tracé en petit). Faites la coupe du milieu, *fig*. 3, dont la hauteur est donnée par les quarts de cercle G,H, et la profondeur par celle du plan ; figurez la largeur des champs, l'épaisseur du bâti ainsi que du panneau ; projetez les points *o,o,o,x,x,x*, sur la ligne du milieu, *fig*. 2, par ces points et ceux projetés du plan sur la base E décrivez des quarts d'ellipse *o,o,o*, pour l'intérieur, et des demi-ellipses *x,x,x*, pour l'extérieur.

Pour tracer à l'élévation, *fig*. 2, la largeur de la courbe de devant, prenez, sur la ligne du milieu, *fig*. 1, la distance des deux parallèles 1,2 du devant, portez-la à la figure 4, pour fixer les deux perpendiculaires 1,2 ; menez la ligne d'équerre *o*, tirez la ligne de coupe I, *fig*. 2, prenez la distance du point 3 au point 5, où cette ligne coupe les courbes de l'intérieur ; portez-la à la figure 4 pour fixer le point 3 que vous joindrez à celui 4 ; figurez l'épaisseur du bois 4,6, ainsi que le champ 3,5, prenez la distance des points 5,6 à la ligne 7, portez-la sur la ligne de coupe I, *fig.* 2, pour fixer les points 5,6, qui limitent les courbes du champ intérieur ; vous ferez la même opération sur la ligne J ; la figure 5 en donne la coupe.

Pour tracer la retombée en plan de cette courbe, des points o,6,3,5 de la coupe I, abaissez des perpendiculaires sur le devant du plan ; prenez, à la figure 4, la distance des points 5,6 à la ligne de devant, 2,4 ; portez-la sur ces perpendiculaires. Ces points limitent le passage des arêtes du champ intérieur ; faites la même opération sur la ligne J. La coupe du milieu est donnée, figure 3.

Les traverses du bas ont la même largeur intérieurement, mesurées verticalement, et non suivant la courbure, de sorte qu'en élévation, l'arête intérieure du champ est une ligne droite P ; pour avoir celle de l'extérieur Q, ainsi que la retombée en plan de ce champ, il faut faire des coupes sur les lignes K,L,M,N,O placées à volonté, *fig.* 4.

Pour faire la coupe K' prise sur la ligne K du plan, prenez, sur le milieu du plan, la distance des parallèles m,n,o,p ; portez-la à la coupe ; élevez par ces points des perpendiculaires sur m,p ; prenez, à la figure 2, à partir de la base E, la hauteur des points q,r correspondant au point s du plan ; portez-la à la coupe du point p, pour fixer ceux q,r ; prenez de même, à l'élévation, la hauteur des points t,u, correspondant à celui v du plan ; portez-la à la coupe pour fixer les points t,u ; prenez aussi la hauteur du point x, correspondant à celui y du plan, portez-le à la coupe de n en x, et faites passer deux courbes par ces points ; figurez le panneau et la coupe de la traverse dont la largeur intérieurement est donnée par la ligne P parallèle à la base *m,p*, ce qui termine la coupe.

Prenez ensuite la distance des points 1,2 à la perpendiculaire *m*, portez-la au plan de la ligne BM, pour fixer les points 1,2, qui appartiennent aux arêtes du champ en plan ; prenez aussi à la coupe la hauteur de la base *m,p*, au point 1, portez-la à la figure 2, pour fixer le point 1 par lequel passe l'arête extérieure du champ de la traverse en élévation.

Pour faire la coupe L', prenez au plan les points B,1,2,3, où la ligne L coupe les parallèles ainsi que l'épaisseur du bois ; portez-les à la coupe L' ; par ces points, élevez des perpendiculaires ; prenez, à la figure 2, à partir de la ligne de base E, la hauteur des points 2,2,3,3 correspondant à ceux du plan ; portez-la à la coupe de la base B3, pour fixer les points 2,2,3,3 ; par les points 1,2,3 et B,2,3, faites passer deux courbes ; figurez la traverse et le panneau, comme à la coupe K' ; prenez la distance des points 4,5 à la perpendiculaire B ; portez-la sur la ligne du plan, à partir de B, pour fixer les points 4,5 qui appartiennent encore aux arêtes du champ ; de ces points, élevez des perpendiculaires à la figure 2 ; prenez à la coupe la hauteur de la base B3 au point 4 ; portez-la à l'élévation de la base E, pour fixer le point 4, que vous joignez à celui 5 de l'intérieur, ce qui donne la coupe du joint des traverses de côté avec celle du fond.

Pour faire la coupe M', prenez sur la ligne M du plan la distance des points 6,7,8,*s* ; portez-la à la coupe M, et opérez comme pour les coupes précédentes ; faites de même pour celles N,O, lesquelles donnent des points qui, avec ceux obtenus par celles K',L', limitent les courbes R,S du champ supérieur de la traverse en plan, et donnent des points à l'élévation pour faire passer celle Q.

Pour l'exécution des traverses de côté, prenez un morceau de bois dont la largeur égale la distance du point 4, à la base E, *fig.* 2, et dont l'épaisseur est donnée en plan par le côté AB, avec la courbe intérieure ; après l'avoir dressé suivant le côté AB, puis chantourné suivant la courbe de l'intérieur et mis d'équerre en-dessous, marquez dessus les lignes de coupe M,N,O,P ; mettez-les de largeur d'après les points de l'arête extérieure prise à l'élévation ; portez ensuite sur le champ supérieur la distance de la courbe extérieure, au côté dressé AB, mesuré sur les lignes de coupe ; donnez un trait de trusquin pour marquer l'épaisseur en dessous, et un autre sur le plat à l'intérieur pour marquer le champ ; puis, abattez un chanfrein de la ligne de largeur de l'intérieur au trait de trusquin donnant l'épaisseur en dessous : les coupes donnent le creux que doit avoir la face intérieure ; abattez ensuite un autre chanfrein à l'extérieur de la courbe tracée sur le champ, à l'arête AB du bas, en observant de laisser le bouge ou rond donné par les coupes ; il ne restera plus qu'à abattre un troisième chanfrein de la courbe tracée sur le champ, au trait de largeur de l'intérieur ; ce chanfrein sera le champ supérieur de la traverse et devra être d'équerre avec les faces ; vous ferez la même opération pour tracer la traverse du fond.

Quant à la courbe de devant, elle sera mise de largeur suivant sa retombée en plan ; vous tracerez sur la face de devant les cintres G,H, et sur celle de l'intérieur, ceux T,U ; vous la chantournerez suivant ces courbes, en observant de laisser un peu de rond extérieurement à la partie supérieure.

Pour tracer le panneau, tirez au plan, *fig.* 6, la ligne *ab*, parallèle et distante du côté CD de l'épaisseur du panneau ; des points où elle coupe les parallèles du plan, élevez des perpendiculaires à la ligne de base E ; par ces points et ceux *u,u,u* de la figure 3, projetés sur la ligne du milieu F, tracez des quarts d'ellipse *u,u,u* qui sont les lignes de joint de l'intérieur des assises, celles *v,v,v* étant pour l'extérieur ; ces assises seront chantournées et collées de la même manière que celles de la voussure en bois plein dont ce panneau est la répétition.

Pour en tracer la retombée en plan ainsi que le pourtour en élévation, reportez toutes les lignes de coupe du plan, *fig.* 1, sur celui *fig.* 6 ; faites-en de même pour l'élévation, *fig.* 7 ; prenez à la figure 3 la distance des points *v,v* ; au devant, A, de la courbe ; portez-la sur la ligne du milieu en plan, du point 2, pour fixer les points *v,v* ; reportez aussi les points *x,x* du plan, *fig.* 1, à celui *fig.* 6, qui, avec ceux *v,v,* donnent le devant du panneau ; prenez à la figure 3 la distance des points *y,y* à la ligne de derrière, *m* ; portez-la sur la ligne du milieu, de *m* en *y,y* ; prenez sur la coupe K' la distance des points *y,y* à la perpendiculaire *m* ; portez-la sur la ligne K du plan, *fig.* 6, de la ligne de derrière, BC ; prenez de même à la coupe L' la distance des points *y,y*, à la perpendiculaire B ; portez-la au plan du point C, sur la ligne L ; faites de même pour les autres coupes, lesquelles donnent une série de points, *y,y*, par lesquels vous faites passer deux courbes qui sont la retombée de l'épaisseur du panneau en plan.

Pour le figurer à l'élévation, des points *y,y* du plan, élevez des perpendiculaires à la figure 7, prenez à la figure 3 la hauteur des points *y,y* ; portez-la sur la ligne du milieu et sur les perpendiculaires élevées des points *x,x* des angles du panneau en plan ; prenez sur la coupe K' la hauteur des points *y* ; portez-la sur les perpendiculaires élevées, des points *y,y* de la ligne K du plan ; opérez de même sur chaque ligne de coupe, et par les points trouvés, faites passer deux lignes dont la forme biscornue est la forme réelle de la coupe du bas du panneau.

Pour en avoir les cintres de face, projetez les points *x,v*, de la figure 3 sur la ligne du milieu ; prenez à la figure 4 la hauteur verticale des points *v,v*, à la ligne 7, portez-la sur la ligne I ; prenez de même les points *v,v*, *fig.* 5, pour les porter sur la ligne J ; par ces points *v,v,y*, faites passer deux courbes qui sont les cintres cherchés.

## PLANCHE 30. *Figure B.*

### *Tracé d'une arrière-voussure à queue de paon en assemblage.*

Commencez par faire le plan ABCD, *fig.* 1 et 2 ; marquez l'épaisseur du bois aux côtés Co, Do ; divisez-le par des parallèles *b,c,d* ; faites la coupe du milieu, *fig.* 4 ; projetez, comme pour les autres voussures, les points *o,o,o*, sur la ligne du milieu, *fig.* 3 ; des points où les parallèles du plan rencontrent la ligne intérieure de l'épaisseur du bois, *fig.* 1, élevez des perpendiculaires sur la ligne de base de la figure 3 ; par ces points et ceux projetés de la coupe, *fig.* 4, tracez des quarts d'ellipse d'après la méthode ordinaire. Figurez à la figure 3 la largeur *bc* de la traverse du bas ; tirez les lignes *bc,cf*, d'équerre aux cintres ; abaissez au plan les points *b,e,c,f*, qui donnent la retombée du champ du dessus de la traverse ; marquez sur la ligne intérieure de l'épaisseur en plan les points *o,o* de la largeur des champs ; par ces points, tracez les lignes d'équerre *n,o* ; prenez la distance des points *x,x* à la perpendiculaire du devant, *fig.* 4, portez-la sur le milieu du plan ; à partir du point *g*, par les points $o,h,x,x$, faites passer des lignes courbes qui sont la retombée du champ intérieur de la courbe de devant : vous ferez la même opération pour celle de derrière.

Pour tracer ces courbes en élévation, tirez les lignes **A,B,** *fig.* 3, d'équerre aux courbes, autant que possible ; sur ces lignes, faites des coupes représentées par les figures **A′** et **B′** ; pour faire celle **A′**, élevez d'abord les perpendiculaires dont la distance est égale aux parallèles du plan ; prenez à la figure 3 la distance des points $i,j,k,l,m,$**A**, portez-la à la figure **A′**, de la base $ii$, pour fixer les points **A**,$m,l,k,j$, qui doivent se trouver sur une ligne droite, excepté celui **A** ; figurez la coupe ; prenez la distance des points $u,u$, à la ligne du haut **A** ; portez-la à la figure 3 ; de **A** en $u,u$ ; faites la même opération sur la ligne **B** ; projetez les points $x,x$, *fig.* 4, sur la ligne du milieu et ceux $o,h$ du plan sur la ligne de base, *fig.* 3 ; ces points limitent le passage des lignes d'arête du champ. Vous opérerez de même pour celles de derrière.

La traverse du haut n'a pas de gauche ; elle est développée sur la coupe, *fig.* 4 ; quant à celle du bas, elle en a sur le plat et sur le champ ; la figure 5 en est le développement. Pour le faire, tracez, parallèlement au côté du plan, la ligne **V** ; des points **B**,$e,o,b$, et **D**,$f,o,c$, du plan, élevez des perpendiculaires à cette ligne ; prenez à la figure 3 la hauteur de la base aux points $b,e,c,f$, portez-la à la figure 5, de la ligne **V**, sur les perpendiculaires pour fixer ceux $b,e,c,f$ ; joignez ces points par deux droites qui donnent le gauche du champ. Les profils **X** sont faits d'après les cintres passant par les angles $b,e,c,f$, de la traverse, *fig.* 3.

Pour l'exécution, il suffit de la couper de longueur d'après le biais du plan ; puis, de tracer les profils **X** aux deux extrémités.

Pour tracer les arasements, projetez les points *n,r* du plan sur les lignes d'arêtes du champ du haut, et ceux *o,o,* sur la ligne V ; retournez par une ligne d'équerre les points *o,o* sur le champ de dessous ; joignez cette ligne au point *n* de l'intérieur, ainsi qu'au point *r* de l'extérieur, l'arasement sera tracé.

Quant au panneau, il sera fait de la même manière que les archivoltes en bois plein ; pour le tracer, tant en plan qu'en élévation, tirez au plan, *fig.* 2, la ligne *bb* qui, avec celle AC, en donne l'épaisseur ; tracez les lignes d'équerre *a,a* du fond de la rainure des courbes ; projetez les points *a,a* sur la ligne de base de l'élévation, *fig.* 6 ; projetez également les points *u,u,* de la figure 4, sur la ligne du milieu ; prenez aux figures A′ et B′ la distance des points *x,x*, à la ligne du haut A et B ; portez-la sur les lignes de coupe A,B, *fig.* 6, pour fixer les points *x,x* ; prenez aux mêmes figures A′,B′, la distance des points *o,o* à la base *i*, portez-la sur les lignes de coupe, des points *i,i* ; pour fixer ceux *o,o* ; les courbes G,H,I,K, passant par ces points, sont les lignes d'arêtes des champs du panneau ; tracez à l'élévation, *fig.* 6, la ligne *gh*, de la profondeur de la rainure de la traverse du haut ; prenez sur les profils X, *fig.* 5, la hauteur des points *v,v*, au champ du dessous, pour fixer ceux *v,v*, *fig.* 6 ; ce qui donne la longueur du panneau en élévation. Pour l'avoir en plan, prenez à la figure 4 la distance des points *u,u* à la face du devant ; portez-la à la figure 2 de la ligne *g*, pour fixer les points *u,u*, qui, étant joints à ceux *a,a*, donnent la largeur du panneau en plan.

Pour en avoir la longueur, il suffit d'abaisser des perpendiculaires des points *v,v* de l'élévation, *fig.* 6 ; leur rencontre avec les lignes de largeur en plan donne celles *m,n* pour la retombée des extrémités du panneau.

PLANCHE 31.

## Tracé d'une arrière-voussure de Montpellier en assemblage.

Commencez par faire le plan, *fig.* 1 ; divisez-le en tranches égales, *a,b,c,d,e,f* ; tracez ensuite la hauteur AC de la voussure, ainsi que le cintre intérieur B, *fig.* 2 ; puis, faites la coupe du milieu, *fig.* 3, en portant dessus les divisions du plan ; figurez la largeur des champs et l'épaisseur du panneau ; projetez les points *a,b,c,d,e* sur la ligne du milieu AC. Des points *a,b,c,d,e* du plan, *fig.* 1, élevez des perpendiculaires au côté *af* ; fixez la hauteur *ag*, égale C*a* de la ligne du milieu, *fig.* 2 ; par les points *g* et *h*, décrivez un quart d'ellipse ; prenez la hauteur des perpendiculaires *bi,ci*, portez-la à la figure 2 de la ligne de base EC sur les perpendiculaires élevées des points *b,c,d,e* du plan, pour fixer les points *i,i,i* ; par ces points et par ceux *b,c,d,e* de la ligne du milieu, décrivez des arcs de cercle *j,j,j*.

Pour faire le développement du montant, *fig.* 4, tirez la ligne DE, *fig.* 2 ; des points *i,i,i*, abaissez des perpendiculaires indéfinies sur cette ligne ; leur rencontre avec celles *a,b,c,d,e*, *fig.* 4, dont les distances sont semblables aux divisions du plan, *fig.* 1, donne des points pour faire passer la courbe *k*, à laquelle vous menez parallèlement celle *m*, pour figurer l'épaisseur du bois. Des points où cette dernière coupe les perpendiculaires *b,c,d,e* menez d'autres lignes d'équerre à DE : leur rencontre avec les perpendiculaires élevées du plan aux points *b,c,d,e* donne la courbe *m*, pour l'arête extérieure du montant ; cela fait, développez le quart d'ellipse *g,h* du plan, sur une ligne droite *g,h*, *fig.* 10; ce qui se fait en prenant successivement sur la courbe les distances des points *i,i* pour les porter sur la ligne droite de *g* en *h*; du point *g*, tirez la perpendiculaire *ga*; de celui *a*, menez une parallèle à *gh*; portez sur cette ligne la distance des points *a,b,c,d,e* de la coupe, *fig.* 3; joignez ces points à ceux *i,i*; tracez la ligne *oo* parallèlement à celle *gh* de la largeur du champ; prenez successivement les distances des points *i,o*; portez-les à la figure 2, des points *i,i,i*, pour fixer sur les arcs de cercle les points *o,o,o*, qui donnent la courbe *n*, pour la largeur intérieure du montant; de ces mêmes points, élevez de petites perpendiculaires aux arcs de cercle, ainsi que d'autres à la ligne DE : la rencontre de ces dernières avec les perpendiculaires *a,b,c,d,e*, *fig.* 4, limite la courbe *o* pointillée, à laquelle vous menez parallèlement celle *l* de l'épaisseur du bois. Des points *o,o,o*, où la courbe de l'intérieur rencontre les perpendiculaires, tirez de petites lignes d'équerre jusqu'à celle *l* de l'extérieur; de ceux *l,l*, menez des perpendiculaires à la ligne DE : leur rencontre avec les petites lignes d'équerre aux arcs de cercle, menés des points *o,o,o*, donne la courbe *o'* pour la largeur extérieure du montant.

Pour faciliter l'exécution de ce montant, il faut faire une coupe suivant la ligne FG tangente aux courbes de l'intérieur et parallèle à la ligne DE; pour cela, des points *x,x,x*, où la ligne FG coupe les arcs de cercle, menez des perpendiculaires à DE; leur rencontre avec celles *a,b, c,d,e*, *fig.* 4, donne la courbe *v* à laquelle vous menez parallèlement celle *u*, d'après l'épaisseur du bois; des points où cette dernière coupe les perpendiculaires *a,b,c,d,e*, menez d'autres perpendiculaires sur la ligne FG pour fixer les points *s,s* qui serviront à tracer le montant.

Pour l'exécution, vous prendrez un morceau de bois dont la largeur affranchisse les courbes de la figure 4, et dont l'épaisseur sera égale à la distance des lignes DE, FG, *fig.* 2; vous tracerez sur le champ de dedans les courbes *v, u*, et sur celui du dehors, celles *m, k*, en observant de tracer aussi les perpendiculaires *a, b, c, d, e*, sur les mêmes champs : ces perpendiculaires serviront à mettre le montant de largeur. Après l'avoir coupé d'aplomb à sa partie inférieure, suivant la ligne de derrière *t, t*, *fig.* 4, chantournez-le tant en dedans qu'en dehors d'après les courbes tracées sur les champs, ce qui donnera un claveau gauche; puis, retournez sur le plat, et des deux côtés les aboutissements des perpendiculaires tracées sur les champs, ainsi qu'il est fait à la figure 2; les lignes *ix* sont pour l'intérieur, celles *vs* sont pour l'extérieur; vous prendrez la distance des points *i, i* à la ligne DE pour la porter sur les lignes retournées de l'intérieur; vous prendrez de même la distance des points *v, v* à la même ligne pour la porter sur celles de l'extérieur. Ces points donneront les arêtes du champ intérieur qui sera, en fausse coupe, dressé à la varlope; le champ intérieur doit être d'équerre avec les faces; pour le tracer, vous prendrez la distance des points *x, x* aux points *o, o* où la courbe *n* coupe les lignes *ix* de l'intérieur, pour la porter sur celles retournées de l'intérieur; vous prendrez de même la distance des points *s, s*, à ceux où la courbe *o'* rencontre les lignes *v, s* de l'extérieur, et la porterez sur les lignes retournées de l'extérieur, ce qui donnera les arêtes du champ : la partie de ce champ, qui est en contre-bas de la traverse de derrière, est droit, ainsi que l'indique la figure 2. Quant à la portion de cercle GE du bas, vous le tomberez à l'aplomb de la ligne de derrière *t, t*, *fig.* 4; l'extérieur de ce montant vient à rien à sa partie inférieure *f*, et laisse un petit champ *h* à l'intérieur, *fig.* 1.

Pour figurer à l'élévation la traverse de devant I, tirez une ligne 1,4, *fig*. 2, d'équerre à la face ; prenez la distance des points 1,2,3, où elle coupe les arcs de cercle ; portez-la à la figure 5, pour fixer les parallèles 1,2,3 ; prenez, sur la ligne du milieu du plan, la distance des lignes *a*,*b*,*c* ; portez-la à la figure 5 ; par les points 3,5,5, où ces lignes rencontrent celles 1,2,3, faites passer une courbe ; figurez l'épaisseur du bois, ainsi que la largeur du champ ; projetez les points *o*,*o'* sur la ligne *a* ; prenez la distance des points 2,3,6,4 ; portez-la sur la ligne 1,4, *fig*. 2 ; projetez les points *o*,*o* de la coupe, *fig*. 3, sur la ligne du milieu AC ; par ces points et ceux 2,6, faites passer des arcs de cercle qui sont presque droits : vous aurez la traverse de devant en élévation.

On pourrait se dispenser de faire cette opération pour cette traverse, vu le parallélisme, à très-peu près, de ces arêtes ; la coupe du milieu pourrait suffire ; je ne l'ai fait que pour indiquer la manière d'opérer, qui est la même, quelle qu'en soit la forme.

Pour figurer celle H, tirez la ligne d'équerre MM ; prenez les points 8,2,10, où elle coupe les arcs de cercle ; portez-les à la figure 6 ; par ces points, menez des parallèles ; prenez, sur la ligne du milieu du plan, la distance des lignes *d*,*e*,*h*,*f*, portez-les à la figure 6, pour fixer les perpendiculaires 8,2,10 ; par les points de rencontre 5,6,7, faites passer une courbe ; figurez l'épaisseur du bois, ainsi que le champ ; abaissez, sur la ligne *f*, les points *o*,*o'* ; prenez la distance des points 8,9,10 ; portez-la sur la ligne MM, *fig*. 2, à partir du point 8, pour fixer ceux 9 et 10, projetez les points *x*,*x'* de la coupe de la traverse, *fig*. 3, sur ligne du milieu AC : ces points, ainsi que ceux 9,10, donnent le passage des deux courbes du champ de la traverse ; vous obtiendrez d'autres points en tirant une seconde ligne KK d'équerre, autant que possible, aux différents arcs de cercle compris dans la largeur de la traverse, sur laquelle vous opérerez comme sur celle MM ; la figure 7 en est l'épure cotée des mêmes lettres ; quant au champ inférieur $v$, *fig.* 6 et 7, il est donné par l'arc de cercle L, *fig.* 2, provenant du point $v$ de la coupe, *fig.* 3, projetée sur la ligne du milieu AC.

Pour figurer au plan, la retombée du montant, des points $l,l,l$, *fig.* 4, abaissez des perpendiculaires ; prenez leur distance à celle $b,c,d,e$ ; portez ces distances au plan, pour fixer les petites parallèles $q,q,q$ ; projetez les points $o,o$ de l'élévation, *fig.* 2, sur les lignes $a,b,c,d,e$, du plan en $o,o$ ; ces points limitent l'arête du champ intérieur ; abaissez de même les points de la courbe extérieure sur les petites lignes $q,q,q$ du plan : ces points donnent le passage de l'arête du champ extérieur du montant.

Pour avoir la retombée de la traverse de derrière, des points 8,9,10 de la coupe MM, abaissez des perpendiculaires au plan ; prenez, à la figure 6, la distance des points $o,o'$ à la ligne $f$ ; portez-la au plan, à partir de la ligne $f$, sur les perpendiculaires abaissées des points 9,10 de l'élévation : ces points appartiennent aux lignes d'arête du champ de la traverse ; abaissez de même les points 8,9,10 de la coupe KK ; prenez, à la figure 7, la distance des points $o,o'$ à la ligne $f$ ; portez-la sur les perpendiculaires en plan ; prenez aussi, à la coupe, *fig.* 3, la distance des points $x,x$ à la ligne de derrière $v$ ; portez-la sur la ligne du milieu du plan, du point $v$, pour fixer ceux $x,x$, faites passer deux courbes par ces points, qui donnent la largeur de la traverse en plan ; vous ferez la même opération pour celle de devant.

Pour l'exécution de cette traverse, prenez un morceau de bois dont la largeur est donnée par les courbes extérieures à l'élévation, ayant l'épaisseur figurée au plan. Après l'avoir chantourné sur le plat d'après les cintres extérieurs de l'élévation, tracez dessus les lignes de coupes M,K, et marquez, avec le trusquin, le champ 8$v$ de derrière ainsi que celui 8,5 du dessous, *fig.* 6 et 7 ; prenez, aux mêmes figures, la distance de la ligne de derrière $f$, aux points $o'$, portez-la sur les lignes MK, tracées sur le bois ; prenez, à la coupe du milieu, *fig.* 3, la distance du champ de derrière $v$ au point $x'$ ; portez-la également sur la traverse ; par ces points, faites passer une courbe suivant laquelle vous mettrez la traverse d'épaisseur : cela fait, prenez la distance des points $o,10$, *fig.* 6 et 7 ; portez-la sur le champ extérieur ; fixez sur celui de l'intérieur ceux $o'x$ ; portez de même les distances $fx$ et $xv$, *fig.* 3 ; faites passer deux courbes par ces points ; puis, vous débillarderez la traverse en abattant trois chanfreins ; un d'une courbe à l'autre, ce qui donnera le champ intérieur ; un de la courbe de dessus au trait de trusquin $v$, et l'autre de la courbe de dessous au trait de trusquin 5, en observant de laisser un peu de bouge en faisant celui de dessus. Vous ferez la même opération pour la traverse de devant.

Quant au panneau, la partie à droite du plan et de l'élévation en donne la construction, qui se fait de la même manière que les voussures en bois plein. Faites un quart d'ellipse $ab$, *fig.* 8, égal à celui $gh$, *fig.* 1 ; tracez-lui parallèlement la courbe $c,d$, ainsi que celle $ef$ de l'épaisseur du panneau ; prenez la hauteur des points $o,o,x,x$, à la ligne de base A, portez-la à l'élévation, *fig.* 9, de la base C, pour fixer les points $o,o,x,x$ ; projetez, sur la ligne du milieu AC, ceux $o,x$ de la coupe, *fig.* 3 ; les arcs de cercle passant par les points $o,o$, sont les lignes extérieures des joints des assises, ceux passant par les points $x,x$ sont celles de l'intérieur.

Pour en tracer le pourtour en plan, figurez son épaisseur par des points sur les lignes o,l, *fig.* 4 ; prenez la distance de ces points aux perpendiculaires, portez-les au plan, *fig.* 1 ; marquez, sur ces lignes ainsi que sur celles q,q,q, la profondeur de la rainure. Portez, sur la partie à droite, ces points de profondeur par lesquels vous ferez passer deux lignes courbes qui donnent la longueur du panneau en plan. Tracez les lignes de coupe g,g semblables à celle GG du plan, *fig.* 1, moins la joue intérieure ; prenez, aux figures 3, 6 et 7, les points d'aboutissement du panneau, comme vous avez pris les champs de la traverse ; portez-les sur les lignes de coupe g,g et sur la ligne du milieu ; faites passer par ces points deux courbes qui sont la retombée en plan du derrière du panneau ; prenez pareillement à la figure 3, la distance des points 4,4 au devant a de la traverse ; portez-la sur la ligne du milieu en plan ; portez aussi, sur la ligne de coupe y, la distance des points a,a à la ligne de devant a, *fig.* 5 ; faites passer deux lignes par ces points, qui sont les arêtes du devant du panneau.

Pour l'avoir en élévation, des points r,v,v,u,u,u, où les courbes du bout du panneau rencontrent les joints des assises en plan, élevez des perpendiculaires : leur rencontre avec les arcs de cercle à l'élévation donne des points pour faire passer les lignes courbes de l'extrémité du panneau. Vous observerez que les points u,u,u sont pour l'intérieur ; par conséquent la rencontre des perpendiculaires élevées de ces points avec les cercles de l'intérieur donné la courbe 5, à l'élévation ; la rencontre des autres élevées des points v,v,v avec les cercles de l'extérieur donne la courbe 6.

Pour avoir les arêtes inférieures 3,4 du panneau, après avoir porté à l'élévation les lignes de coupe g,g, semblables à celles M,K, prenez, aux figures 6 et 7, la distance des points d'aboutissement du panneau au fond des rainures à la ligne 8,8; portez-la sur les lignes de coupe correspondant à ces figures, à partir du cercle intérieur S, pour fixer les points 2,2; projetez, sur la ligne du milieu, les points 2,2 de la figure 3; par ces points, faites passer deux courbes qui sont les arêtes inférieures du panneau. Pour avoir celle du haut, prenez à la figure 5 la distance des points a,a, à la perpendiculaire 4,7; portez-la sur la ligne de coupe y, à partir du point 10, dessus de la traverse; projetez sur la ligne du milieu les points 4,4, de la figure 3; par ces points, faites passer deux courbes qui sont à très-peu près droites : ces courbes terminent la projection verticale du panneau.

Pour le couper de longueur, vous tracerez sur le milieu la ligne AB; puis, vous prendrez sur celles des joints, tant de l'extérieur que de l'intérieur, la distance des courbes 5,6, des extrémités à la ligne AB, pour la porter sur les joints du panneau. La largeur est donnée par la coupe du milieu, *fig.* 3, et par les courbes o, l de la figure 4, sur lesquelles vous tracerez l'aboutissement des traverses.

## PLANCHE 32.

### *Tracé d'une arrière-voussure de Marseille en assemblage.*

Cette voussure est construite de manière que les ventaux de la porte ou croisée étant ouverts, remplissent exactement l'évasement cintré des extrémités de cette voussure; de sorte que le cintre des embrasures est semblable à la moitié de celui de face de la baie, feuillure comprise.

14

La méthode de construction est la même que pour l'arrière-voussure de Montpellier. Faites le plan ABCD, *fig.* 1, en donnant aux côtés AB, CD, la demi-largeur de BC ; divisez-le comme à l'ordinaire par des parallèles *a,b,c,d*. Du point B, élevez une perpendiculaire I sur la base E de l'élévation, *fig.* 2 ; du point F, décrivez le demi-diamètre G ; puis, faites la coupe du milieu, *fig.* 3, en lui donnant l'évasement que vous voudrez ; figurez dessus la largeur du champ, l'épaisseur du bâti et du panneau, ainsi que les parallèles du plan.

Des points A,*a,b,c,d*,B du plan, élevez des perpendiculaires à l'élévation, ainsi qu'au côté AB ; du point A, et d'une ouverture de compas égale à FG, *fig.* 2, décrivez le quart de cercle HB ; prenez la hauteur des points *e,e,e* ; portez-la à l'élévation, de la base E, pour fixer les points *e,e,e* ; projetez les points *f,f* de la coupe, *fig.* 3, sur la ligne du milieu FG ; par ces points et ceux *e,e,e*, décrivez des quarts de cercle en fixant le centre sur la ligne du milieu : ces arcs de cercle sont les cintres de l'intérieur.

Tirez la ligne de construction HI, sur laquelle vous construirez le développement de la courbe, *fig.* 4, qui s'obtient comme celle de l'arrière-voussure de Montpellier. Les arcs de cercle pointillés de l'extérieur des figures 2 et 3 ont un centre commun, ceux de la figure 3 sont pour le panneau.

La largeur de cette courbe s'obtient aussi de la même manière que celle de la voussure de Montpellier : en développant le quart de cercle HB du plan sur une ligne droite HB, *fig.* 5 (1).

(1) A l'exécution, on pourrait mettre cette courbe de largeur, ainsi que celle de l'arrière-voussure précédente, de la manière suivante : Après l'avoir mise d'épaisseur et avoir fait la fausse coupe de l'extérieur, qui doit être dressée à la varlope ; on tracerait avec le trusquin la largeur du champ intérieur ;

Pour tracer les traverses en élévation et en plan, tirez les lignes de coupe K,M,N, *fig.* 2, sur lesquelles vous construirez les petites coupes du bas K'M'N'. Pour faire celle K', menez les petites parallèles *h,i,k*, distantes entre elles comme celles du plan; prenez à la figure 2, la distance des points *g,i,*K; portez-la à la coupe K', pour fixer les perpendiculaires *g,i,*K; par les points *m,m,m,* où elles coupent les parallèles, faites passer une courbe; figurez la largeur des champs, l'épaisseur du bâti, ainsi que du panneau; prenez la distance des points *n,n'* à la perpendiculaire K*m*; portez-la à la figure 2, du point K, pour fixer les points *n,n'* qui appartiennent aux courbes S,S du champ de la traverse du bas; de ces points, abaissez des perpendiculaires au plan; prenez sur la coupe la distance des mêmes points *n,n'* à la parallèle *h*; portez-la au plan sur les perpendiculaires à partir de la ligne de derrière BC, pour fixer ceux *n,n'* qui limitent le passage des courbes du champ de la traverse en plan; du point K, abaissez une perpendiculaire sur la ligne de derrière BC du plan en *o*; joignez ce point à celui *n* par une droite qui est la ligne de coupe du dedans; abaissez-en une seconde du champ extérieur (1) pour fixer au plan le point *p* que vous joignez à celui *n*, ce qui donne la ligne de coupe du dehors. Vous opérerez de même sur les autres coupes M',N', ainsi que sur celle, *fig.* 3, qui sera pour le milieu.

La retombée en plan de la courbe montante, s'obtient

puis, en plaçant une équerre sur les lignes tracées sur ce champ, en dirigeant la tige le plus carrément possible à la face, on prendrait avec le compas la distance de la tige au trait de trusquin, pour la porter à l'extérieur; on obtiendrait ainsi une série de points qui limiteraient l'arête extérieure du champ intérieur.

(1) Comme le point de l'extérieur a une même projection verticale que le point *n'* de l'intérieur, la perpendiculaire *n'n* leur est commune.

exactement comme celle de l'arrière-voussure de Montpellier.

Pour tracer le pourtour du panneau en élévation, *fig.* 3,
décrivez le quart de cercle BC, *fig.* 6, ainsi que ceux E,F,
pour figurer la joue du bâti et l'épaisseur du panneau ;
prenez, à partir du côté CD du plan, les hauteurs *o,o* ;
portez-les à l'élévation, de la ligne de base E, pour fixer
les points *o,o* ; projetez les points *u,u* de la coupe, *fig.* 3,
sur la ligne du milieu GF ; par ces points projetés et
par ceux *o,o*, faites passer les arcs de cercle *u,u*, de l'intérieur ; marquez ensuite sur les lignes d'équerre du
champ du montant, *fig.* 4, l'épaisseur *o,o* du panneau ;
projetez ces points sur les lignes d'équerre du même
champ, *fig.* 2 ; figurez la profondeur des rainures, ainsi
qu'elles sont représentées ; puis , des points 3,4,5,6,
7,8,9,10, menez à la figure 3 de petites horizontales,
cotées des mêmes numéros ; prenez successivement la distance de ces points, *fig.* 2, à la ligne du milieu FG, pour
la porter de cette ligne sur les mêmes horizontales de la
figure 3 ; ces points donnent les deux courbes *v,v* pour
l'extrémité du panneau ; tracez les lignes de coupe M,K,N ;
prenez à la coupe K′ la distance des points *o,o* à la perpendiculaire K*m* ; portez-la à la figure 3, du point K, pour
fixer les points *o,o*; opérez de même sur les autres coupes ;
projetez les points *o,o* de la figure 3 sur la ligne du milieu ; par ces nouveaux points et ceux des coupes, faites
passer les courbes *x,x*, qui donnent la largeur du panneau
en élévation.

Pour avoir sa projection en plan, des points où les
courbes *v,v* de l'extrémité coupent les arcs de cercle,
tant de l'intérieur que de l'extérieur, abaissez des perpendiculaires : leur rencontre avec les parallèles du plan qui
leur correspondent en limite la longueur. Pour en avoir

la largeur, des points *o,o* des lignes de coupe en élévation abaissez des perpendiculaires ; prenez sur la coupe K′ la distance des points *o,o* à la ligne *h* ; portez-la au plan de la ligne de derrière BC, pour fixer les points *o,o* ; opérez de même sur les autres coupes ; puis, par les points obtenus, faites passer des courbes qui donnent la largeur du panneau en plan.

Cette manière de figurer le pourtour du panneau en plan et en élévation, diffère de celle employée pour celui de l'arrière-voussure de Montpellier ; elle est plus simple et démontre qu'on peut obtenir la projection des panneaux de différentes manières,

Quant à l'exécution, elle est semblable à celle de la même arrière-voussure en bois plein.

## PLANCHE 33.

*Tracé d'une trompe conique sur un angle rentrant.*

Commencez par faire le plan ABCD, *fig.* 1; marquez dessus, à partir de la diagonale BC, des parallèles *a,b,c,d* ; figurez l'épaisseur du bois B*e*,C*e* ; tracez la ligne de base E à l'élévation ; tirez la ligne AD, *fig.* 2, d'onglet avec le prolongement de la base E ; prenez, au plan, les points où la ligne du milieu AD coupe les parallèles *a,b*, B,*c,d*, pour fixer les perpendiculaires *a,b*,B,*c,d*, *fig.* 2 : la distance du point A à l'aplomb du point D est égale à AD du plan ; figurez l'épaisseur du bois ; projetez les points *a,b*,B,*c,d*,D sur la ligne du milieu, *fig.* 3 ; par ces points, faites passer des arcs de cercle ayant un centre commun E ; des points C,*c,d* du plan, élevez des perpendiculaires : leur rencontre avec les arcs de cercle qui leur correspondent limite la courbe de face extérieure F ; projetez de même les points e,f,g de la figure 2 sur la ligne du milieu ; par ces points projetés, décrivez d'autres arcs de cercle, comme précédemment : les points d'intersection de ces cercles avec les perpendiculaires élevées du plan donnent la courbe intérieure G.

Tracez ensuite, au plan, les lignes de coupe 1,2,3,4,5,6 des points 7,8,9, où celles 1,2 coupent les parallèles ; élevez des perpendiculaires à la figure 3 : les points 7,8,9, où elles rencontrent les cercles correspondant aux parallèles du plan, donnent le passage de la courbe H, qui est la projection verticale de la coupe faite dans la trompe, suivant la ligne 1,2 du plan : vous obtiendrez les courbes I,K de la même manière.

Tirez la ligne de base A, *fig.* 4, des points 7,8,9 du plan, *fig.* 1; élevez-lui des perpendiculaires; prenez, à la figure 3, la hauteur des points 1,7,8,9 ; portez-la à la figure 4 ; par ces points, faites passer une courbe H'; figurez l'épaisseur du bois et la largeur des champs ; la largeur de la traverse du bas est portée d'aplomb ; construisez, de la même manière, les courbes I'K' ; prenez la distance des points o,o' à la ligne de devant ; portez-la au plan, *fig.* 1; par ces points, faites passer des lignes qui sont les arêtes du champ intérieur des courbes de devant en plan ; prenez la distance des points x,x à la ligne de derrière B ; portez-la au plan : ce qui donne les champs du dessus des traverses du bas.

Pour figurer la largeur des courbes du devant à l'élévation, des points u,u du plan, où les lignes d'arête extérieures du champ du dedans coupent les parallèles B,c,d, élevez des perpendiculaires : leur rencontre avec les arcs de cercle de B,c,d de l'extérieur, *fig.* 3, donne les points u,u pour le passage de l'arête extérieure du champ ; la rencontre de celles élevées des points $v,v$ du plan, avec les arcs de cercle $f,g,h$, de l'intérieur, donne les points $v,v$ pour le passage de l'arête intérieure.

Pour figurer les traverses du bas, portez-en la largeur de E en L, *fig.* 3; menez une parallèle à la base E, vous aurez l'arête intérieure du champ. Pour avoir celle de l'extérieur, des points $x,x$ de l'arête extérieure en plan, élevez des perpendiculaires; prenez à la figure 4, la hauteur des points extérieurs $x,x$; portez-la, à la figure 3, à partir de la base E; par ces points, faites passer une courbe, qui est l'arête cherchée.

Pour tracer le développement des courbes de devant, *fig.* 5, tirez la ligne de base B, des points $v,u$; du plan, abaissez, sur cette ligne, des perpendiculaires; prenez, à la figure 3, la hauteur des points $v,u$; portez-la à la figure 5 de la base B, pour fixer ceux $v,u$, lesquels donnent les courbes d'arête du champ intérieur. Projetez ensuite les points $o,o$, *fig.* 3, sur le côté BD du plan en $o,o$; par ces points, élevez des perpendiculaires à la ligne B, *fig.* 5; prenez la hauteur des points $o,o$, à la base E, *fig.* 3; portez-la sur les perpendiculaires qui leur correspondent, *fig*, 5; par ces points faites passer deux lignes courbes, qui sont les arêtes du champ, ou cintre de face.

Pour l'exécution de ces courbes, vous mettrez le bois de largeur, d'après la plus grande retombée en plan; puis, vous tracerez, sur les deux champs, les courbes de la figure 5. En chantournant l'extérieur, il faudra laisser un peu de bois pour le bouge, qui est donné par les coupes H'I'K' de la figure 4; vous tracerez ensuite, sur les deux faces, les lignes de coupe; puis, vous porterez sur celle intérieure les largeurs $1o,3o,5o$ du plan, à partir du champ de face, qui restera tel qu'il a été travaillé à la varlope et sans gauche. Vous porterez de même à l'extérieur les largeurs de retombée en plan de l'arête $1o'3o'5o'$ ; vous abattrez un chanfrein des points de dehors à ceux du dedans, ce qui donnera l'équerrage du champ par rapport aux faces.

Pour l'éxécution des traverses, vous chantournerez d'aplomb l'intérieur, d'après la retombée de leur cintre en plan ; vous tracerez dessus, ainsi que sur les faces, les lignes de coupe $1,-2,3,-4,5,-6$ ; vous prendrez, à l'élévation, les hauteurs $x,x,x$, que vous porterez sur ces lignes, tant en dedans qu'en dehors, et vous les mettrez de largeur d'après ces points, ensuite, vous donnerez un trait de trusquin à l'intérieur de la largeur du champ voulu ; vous porterez sur les lignes $1,-2,3,-4,5,-6$, tracées sur le dessus, les distances $2x,4x,6x$ de la retombée extérieure du champ en plan ; vous joindrez, par un chanfrein, les points $x,x,x$ au trait de trusquin de l'intérieur ; puis, vous joindrez ces mêmes points, ainsi que le trait de trusquin aux arêtes du bas, en vous servant de calibres relevés sur les coupes de la traverse du bas, *fig.* 4.

Pour plus de facilité, vous ferez la coupe du joint A, avant le débillardement.

Pour faire le plan du panneau, *fig.* 6 (1), tracez les lignes A,B,D conformes à celles du plan, *fig.* 1 ; tracez aussi les lignes 2,4,6,1,3,5 ; prenez à la figure 4, les points d'aboutissement du panneau au fond des rainures, à partir de la ligne de face, sur les coupes de la courbe de

_____

(1) Comme cette trompe n'est autre qu'un cône coupé suivant son axe, on pourrait se dispenser de faire l'épure du panneau, il suffirait alors de faire une moitié de cône, ayant la perpendiculaire Po, *fig.* 2, pour rayon intérieur de la base, et pour hauteur la longueur AP, même figure ; en retranchant du sommet la largeur des traverses du bas, on aurait le panneau, que l'on construirait par douves, ainsi qu'il est démontré, pour la toiture conique.

devant; portez-les à la figure 6, à partir des points 1,2,3, ce qui donne la retombée de la face du panneau; prenez de même les points d'aboutissement sur les coupes de la traverse du bas, de la ligne de derrière B, *fig.* 4; portez-les sur les lignes d'équerre, à partir des points 2,4,6. Pour avoir les points d'aboutissement du milieu, prenez, à la figure 2, la distance des points $x,x$ à la perpendiculaire A; portez-la à la figure 6 du point A; par ces points faites passer deux courbes V,V, qui sont la retombée du bas du panneau.

Pour faire l'élévation, *fig.* 7, tirez la ligne C où vous voudrez; des points où les lignes d'équerre 2,4,6, coupent les lignes courbes de retombée en plan, élevez des perpendiculaires; prenez, à la figure 4, à partir de la base A, la hauteur des points d'aboutissement du panneau sur les coupes de la traverse du bas, portez-la à la figure 7, sur les perpendiculaires, à partir de la ligne C : ces points donnent les lignes du bas du panneau. Des points où les lignes 1,2,3 coupent la retombée du devant du panneau en plan, élevez aussi des perpendiculaires, à la figure 7; prenez, à la figure 4, la hauteur de la base A aux points d'aboutissement du panneau sur les coupes de la courbe de devant; portez-la à la figure 7, de la ligne C sur les perpendiculaires : les points d'aboutissement du haut sont donnés par ceux $o,o$ de la figure 2; par ces points, faites passer deux courbes, qui donnent l'épaisseur du panneau en projection verticale. Ce panneau étant fait par claveaux, pour les tracer, vous vous y prendrez de la manière suivante :

Du point E, décrivez le quart de cercle F; marquez dessus la largeur que vous voulez donner aux claveaux; par ces points, menez des rayons au point E; tirez la ligne G, à partir de l'angle du panneau, *fig.* 6; projetez, sur cette ligne, les points de division $a,a$ du quart de cercle de l'élévation ; par ces points, menez des lignes à celui A ; des points $o,o$, où elles coupent la ligne du dehors du panneau, élevez-leur des perpendiculaires ; prenez la hauteur des points $x,x$ à la ligne C ; portez-la sur les perpendiculaires élevées aux lignes qui leur correspondent ; par exemple : prenez la hauteur du point H au point $x$ de la première division I ; portez-la à la figure 6 du point $o$ de la première division I, pour fixer le point 1 sur la perpendiculaire, et ainsi des autres : vous obtiendrez, de la sorte, les points 2,3,4,$n$ ; élevez pareillement des perpendiculaires aux points $v,v$,K ; prenez, à la figure 7, la hauteur de la ligne C, au point 5 ; portez-la sur la perpendiculaire élevée à l'extrémité du panneau en plan ; pour marquer le point 5, prenez, à l'élévation, la hauteur du point 6 ; portez-la sur la perpendiculaire élevée à l'extrémité de la ligne I du plan, pour fixer le point 6 ; prenez de même les autres hauteurs 7,8,9,10, lesquelles donnent les points 7,8,9,10 ; cela fait, d'une ouverture de compas, égale à AK, décrivez, du point D, un arc de cercle M, *fig*. 8, sur lequel vous porterez les divisions du quart de cercle de la figure 7 ; par ces points de division, tirez des lignes au point D ; prenez, à la figure 6, la distance du point 5 au point commun A ; portez-la à la figure 8 du point D, pour fixer le point 5 ; prenez pareillement la distance du point 6 au point A ; portez-la sur la ligne 1, *fig*. 8, pour fixer le point 6 ; fixez de la sorte les autres points 7,8,9,10, qui donnent le développement du panneau.

Pour avoir le développement de la ligne du bas, prenez à la figure 6 la distance du point $n$ au point A ; portez-la de D en $n$, *fig*. 8 ; prenez de même la distance du point 1 au point A ; portez-la aussi de D en 1 ; fixez de la même manière les points 2,3,4, qui donnent la courbe développée du bas du panneau.

C'est sur ce développement que vous prendrez la longueur et la largeur des douves.

L'équerrage des joints est donné par la figure 9 ; pour l'obtenir, prenez à la figure 6 la distance de la ligne G au point A, portez-la sur la base de la figure 2 de A en G ; de ce point, élevez une perpendiculaire ; du point *m*, élevez-en une autre à la coupe : la distance du point P, où elle coupe la base de l'élévation au point *m*, est le rayon de la courbe *a*, *fig*. 9 ; figurez ensuite l'épaisseur du bois ; prenez sur le quart de cercle, *fig*. 7, la distance des divisions pour marquer la largeur des douelles. Les arcs de cercle pointillés donnent la coupe prise sur la ligne d'équerre R, de la figure 2, qui est le point correspondant à la plus grande largeur des douelles ; cette coupe s'obtient comme la précédente, elle sert à vérifier si l'épaisseur de bois donnée par la première est suffisante, et démontre qu'il n'y a pas de gauche dans les joints, puisque les lignes de largeur sont parallèles.

## PLANCHE 34.

### *Tracé d'une Trompe en tour ronde.*

Cette trompe est le revêtissement d'un angle abattu en pan coupé, droite à sa base et ronde à sa partie supérieure, pour racheter l'angle arrondi du mur. La figure 1 en est le plan, la distance AB est la largeur de la base, celle CD est la saillie de la partie du haut. La figure 2 est l'élévation, moitié pour le bâti et moitié pour le panneau. La figure 3 représente les différentes coupes en élévation faites suivant les lignes CD,EF,GH,IK, du plan, *fig*. 1. La figure 4 est la traverse du haut, vue de dessus. La figure 5 est un montant du bâti, vu de champ. La figure 6 en est le plan. La figure 7 donne les détails de l'exécution du panneau. Commencez par faire le plan, *fig.* 1; pour cela, la largeur AB de la base étant donnée, ainsi que la saillie CD du haut, du point C décrivez l'arc de cercle HDH, et des points A,B, menez les droites AH,BH; des points HH, menez une perpendiculaire, HG, à AB; fixez celles EF,IK, où vous voudrez; tracez ensuite la courbe DL de la coupe du milieu, *fig.* 3, en lui donnant la hauteur de la trompe, la saillie CD étant donnée par la ligne CD du milieu du plan, *fig.* 1, le cintre de cette coupe est arbitraire; néanmoins il faut lui donner plus de courbure à la partie supérieure; cette courbe étant faite, fixez dessus les points *a,b,c,d,e,f,* desquels vous menez des horizontales à la figure 2; des même points, abaissez des perpendiculaires sur la ligne MN; du point M, comme centre, ramenez-les sur la ligne d'équerre MO, et par ces nouveaux points, menez des parallèles à AB : leur rencontre avec la ligne CD du milieu donne des points pour faire passer la projection horizontale de celles menées des points *a,b,c,d,e,f,* de la figure 3 à la figure 2. Pour obtenir d'autres points de ces projections, prolongez indéfiniment la ligne AB; joignez le point D à celui H par une droite prolongée jusqu'à la rencontre de la ligne AB, au point P; menez de ce point P des lignes droites à ceux *a,b,c,d,e,f,* du milieu du plan; elles couperont la ligne GH en *g,h,i,k,l,m*; ces points appartiennent aux projections horizontales de celles menées à la figure 2; joignez le point D au point F, par une droite prolongée jusqu'à la rencontre de la ligne AB (1); par ce point, menez de même des droites aux points *a,b,c,d,e,f,* de la ligne du milieu; ceux *n,o,p,q,r,s,* où elles coupent la ligne

---

(1) Vu sa grande distance, ce point ne se trouve pas sur le plan.

EF, sont encore des points pour faire passer les mêmes horizontales ; leur prolongement étant droit, vous n'avez qu'à joindre les points $g,h,i,k,l,m$, aux points A,B.

Pour figurer à l'élévation, *fig.* 3, les sections faites en plan par les lignes EF,GH, des points de division $n,o,p$, $q,r,s$, de la ligne EF, et de ceux $g,h,i,k,l,m$, de celle GH, *fig.* 1, menez des parallèles à AB, jusqu'à la rencontre de la ligne d'équerre MO, que vous ramènerez sur MN par des arcs de cercle ; de tous ces nouveaux points, élevez des perpendiculaires : leur rencontre avec les horizontales à l'élévation qui leur correspondent, donnent le passage des courbes L,F,L,H ; celle LK est prise sur la ligne IK du plan, et s'obtient de la même manière.

Pour figurer la traverse du haut vu en plan, *fig.* 4, tracez sa coupe Q, *fig.* 3 ; des points F,H,K du plan, tracez aussi des normales à la courbe extérieure ; prenez la distance du point F aux points $t,u$, portez-la à la figure 3 de la perpendiculaire abaissée du point F sur les horizontales qui correspondent aux courbes du plan ; par les trois points F,$t,u$, faites passer une petite courbe qui est le derrière de la traverse : opérez de même pour les normales HK ; figurez parallèlement à ces petites courbes l'épaisseur de la traverse ; joignez par une droite l'angle R du champ de la traverse au point C : les points $v,x,y$, où elle coupe l'épaisseur de la traverse, donnent l'équerrage du champ du haut ; tracez en contre-bas la largeur que vous voulez donner à la face, et tirez les lignes d'équerre en figurant la rainure pour recevoir le panneau.

Faites ensuite la courbe ABD, *fig.* 4, semblable à celle ABD du plan, *fig.* 1, en y rapportant les normales F,H,K ; prenez à la figure 3 la distance de la perpendiculaire abaissée du point D aux points $a,g$, portez-la à la figure 4 de D en $a,g$ ; prenez de même, à la figure 3, la distance de la perpendiculaire F aux points $v,h,i$ ; portez-la à la figure 4, du point F, pour fixer les points $v,h,i$ ; faites de même pour les deux autres coupes H,K, *fig.* 3 ; des points A,B, *fig.* 4, tirez les petites lignes d'équerre A$o$,B$o$, pour figurer l'épaisseur de la traverse ; joignez par des droites les points A et B aux points $k$,H : joignez de même les points $o$,$o$ aux points $l$,$x$ ; ceux $m$,$n$,$y$ doivent se trouver sur ces droites.

Pour figurer cette traverse vue de face, des points d'angle $k,l,x$, de la coupe H, *fig.* 3, menez des horizontales à l'élévation, *fig.* 2 ; de ceux $k,l,x$, de la normale H, *fig.* 4, correspondant à cette coupe, abaissez des perpendiculaires, les points $k,l,x$, *fig.* 2, où elles rencontrent les horizontales menées de la coupe, *fig.* 3, limitent le passage des arêtes de la traverse vue de face : vous obtiendrez les autres points de la même manière.

Pour tracer le montant vu de face, du point B, *fig.* 1, décrivez un arc de cercle, $z,z$, d'un rayon égal à la largeur du montant ; des points où cet arc de cercle coupe les retombées, élevez des perpendiculaires : leur rencontre avec les horizontales à l'élévation donne les points 1,2,3,4,5, 6,7,8 ; par ces points, faites passer une courbe ; figurez l'épaisseur du bois par une parallèle ; puis, tracez les lignes d'équerre 1,9,2,10,3,11, etc. ; du point A, *fig.* 1, décrivez un arc de cercle semblable à celui décrit du point B ; des points où cet arc de cercle coupe les retombées, tracez-leur de petites lignes d'équerre d'une longueur égale à l'épaisseur du bois ; de leur extrémité, élevez des perpendiculaires, lesquelles, rencontrant à l'élévation les horizontales menées des points 9,10,11, etc., donnent le champ de devant. La rencontre des horizontales menées des points 1,2,3, etc., *fig.* 2, avec les perpendiculaires élevées des points où l'arc de cercle décrit du point A coupe les retombées, donne le champ de derrière.

Pour tracer l'arasement de la traverse, *fig.* 4, il suffit d'élever des perpendiculaires des points où les arêtes du montant coupent celle de la traverse, *fig.* 2, leur rencontre avec les courbes de la figure 4, qui leur correspondent, donne cet arasement.

Le montant vu de champ, *fig.* 5, s'obtient de la même manière que sa vue de face, *fig.* 2, les points sont les mêmes, ils n'ont fait que changer de place ainsi que l'indique le plan, *fig.* 6.

Les figures 8, 9, 10 et 11, sont des coupes faites sur les lignes D,F,H,K, de la traverse, *fig.* 4.; pour faire celle, *fig.* 8, prenez à la figure 3 la hauteur du point *g* à la ligne CD du dessus ; portez-la à la figure 8, de la ligne D de dessus pour fixer celle *g* de dessous. Prenez encore à la figure 3 la distance de la perpendiculaire D à l'angle *a*, du champ de dessous ; portez-la du côté D, pour fixer celui *a*, ce qui donne le rectangle de la traverse avant d'être débillardée ; tracez dans ce rectangle la coupe Q de la traverse, *fig.* 3. Les autres coupes s'obtiennent de la même manière en prenant pour la hauteur respective des rectangles les points F*i*,H*l*,K*n*, *fig.* 3, et, pour leur largeur, les points *v,h,x,k,y,m*, même figure.

Quant à l'exécution de cette traverse, après l'avoir chantournée d'après les courbes extérieures de la figure 4, puis, dressée d'un côté à la varlope, tracez dessus les lignes de coupe qui serviront à la mettre d'épaisseur d'après les figures 8, 9, 10 et 11 ; marquez ensuite sur la ligne de coupe D, les points *a,g,*R, *fig.* 8, sur celle F, les points *h,i,* 2, *fig.* 9, ainsi des autres ; joignez ces points par des courbes, vous n'aurez plus qu'à abattre des chanfreins d'une courbe à l'autre, la traverse sera débillardée.

Par économie de bois, on pourrait la faire en deux pièces, le débillardement se ferait toujours de la même manière.

Pour tracer le panneau par assises horizontales, il faut porter sur les lignes CD,EF,GH, et normalement aux courbes, l'épaisseur de la joue du faux parement du bâti : ainsi, prenez, par exemple, à la figure 3, la distance horizontalement du fond $s$ de la rainure à la perpendiculaire abaissée du point F ; portez-la sur la normale F du plan, pour fixer le point $s$ ; prenez de même sur les coupes D,H,K, *fig.* 3, la distance du fond de la rainure à la perpendiculaire ; portez-la au plan sur les normales correspondantes ; par ces points, faites passer une courbe M ; fixez sur l'horizontale $b$, à partir des courbes D,F, H,K, *fig.* 3, les distances $o,o,o$ du fond des rainures, distances que vous prendrez à partir des perpendiculaires, pour les porter sur les normales $x,x$ (1) du plan, en fixant la pointe du compas sur les lignes $v,v$, perpendiculaires aux dites normales, ce qui donne une seconde courbe N. Vous opérerez de même sur les autres assises $c,d,e,f$, *fig.* 3, en observant que les points $o,o,o$ de l'épaisseur de la joue doivent s'approcher progressivement des courbes pour venir se réunir au point commun V de la traverse du bas.

Pour ne pas surcharger le plan de lignes, les points de passage des autres courbes sont indiqués par des astérisques ; les courbes passant par ces points sont reportées à la figure 7.

Pour figurer les assises en élévation, menez les parallèles $a,b,c,d,e,f$, L, à une distance égale à celle de la figure 2 ; des points X,X où les courbes coupent la ligne CD, élevez des perpendiculaires : leur rencontre avec les horizontales qui correspondent à ces courbes donne les points $x,x$, pour

---

(1) Ces normales sont élevées à la courbe *ang* aux points où elles rencontrent les lignes de coupe CD,EF,GH ; il en sera de même pour les autres normales qu'on élèvera des points où les courbes rencontrent les lignes de coupe.

le passage de la courbe T du derrière du panneau ; menez-en une seconde parallèlement pour figurer l'épaisseur du bois ; où cette seconde courbe rencontre les horizontales, abaissez des perpendiculaires sur les lignes d'équerre CD,EF,GH ; par les points de rencontre, vous ferez passer des courbes comme celle O, qui donneront la largeur en plan des assises, ainsi que leur recouvrement. Quant à l'exécution, elle est la même que celle d'une calotte ou voussure en bois plein.

Pour figurer ce panneau en élévation, *fig.* **2**, portez-en l'épaisseur sur l'arc de cercle ST, *fig.* **1**, à partir des points d'aboutissement des courbes du faux parement des assises sur cet arc de cercle ; par ces points d'épaisseur, élevez des perpendiculaires à la figure **2** : leur rencontre avec les horizontales qui leur correspondent détermine la ligne de largeur du panneau.

La ligne de hauteur est donnée par les coupes de la figure 3 prises au fond des rainures.

L'éxécution du montant, *fig.* **5**, est très-facile ; après l'avoir travaillé dans toute sa longueur, suivant les lignes extérieures de la figure 6, vous tracerez dessus les horizontales de la figure **2** ; puis, vous prendrez à la figure 6 la distance des points *o,o*, à la ligne *a* de derrière, pour la porter successivement sur les horizontales ; vous joindrez ces points par une ligne courbe, de laquelle vous abattrez un chanfrein à l'arète *b*, ce qui donnera le gauche du faux parement ; vous mettrez les champs d'équerre d'après cette face et tracerez ensuite l'épaisseur avec le trusquin.

# CHAPITRE XV.

—

*Tracé des Courbes rampantes, Plafond et Escaliers*
*de tous genres.*

—

Soit, *fig.* 1, le plan d'une courbe tournant autour d'un cylindre ou corps rond; commencez par le diviser en un nombre quelconque de parties égales, *a,a,a;* de ces points de division, tirez des lignes au centre; menez ensuite à l'élévation, *fig.* 2, une série de parallèles, *b,b,b,* à égales distances, en observant que plus elles seront rapprochées, moins la courbe aura de hauteur ou rampant. Si on voulait qu'elle fît une révolution ou tour complet, il faudrait tracer autant de parallèles qu'il y a de divisions au plan; si on était limité pour la hauteur, on la diviserait en autant de parties que le plan, et par ces divisions, on mènerait les horizontales. Cela fait, des points *a,a,a,* du plan, élevez des perpendiculaires indéfinies : leur rencontre avec les horizontales de la figure 2 donne les points *c,c,c,* par lesquels vous faites passer une ligne courbe qui est l'arête extérieure du dessus de la courbe en élévation.

Pour en tracer la largeur, tirez, à la figure 3, deux ou

trois parallèles, $b,b$, conformément à celles de la figure 2, prenez au plan, *fig.* 1, la distance des points $a,a$; portez-la à la figure 3 ; par ces points, élevez des perpendiculaires : leur rencontre avec les horizontales $b,b$, donne les points $d,d$, par lesquels vous faites passer une ligne droite ; menez parallèlement à cette ligne celle $c$, à la distance que vous voudrez, pour figurer la largeur de la courbe développée ; prenez la hauteur $cd$ ; portez-la sur les perpendiculaires de la figure 2, à partir des points $c,c,c$, pour fixer en contre-bas ceux $d,d,d$ ; par ces points, faites passer une seconde ligne, qui est l'arête extérieure du dessous de la courbe. Des points $e,e,e$, *fig.* 1, où la ligne d'épaisseur coupe celles de division, élevez des perpendiculaires indéfinies : leur rencontre avec les horizontales de la figure 2, donne les points $f,f,f$, qui limitent une troisième ligne qui est l'arête intérieure du dessus de la courbe ; par les points $d,d,d$ de la ligne du dessous, menez de petites horizontales, leur rencontre avec les perpendiculaires élevées des points $e,e,e$, du plan, donne ceux $g,g,g$ pour le passage d'une quatrième ligne, qui est l'arête intérieure du dessous de la courbe.

Comme on est obligé de faire cette courbe en plusieurs parties, tant pour la solidité que pour l'économie du bois, vous en tracerez les longueurs sur le plan, *fig.* 1, en observant de ne pas les faire trop longues pour conserver le fil du bois autant que possible dans toute la longueur.

Ces courbes s'assemblent ensemble, soit par un trait de jupiter, soit à crochet ou coupe de pierre ; cette dernière manière est la plus usitée et la plus solide ; dans ce dernier cas, les extrémités sont maintenues à joint par un boulon portant un écrou aux deux extrémités, *fig.* 4, et par deux goujons, *fig.* 5.

La longueur des courbes étant déterminée, pour tracer

les lignes de crochet à leurs extrémités en plan, tirez la ligne *hh*, d'équerre au limon, *fig*. 3 ; du point du milieu, *i*, menez une horizontale, sur laquelle vous marquez la largeur du repos 2,3 ; par ces points menez deux parallèles 1-2,3-4, à la ligne *h* ; de ces mêmes points élevez de petites perpendiculaires dont vous prendrez la distance et la porterez au plan, pour fixer les points 1,2,3,4 ; des points 1 et 4, tirez des lignes d'équerre à la courbe, et par ceux 2,3, menez-leur des parallèles.

Vous observerez que si ces deux dernières lignes, 3 et 4, tendaient au centre, les joints seraient gauches, ce qui offrirait plus de difficultés pour l'exécution ; c'est pour cette raison qu'il convient de les faire parallèles aux deux premières.

Pour tracer le développement de la partie A de la courbe en plan, tirez la ligne B tangente aux points *k*,*k* ; menez parallèlement à cette ligne celles *b*,*b*,*b*, *fig*. 6, distantes entre elles comme celle de la figure 2 ; des points, *a*,*a*,*a*, et *e*,*e*,*e*, du plan, abaissez des perpendiculaires sur ces lignes : les points de rencontre limitent le passage des quatre lignes courbes du développement C, qui s'obtient de la même manière que la courbe, *fig*. 2.

Pour figurer la coupe des bouts, des points 1,4,*o*,*k* du plan, abaissez des perpendiculaires : leur rencontre avec les quatre lignes courbes du développement C donne les lignes *x*,*x* du haut et du bas ; prenez ensuite, à la figure 3, la hauteur perpendiculairement du point 4 à la ligne horizontale 2-3 du repos du crochet ; portez-la à la figure 6, à partir des deux lignes *x*,*x* du bas, pour fixer les lignes 2,*n* et 3,*n* ; des points 2,3,*n*,*m* du plan, abaissez des perpendiculaires : leur rencontre avec ces lignes donne les points 2,3,*m*,*n*, que vous joignez à ceux 1,*k*,4,*o*, ce qui termine la coupe.

Pour faire le calibre rallongé D, tirez la ligne EE tangente au développement C ; prolongez toutes les perpendiculaires abaissées du plan jusqu'à la rencontre de cette ligne sur laquelle vous les retournez d'équerre ; prenez au plan, et perpendiculairement à la ligne B, la distance de cette ligne aux points *a,a,* et *c,c* ; portez-la à la figure 6, à partir de la ligne EE, sur les perpendiculaires correspondant à ces points, ce qui limite le passage des deux lignes courbes *h,h* du calibre rallongé.

Les développements, *fig*. 5 et 7, s'obtiennent de la même manière : les courbes sont assemblées à trait de jupiter, qui se trace sur le plan ; il n'est pas nécessaire de le figurer au développement, il suffit de le rapporter sur le calibre rallongé ; pour cela, tirez au plan les lignes d'équerre *v,x,* passant par les extrémités ainsi que par les arasements des entailles ; projetez ces points sur la ligne FF, *fig*. 5, et retournez-les d'équerre sur le calibre rallongé. Lorsque vous aurez chantourné la courbe d'après ce calibre, vous tracerez sur les deux faces des lignes d'aplomb passant par ces points, lesquels donneront la coupe des extrémités, ainsi que les entailles. Ces lignes d'aplomb se tracent de la même manière que celles des crochets dont nous allons nous occuper.

Le développement C, de la courbe A du plan, étant terminé, ainsi que le calibre rallongé D, *fig*. 6, pour l'exécution, prenez un morceau de bois, *fig*. 8, dont l'épaisseur C affranchisse la largeur du développement C de la figure 6, et la largeur affranchisse le calibre rallongé D, de la même figure 6 ; après avoir tracé sur une des faces du bois le calibre D, ainsi qu'il est fait, *fig*. 8, prenez à la figure 6, avec la fausse équerre, l'inclinaison de la ligne EE par rapport aux perpendiculaires abaissées du plan ; portez-la sur le champ C du morceau de bois, *fig*. 8, pour tracer les lignes obliques $p,p$, qui serviront à placer le calibre sur l'autre face.

Pour le chantourner, la scie sera menée suivant les obliques $e,e$ de la figure 9, qui représente le morceau de bois sur le large étant débillardé; cela fait, joignez par des lignes obliques et parallèles à celles $p,p$, les points $a,a,a$ de l'extérieur, ceux $c,c,c$, de l'intérieur, ainsi que les lignes des crochets $1,2,3,4,k,m,n,o$, comme il est indiqué, *fig.* 9; prenez ensuite au développement C, *fig.* 6, la distance des points $f,f$, à la ligne E, non d'équerre à cette ligne, mais dans la direction des perpendiculaires abaissées des points $e,e$ du plan; portez cette distance sur les lignes obliques tracées à l'intérieur de la courbe, à partir de l'arête du haut S, *fig.* 9 : ce qui donne une série de points, $e,e,e$, par lesquels vous faites passer une ligne courbe, en vous servant d'une règle flexible ou d'une petite bande de zinc dressée sur la rive, ce qui est préférable à une règle de bois, vu qu'elle prend facilement le gauche de la courbe. Vous prendrez de la même manière au développement C, *fig.* 6, les points $c,c,c$, pour les porter sur les lignes obliques de l'extérieur, toujours à partir de l'arête du haut, S; vous obtiendrez une seconde série de points, $a,a,a$, *fig.* 9, par lesquels vous ferez passer une seconde ligne courbe que vous joindrez à celle du dedans : ces deux lignes donnent l'équerrage du dessus de la courbe; vous n'aurez plus qu'à la mettre de largeur en portant sur les lignes obliques, tant du dehors que du dedans, la distance $a,a$ ou $e,e$, *fig.* 9, correspondant aux lignes d'aplomb $c,d$ de la figure 2; par ces points, vous ferez passer deux lignes courbes qui seront les arêtes du champ de dessous.

La courbe étant mise de largeur, vous tracerez les crochets en tirant la ligne du repos RR, qui doit être horizontale et par suite perpendiculaire aux lignes obliques, $a,a$

ou $c,e$; il suffira donc de prendre à la figure 3 la hauteur
de la ligne 2,3 du repos au point 4, et la porter sur la
courbe, *fig.* 9, à partir des points 4,$o$ de l'arasement du bas
sur la ligne oblique, $o$,5, de l'intérieur, ainsi que sur celle
4-6 de l'extérieur, pour fixer les points $x,x$ par lesquels
passera la ligne du repos; vous joindrez les points $k,o$, aux
points où cette ligne coupe les obliques provenant des
points $m,n$, du calibre rallongé; vous joindrez pareillement
les points 1,4 à ceux où cette même ligne coupe les obliques provenant des points 2,3 du même calibre, ce qui
terminera le tracé du crochet. Si on a bien compris la
construction des crochets du développement C, *fig.* 6, on
reconnaîtra que cette dernière n'est que la répétition de la
première; ce que j'ai fait pour démontrer que le tracé sur
le bois est le même que le développement sur le plan.

Je me suis étendu autant qu'il m'a été possible dans la
démonstration de cette courbe, à laquelle je renverrai
pour le tracé des limons d'escaliers dont elle est le principe; j'engage fortement les élèves à la dessiner et modeler,
ce qui les mettra à même de dessiner et exécuter avec
connaissance de cause les différents escaliers contenus
dans ce cours de dessin.

Je donne également sur cette planche le tracé d'un plafond en hélice, qui servira aussi de principes pour les panneaux des plafonds d'escalier. Quant à ceux dont la forme
diffère, comme pour les escaliers à briquet ou à double
rampe, leur démonstration sera jointe à celle de l'escalier
dont ils feront partie.

*Tracé d'un Plafond rampant en hélice.*

La figure 10 en est le plan, qui peut être considéré
comme celui d'une courbe semblable à celle de la figure 1,

mais beaucoup plus épaisse et dont la hauteur serait beaucoup moindre ; d'après cette considération, le principe
d'exécution sera le même. Ainsi, après avoir tracé les deux
demi-cercles, A,B, et les avoir divisés en un nombre quelconque de parties égales, *a,a,e,e*, tracez à l'élévation, *fig*,
11, et à distances égales, autant de parallèles *b,b,b*, que
vous aurez de points de division au plan ; puis, de chacun
de ces points, élevez des perpendiculaires : leur rencontre
avec les parallèles donne les points *a,a* et *e,e*, par lesquels
vous faites passer deux courbes. Pour figurer l'épaisseur
du bois, tracez quelques parallèles, *b,b*, *fig*. 12, distantes
entr'elles comme celles de la figure 11 ; prenez au plan,
*fig*. 10, la distance des points *a,a* et *e,e*, portez-la à la
figure 12, pour fixer les points *a,a,e,e*; de ces points,
élevez des perpendiculaires ; joignez par des droites leur
point de rencontre *c,c,d,d*, avec les parallèles *b,b* ; tracez
en desous l'épaisseur que vous voulez donner au plafond ;
tirez un trait d'équerre, *g*, à l'extrémité, et une petite
horizontale aux points *h* ; prenez la hauteur du point *i* au
point *c*, portez-la à la figure 11, des points *a,a* pour fixer
ceux *i,i* ; prenez de même, à la figure 12, la hauteur du
point *k* au point *d*, portez-la à la figure 11, des points *e,e*,
pour fixer ceux *k,k* ; par ces points *i,i,k,k*, faites passer
deux courbes qui donnent l'épaisseur du bois en projection.

Prenez à la figure 12 les hauteurs d'aplomb des points
*g,g* aux horizontales *h,h* ; portez-les de *a* et *e*, *fig*. 11, pour
fixer ceux *g,g* ; joignez ces points par une droite qui donne
la coupe des extrémités.

Le dessus de ce plafond est horizontal tandis que le
dessous est incliné dans sa coupe verticale, ainsi que l'indiquent les lignes pointillées des extrémités *i,k*. Cette inclinaison est inévitable et provient de la différence d'inclinaison ou rampant des lignes A,B du plan. Plus celle B se

rapprocherait de celle A, moins cette inclinaison serait sensible ; d'où il faut conclure que plus le plafond serait large, plus cette inclinaison serait grande.

Pour tracer le calibre rallongé, *fig.* 13, tirez la ligne CD parallèle à celle EF : cette dernière est tangente aux courbes de la figure 11 ; par les points $a, i, e, k$, de la figure 11, élevez à ces lignes des perpendiculaires indéfinies ; prenez au plan la distance des points $a, a$ à la ligne du devant, G, comme $a1, a2$, ainsi de suite ; portez-la à la figure 13, à partir de la ligne CD, sur les perpendiculaires provenant de celles élevées des mêmes points $a, a$ du plan, pour fixer ceux $a, a, a$ ; par ces points, faites passer une ligne courbe, H ; prenez de même au plan la distance des points $e, e, e$ à la ligne de devant, G ; portez-la à la figure 13, sur les perpendiculaires provenant de ces mêmes points, pour fixer ceux $e, e, e$, par lesquels vous faites passer une seconde ligne courbe, I ; des points $a, a, a$, menez de petites lignes parallèles à celle CD : leur rencontre avec les perpendiculaires élevées des points $i, i, i$, détermine une troisième ligne courbe, K ; des points $e, e, e$, tracez d'autres petites parallèles à CD : leur rencontre avec les perpendiculaires élevées des points $k, k, k$, limite le passage d'une quatrième ligne courbe L ; les points $x, x$ sont donnés par la rencontre de ces courbes avec les perpendiculaires élevées des points $g, g$ de la figure 11.

Pour l'exécution, il faut que l'épaisseur du bois affranchisse la figure 11 ; vous le chantournerez d'aplomb sur le plat, suivant les courbes extérieures de la figure 13, et le couperez de longueur d'après les lignes extrêmes de cette même figure ; ensuite, des points $a, a, o, o$ de l'extérieur du calibre rallongé, vous tracerez sur le champ des lignes d'équerre ; vous en tracerez d'autres semblables à l'intérieur des points $c, c, c, u, u, u$ ; puis, vous prendrez à la figure 11, la distance des points *e,e,e* à la ligne EF, pour la porter, à partir du dessous du bois, sur les lignes d'équerre correspondantes à ces points; vous prendrez de la même manière la distance des points *a,a,a, fig.* 11, pour la porter sur les lignes d'équerre de l'extérieur; vous joindrez ces points par une ligne tracée avec une règle droite et flexible, comme pour la courbe rampante ci-devant; vous débillarderez ensuite suivant ces lignes, en observant de mener la scie dans la direction des parallèles *b,b,b* de la figure 11.

Cette surface terminée, vous donnerez un trait de trus-quin des deux côtés pour marquer l'épaisseur, et tracerez sur le plat des deux côtés les lignes de gauche pour mettre les champs d'équerre, ce qui n'est pas très-nécessaire; vu le peu d'épaisseur de bois, on peut se contenter de le mettre d'équerre à vue d'œil en suivant l'arête du dedans.

## Des Escaliers en général.

Dans la plupart des épures d'escaliers qui vont suivre, je n'ai pas jugé qu'il fût utile d'y joindre une échelle de proportion, vu que tous les escaliers en bois sont, en général, destinés à servir de dégagement, qu'il n'y a au-cune règle pour leurs dispositions et dimensions qui dé-pende de la grandeur de la cage où ils sont situés, des suggestions des portes et de la hauteur des planchers; il suffira donc de donner ici les dimensions le plus générale-ment adoptées pour les épaisseurs des bois, la hauteur et la largeur des marches, ainsi que leur nombre dans un escalier dont la hauteur serait donnée.

L'épaisseur des limons d'un escalier droit est de 45 à

50 millimètres environ. Cette épaisseur est portée de 70 à 80 millimètres pour les limons cintrés d'un escalier destiné à desservir plusieurs étages.

Pour les petits escaliers de magasins, cafés ou autres établissements, les limons se font ordinairement à crémaillère ou à console, ce qui donne plus de légèreté et de grace à l'escalier. Les limons ou consoles ne doivent pas avoir moins de 6 centimètres d'épaisseur.

On évitera, autant que possible, de faire des collages dans les limons, principalement à ceux exposés à l'air ou à l'humidité, et on les débillardera de préférence dans des pièces courbes, afin que le fil du bois soit moins coupé par le cintre ; par la même raison, on fera les différentes parties des limons cintrées d'une longueur telle que le fil du bois de l'arête intérieure ne soit pas coupé par le cintre extérieur, car il est évident qu'un limon dont le fil du bois serait totalement coupé aux extrémités, serait sujet à se rompre sous un choc, ou simplement sous l'effort du bois tendant à se déjeter.

L'épaisseur des marches varie de 35 à 40 millimètres, celle des contre-marches de 25 à 35 millimètres. Les contremarches s'assemblent toujours aux marches au moyen de rainures et languettes ; elles sont ordinairement collées à la marche supérieure et maintenues à celle inférieure par de fortes vis.

Lorsqu'un escalier isolé a un plafond, on peut relier en-dessous les marches aux contre-marches ainsi qu'aux limons par des tasseaux collés et vissés ; ce qui rend le craquement nul, tout en consolidant beaucoup l'escalier.

Dans les escaliers sans plafond, principalement ceux à consoles, on peut aussi relier les marches aux contre-marches par de forts tasseaux placés également en-dessous, sur lesquels on pousse une grande gorge pour dissimuler sa grosseur, ce qui embellit le dessous de l'escalier tout en le consolidant.

Les plafonds se font, soit en assemblage, soit par claveaux gauches; ceux faits en assemblage s'assemblent généralement aux limons, au moyen d'une languette bâtarde.

Ceux faits par claveaux forment un panneau à glace et sont maintenus avec des vis dans une feuillure poussée à l'intérieur des limons, en laissant saillir ce dernier d'un centimètre environ; une baguette rapportée cache les abouts du plafond ainsi que la tête des vis; quelquefois le plafond des escaliers de magasins ou de cafés se fait en plâtre. Ce système est sans doute très-économique, mais de mauvais goût.

La longueur d'une marche prise de limon à limon se nomme emmarchement; la ligne qui partage la longueur des marches en deux parties égales se nomme ligne de giron; la marche du haut se nomme marche d'arrivée; celle du bas, marche palière.

Du plan et de la hauteur d'un escalier dépend le nombre, la largeur et la hauteur des marches.

Pour qu'un escalier soit bien réglé, il faut que la largeur de la marche, non compris le nez, additionnée avec sa hauteur, égale 45 centimètres, de sorte que plus une marche sera haute, moins elle sera large, et réciproquement plus elle sera large, moins elle sera haute. (1)

| | Hauteur. | Largeur | Total. |
|---|---|---|---|
| | 16 | 29 | 45 |
| EXEMPLE : | 18 | 27 | 45 |
| | 20 | 25 | 45 |
| | 22 | 23 | 45 |

(1) On se sert aussi de la formule $h\, 2 + l = 64$. C'est-à-dire deux fois la hauteur plus la largeur doit égaler 64 centimètres.

Un escalier dont la hauteur et la largeur des marches auraient la première relation, 16 et 29, serait de montée facile ; mais il est rare qu'on puisse donner ces dimensions aux escaliers de dégagement qui sont ordinairement restreints afin d'occuper le moins de place possible.

En faisant le plan d'un escalier tournant, on observera de donner aux marches une hauteur suffisante pour que l'échappée du tour supérieur soit au moins de deux mètres ; cette hauteur se mesure du dessus de marche au-dessous de la marche aplomb du tour supérieur ; reste à déterminer le nombre de marches à donner à un escalier dont la hauteur serait donnée.

Quand on n'est pas fixé pour la grandeur du plan, rien de plus facile que de trouver le nombre et la largeur des marches, il suffit de diviser la hauteur totale de l'escalier, par la hauteur que l'on voudra donner aux marches.

Supposons un escalier de 3ᵐ 60ᶜ de haut, et qu'on veuille donner aux marches une hauteur de 18ᶜ environ ; il suffit de diviser 3ᵐ 60ᶜ par 18ᶜ : ce qui donne 20 marches de 0ᵐ 18ᶜ de hauteur ; en ôtant 0ᵐ 18ᶜ de 0ᵐ 45ᶜ, le reste, 0ᵐ 27ᶜ, sera la largeur à donner aux marches. On fera donc le plan de sorte que la ligne de giron puisse contenir vingt fois 0ᵐ 27ᶜ. Mais il arrive presque toujours qu'on est limité par la hauteur, la grandeur du plan ou de la cage, ainsi que par les portes ou autres circonstances.

Soit, par exemple, l'escalier à noyau ou en vis Saint-Gilles, *pl.* 44, dont la hauteur totale serait de 3ᵐ 27ᶜ, vu l'ouverture des portes et du palier du haut le derrière de la marche d'arrivée, A, devant tomber à l'aplomb du nez de la marche B du bas.

Il faut tracer l'épaisseur des limons en plan ainsi que la grosseur du noyau C, pour pouvoir déterminer la ligne du giron D, dont on prendra la longueur, que l'on additionnera avec la hauteur totale de l'escalier ; on divisera le total par 45 ce qui donnera le nombre de marches. En effectuant l'opération, on a :

$3^m 27^c$ hauteur de l'escalier ;

$3^m 08^c$ longueur de la ligne du giron.

———

Total $6^m 35^c$, divisé par 45, donne 14 pour le nombre de marches ; divisez ensuite la hauteur totale de l'escalier par 14, ce qui donnera $0^m 233^{mill.}$ pour la hauteur des marches ; ôtant $0^m 233^{mill.}$ de $0^m 45^c$, le reste $0^m 217^{mill.}$ sera leur largeur, non compris le nez de marche. Si on n'était pas limité par les points de départ et d'arrivée, et qu'on pût mettre 15 marches au lieu de 14, ces marches seraient dans de meilleures conditions, vu qu'elles n'auraient que $0^m 218^{mill.}$ de hauteur sur $0^m 232^{mill.}$ de largeur.

L'escalier, *pl.* 42, est dans ces conditions, la hauteur totale étant de $2^m 50^c$, chaque marche ayant $0^m 21^c$ de hauteur sur $0^m 24^c$ de largeur.

## PLANCHE 36.

### *Tracé d'un escalier à limons cintrés.*

Commencez par faire le plan, *fig.* 1; les limons ayant un centre commun, A, se tracent au compas ; figurez la marche palière B, ainsi que les volutes C des limons ; divisez ensuite le limon extérieur en autant de parties que vous voudrez mettre de marches ; des points de division, tirez des lignes au centre A : ces lignes sont le devant ou nez de marche ; tracez parallèlement à ces lignes la rentrée des contres-marches, ainsi que leur épaisseur ; cette rentrée étant donnée par le profil des marches *a, b, fig.* 2.

Les retombées DE du crochet se tracent de la même manière que celles de la courbe, *pl.* 35. La figure 2 est pour la retombée E du crochet du petit limon ; la figure 3 est pour celle du limon extérieur. Tracez la ligne de construction, FG, du grand limon ; menez à la figure 4 une série de lignes *c,c* parallèles à FG, dont la distance soit égale à la hauteur des marches ; des points *d,d* du plan, élevez à la figure 4 des perpendiculaires sur la ligne FG : leur rencontre avec les horizontales *c,c* limite la saillie du nez de marche. Celles élevées des points *e,e* donnent la largeur des entailles *e,e* pour recevoir les contre-marches ; tracez l'épaisseur des marches en-dessous des parallèles *c,c* ce qui termine l'emmarchement en élévation.

Fixez à volonté sur les perpendiculaires, à partir du nez des marches, les hauteurs *o,i* ; portez en contre-bas, des points *o,o,* toujours sur les perpendiculaires, la largeur *ok* du limon, en observant de laisser en-dessous des marches la place du plafond, si toutefois vous en mettez un ; par les points *i,k*, tirez de petites lignes d'équerre : leur rencontre avec les perpendiculaires élevées des points *l,l* du plan, donnent le gauche du limon,

Le calibre rallongé, *fig.* 5, se fait exactement comme ceux de la courbe, *pl.* 35. Il en est de même des figures 6, 7 et 8.

Le débillardement est aussi semblable à celui de la courbe, *pl.* 35 ; seulement, on reportera sur le calibre rallongé, *fig.* 5, toutes les lignes de largeur des entailles *e,e*, ainsi que l'indiquent celles *n,n*, afin de pouvoir les tracer de nouveau sur le large du limon étant mis d'épaisseur ; quant aux entailles des marches, elles seront portées sur les perpendiculaires, à partir du champ supérieur du limon, figuré par la ligne MM, avant d'être tirées de large ; cette observation est applicable à tous les escaliers, quelles que soient leurs formes.

Pour simplifier l'épure de cet escalier, les limons sont figurés en deux parties ; comme il a été dit plus haut, la longueur des différentes parties des limons doivent être telles que le fil du bois ne soit pas coupé entièrement par le cintre.

Pour l'exécution, on figurera donc en plan autant de parties qu'il sera nécessaire ; toute la différence consistera à faire autant d'épures différentes qu'on aura figuré de parties du limon en plan.

Toutefois, il est bon d'observer qu'il n'est pas nécessaire de faire plusieurs calibres rallongés pour un limon d'escalier rond, vu que le même peut suffire pour les différentes parties. Dans ce cas, on tracera de même longueur les différentes parties du limon en plan, en mettant autant que possible les crochets sur le milieu des marches.

Si on voulait mettre un plafond en bois plein, on le ferait par claveaux gauches de la manière suivante : après avoir tracé sur le plan le nombre de claveaux qui, pour simplifier, égale ici le nombre des marches, tirez sur le milieu de l'un d'eux une ligne, $ab$, indéfinie ; figurez la profondeur $oo,uu$, de la feuillure ou rainure, par les points $o,o$ ; menez des parallèles à $a,b$ ; figurez la hauteur d'une marche par les lignes $cc,dd$, $fig.$ 9 ; joignez les points $c,c,n,n$, vous aurez le gauche du claveau ; portez-en dessus l'épaisseur du bois ; des points $e,n$, tracez perpendiculairement à la ligne $ff$ de dessous, les lignes de joint $ni,ei$, qui, de cette manière n'auront pas de gauche.

Pour en faire le développement, $fig.$ 10, des points $c,n$, abaissez des perpendiculaires à la ligne $ff$ ; faites $ab$ égal à $ab$ du plan ; prenez au même plan la distance du point $a$ à la ligne $oo$, pour la porter au développement, $fig.$ 10 : ce qui donne les points $o,o$ ; fixez de même ceux $u,u$ ; joignez les points $o,u$, le développement sera terminé.

Pour l'exécution, prenez un morceau de bois dont l'épaisseur affranchisse la figure 9, coupez-le de longueur et largeur d'après la figure 10 ; tracez ensuite par bout les lignes de gauche ainsi que l'épaisseur du bois, *fig.* 9, puis, mettez le claveau d'épaisseur d'après ces lignes.

PLANCHE 37.

*Escalier elliptique.*

Commencez par faire le plan, *fig.* 1, en faisant le cintre des limons qui doivent être parallèles, d'après la méthode donnée, *pl.* 3, *fig.* 77 ; figurez les traits de jupiter sur le limon extérieur ; faites une petite élévation, *fig.* 2, pour tracer la coupe à crochets ; abaissez des angles les perpendiculaires $a, b, c, d$ ; portez leur distance au plan, pour figurer sa retombée, $a, b, c, d$, en plan ; divisez en parties égales l'intérieur des limons, joignez les points de division, ce qui donne le devant des nez de marche ; figurez la rentrée ainsi que l'épaisseur des contre-marches. Tracez la ligne de construction AB, qui sert à faire l'élévation, *fig.* 3, celle CD est pour la figure 4, celle EF pour la figure 5, celle GH pour la figure 6, enfin celle IK, qui a été reportée ainsi que la partie du limon, en IK, *fig.* 7. Toutes ces figures, ainsi que leurs calibres rallongés qui ne sont pas figurés, se construisent exactement comme celles de l'escalier précédent, *fig.* 5.

La figure 8 donne le gauche d'un claveau du plafond dont la retombée en plan est égale à celle de deux marches ; elle est reportée, *fig.* 9, pour en faire le développement, *fig.* 10. Ces deux figures se construisent comme celles, *fig.* 9 et 10, de l'escalier précédent.

Comme les dimensions de ce claveau exigent une plus forte épaisseur et largeur de bois, on peut le faire par collage, ainsi qu'il est indiqué sur ces figures; ce qui, joint à l'économie du bois, a en outre l'avantage d'offrir moins de joints susceptibles de se retirer.

Pour trouver le gauche d'une partie *a*, de ce claveau, il faut en fixer la longueur *b,c, fig.* 11; projetez sur l'extrémité *b*, parallèlement à la ligne de dessous, MN, les points *e,e, fig.* 9, ainsi que ceux *o,o*, sur l'extrémité *c*; joindre ces points par des droites, qui donnent le gauche cherché; figurez en dessous l'épaisseur du bois, qui limite celle nécessaire pour faire la partie *a* du claveau; vous opérerez de même pour les autres parties.

On pourrait gauchir ces différentes parties avant de les coller, ce qui permettrait de les réunir par des languettes rapportées; avant de les coller, on les présentera ensemble pour s'assurer qu'elles donnent le gauche de la figure 9.

## PLANCHE 38.

### Escalier à briquet.

Cet escalier est destiné à être placé dans une cage rectangulaire; les limons droits de l'extérieur se fixent aux parois de la cage et n'ont du gauche que sur le champ.

Commencez par tracer leur épaisseur au plan, *fig.* 1; tracez également celui du centre formant le briquet, en laissant le jour du milieu comme vous le jugerez convenable, observant de faire l'emmarchement des bouts A égal à celui de côté B; tracez la ligne de giron C, divisez-la en autant de parties égales que vous voulez mettre de marches, et de manière qu'une division tombe, si cela est possible, sur les axes AB de la cage, pour faciliter le balancement des marches; divisez une de ces parties en six autres parties égales, prenez en cinq de ces dernières, portez-les du point du milieu 7, pour fixer ceux 6,6; faites ensuite un trapèze, *fig*. 2, pour le balancement des marches; pour cela, tirez la ligne DE; comme il y a six marches dans le balancement, élevez six perpendiculaires à DE et à distances égales; élevez sur le milieu celle *a*; divisez une partie du limon du centre de 1 à 7 en six parties égales; portez une de ces parties au tzapèze, *fig*. 2, de *a* en *b*; prenez au plan la distance des points 6,7; portez-la au trapèze de 6 en 7; joignez les points 7,*b* par une ligne qui limite la longueur des perpendiculaires 1,2,3,4,5, longueur que vous portez successivement sur le limon, pour fixer les points 1,2,3,4,5, que vous joignez, ainsi que celui 6, aux divisions de la ligne du giron : le balancement sera terminé.

La figure 3 est le développement d'une partie du limon du centre; pour le faire, prenez au plan la distance des points 1,2,3,4,5,6,7; portez-la à la figure 3, sur la ligne de base F, pour fixer l'écartement des perpendiculaires; tracez le profil des marches, ainsi qu'il est figuré; fixez les points 1,2, etc., au-dessus du nez des marches; par ces points, faites passer une ligne G qui est le champ supérieur du limon dont la courbure doit être bien régulière; si elle faisait des jarrets, ce serait une preuve que le balancement des marches serait défectueux et qu'il faudrait le rectifier d'après d'autres perpendiculaires abaissées du nez des marches de ce profil corrigé d'après la courbe.

Figurez l'épaisseur H du plafond (si vous en mettez un), ainsi que la joue I du dessous du limon; prenez ensuite au plan, la largeur des marches 6,7; portez-la à la figure 4, pour faire un bout du développement sur lequel vous tracez le crochet pour en porter la retombée sur le limon en plan.

Comme aux escaliers précédents, la largeur 7,7 du limon est prise sur la perpendiculaire 7,7, *fig.* 3; le profil *fig.* 5, se fait de la même manière, en prenant au plan la largeur des marches 1,2, pour fixer les perpendiculaires 1,1, dont la longueur est prise sur celle 1,1, *fig.* 3.

Vous observerez que les lignes *a, d* de retombée en plan, *fig.* 1, tendent au centre O du limon; celles *b, c* leur sont parallèles, ayant un point commun *e*, de sorte que le repos du crochet n'est pas vu en dehors : ce qui donne une ligne droite pour la coupe du joint.

Faites ensuite les profils d'emmarchement, *fig.* 6,7 et 8, correspondant aux parties 6,7 et 8 du limon du centre, en prenant la largeur des limons sur les perpendiculaires de la figure 3.

Quant aux coupes à crochet figurées sur ces développements, elles ne sont pas nécessaires pour l'exécution; elles ne servent qu'à fixer rigoureusement la longueur du calibre rallongé, sur lequel il suffira de reporter les quatre points *a, b, c, d* de leur retombée en plan.

Les figures 9,10,11 et 12, sont les développements des limons extérieurs, 9,10,11 et 12 du plan, qui n'ont de gauche que les champs de dessus et de dessous; ce gauche se détermine de la même manière que celui des limons cintrés; leur largeur, qui est inégale sur la longueur, est donnée par l'épaisseur du plafond.

## PLANCHE 39.

### *Plafond de l'escalier à briquet.*

Le plan, *fig.* 1, est la reproduction de celui de l'escalier; l'épaisseur des limons est figurée en lignes pointillées indiquant la profondeur de la rainure. Les figures 2,3,

4 et 5 sont les développements de l'ensemble des trois panneaux dont se compose le plafond. Pour les tracer, vous suivrez la même méthode employée aux figures 10, 11 et 13 (Pl. 35), les horizontales *b,b* de la figure 11 de cette planche étant représentées ici par les lignes *a,a* de la hauteur des marches.

Toutes les lignes de projection étant tracées, il est facile de s'assurer que la construction est semblable, quoiqu'elle n'ait pas la même forme.

Comme en grandeur d'exécution, on ne peut faire ces panneaux tout d'une pièce, on les fait par claveaux de la manière suivante : Pour tracer celui D, du bas, figurez l'épaisseur du plafond aux figures 6 et 7 qui sont, ainsi que la figure 8, une reproduction des figures 3, 6, 9 de l'escalier ; les points *o,o, fig.* 7, étant fixés d'après ceux correspondants de la figure 8, projetez le point A, *fig.* 7, sur le limon en *a* ; portez ce point *a* sur le plan, *fig.* 1 ; prenez à la figure 6 la distance du point B à celui *b*, aplomb du nez de marches ; portez-la au plan de B en *b* ; joignez *a,b* par une droite qui est la retombée de l'extrémité du plafond ; faites ensuite la figure 9 égale à *a,b,c,d,* du plan ; figurez dessus la ligne *e* d'emmarchement ; menez perpendiculairement à cette ligne une hauteur de marche, *g,g* ; projetez les points *c,d* sur la ligne *g* en *i,i* ; joignez ces points au point *v* par deux lignes prolongées qui donnent le gauche du claveau.

Des points *a,b*, abaissez des perpendiculaires : leur rencontre avec les lignes de gauche *i,v*, donne les points *x,x* pour faire passer celle du champ de dessous, qui doit être parallèle avec celles *g,g* ; figurez par deux lignes *o,o* l'épaisseur du bois ; des points *i,i*, abaissez des perpendiculaires sur ces lignes qui donnent celles du joint.

Pour en faire le développement, tirez une ligne *hh,*

parallèle à *v i*; des extrémités des lignes de gauche, abaissez des perpendiculaires sur cette ligne; faites *h k* égal à *cn*, *hl* égal à *bm*; joignez *kl* qui est la longueur du claveau; *e, k, f, p* est le champ de dessus; *l, r, s, t* celui du dessous.

Pour l'exécution, vous prendrez un morceau de bois dont l'épaisseur égale *u, i*; après l'avoir coupé de longueur et de largeur d'après le développement C, vous tracerez par bout les lignes de gauche *x, i*, ainsi que celles *o, o* de l'épaisseur, dont vous joindrez les extrémités sur les champs par des lignes droites d'après lesquelles vous débillarderez le claveau.

La figure 10 est l'épure, pour trouver le gauche du claveau E du plan; pour la tracer, faites le claveau E égal à celui du plan; des points *b, d*, menez des parallèles au côté *ac*; figurez une hauteur de marche *ef*: les points *g, h, k* sont les lignes de gauche du claveau.

Pour trouver la coupe du joint, du point *g* tirez une ligne d'équerre à *gk*; du point *h*, tirez-en une seconde à *hk*: ces deux lignes se coupent en *i*; divisez l'angle *ghi* en deux parties égales par *im*; des points *g, h, k*, menez de petites parallèles à cette ligne; prenez sur la perpendiculaire 3, *fig.* 8, l'épaisseur du plafond; portez-la à la figure 10, de *g* en *n*; par ce point, menez *or* parallèle à *gk*, par le point *o*, menez *op* parallèle à *gh*, ce qui donne l'épaisseur nécessaire pour faire le claveau; pour le représenter dans son développement F, vous ferez comme pour celui C, *fig.* 9.

La figure 11 est le claveau G du plan dont vous déterminerez le gauche H, ainsi que le développement I, d'après la méthode ci-dessus.

## PLANCHE 40.

### *Escalier à marches massives.*

Cet escalier n'a pas de limon, les marches sont jointes ensemble à crochet ou coupe de pierre, maintenues par un boulon, ainsi que l'indique la figure 2, qui est une coupe sur la ligne du giron.

Faites le plan *fig.* 1, d'après les dimensions voulues ; fixez le nombre de marches ; prenez-en la largeur sur la ligne du giron ; portez-la en *a,a, fig.* 2, pour en faire la coupe ; tracez la hauteur des marches ainsi que le profil ; figurez la largeur *bc* du repos ; des points *c,c*, tirez des lignes d'équerre à la ligne pointillée A ; fixez la largeur des joints *c,d* ; joignez les points *d,d* par une ligne droite qui est le dessous des marches formant le plafond ; prenez la distance des perpendiculaires *b,c,d* à celles *a,e* du nez de marche ; portez-la au plan pour fixer les parallèles *e,b, c,d*, en faisant tendre au centre celle *b*.

Comme le dessèchement du bois rendrait cet escalier peu solide s'il était isolé, les marches sont ordinairement scellées dans la cage ; elles ne sont alors contre-profilées qu'à l'intérieur.

Pour tracer ce contre-profil en plan, décrivez la courbe pointillée C de la saillie du nez de marche ; portez cette saillie de *f* en *o* ; tirez la ligne *go*, ainsi que celle *hi* ; ce qui donne la retombée des lignes d'onglet du profil ; faites de même pour les autres marches. Les deux marches du bas étant sur chatignolles n'ont pas de joints à crochet ; elles sont maintenues par des goujons et profilées suivant leur contour.

La figure 3 est le profil des marches à l'intérieur; pour le tracer, après avoir figuré la hauteur des marches, ainsi que celle du profil, prenez au plan la distance des points $k, k$, pour fixer le devant des marches; prenez à la figure 2 la largeur du repos $b, c$, pour fixer les points $c, c$ à la figure 3; faites le profil des marches semblable à celui de la figure 2.

Pour figurer le joint, prolongez d'une longueur quelconque $e$, la ligne $bc$ du repos, *fig.* 2; prolongez de même la ligne $cd$ du joint; du point $c$, décrivez l'arc de cercle $ef$; prolongez la ligne du repos des marches, *fig.* 3; puis, d'une ouverture de compas égale à $cc$, *fig.* 2, décrivez les arcs de cercle $gh$ d'une longueur égale à $ef$, *fig.* 2; joignez les points $c, h$; prenez à la figure 2 la largeur $cd$ du joint; portez-la à la figure 3, de $c$ en $d$; joignez les points $d, d$, par une ligne droite qui est le profil du dessous des marches. Si on a bien opéré, la distance des perpendiculaires $n, n$ doit être égale à la distance des lignes $c, d$, du plan.

On fera la même opération pour la figure 4 qui est le profil extérieur des marches; de sorte que les joints $c, d$ n'auront pas de gauche.

La figure 5 est une reproduction de la marche $ghmn$ du plan dont les perpendiculaires abaissées des extrémités correspondent avec les profils, *fig.* 3 et 4.

Pour l'exécution, vous prendrez un morceau de bois dont l'épaisseur est donnée par la hauteur $op$, *fig.* 3, qui doit être égale à celle $op$, *fig.* 4; vous le couperez de longueur et largeur d'après les lignes extérieures de la figure 5; après avoir fait le profil de face et de bout, ainsi que l'indique la figure 5, vous tracerez sur le bout extérieur le profil D, *fig.* 4, et, sur celui intérieur, celui E, *fig.* 3, ce qui donnera le gauche du dessous, la feuillure du devant et la coupe du joint de derrière.

Généralement cet escalier se fait en pierre ; dans ce cas, la figure 5 est le panneau des marches ; les profils D, E sont ceux des extrémités. Que ces marches soient en pierre ou en bois, l'exécution est la même.

Pour mettre cet escalier en élévation, *fig.* 6, menez des horizontales indiquant la hauteur des marches qui sont limitées par les perpendiculaires élevées de leur extrémités en plan ; les profils du centre s'obtiennent de la même manière. Pour figurer les lignes de gauche du dessous, prenez à une des figures 3 ou 4 la distance du point *d* à la ligne *cg* ; portez-la à l'élévation en contre-bas du dessous des marches, pour fixer les horizontales ou lignes de joint *a,a* ; leur rencontre avec les perpendiculaires élevées des points *o,o* du derrière des marches en plan, donne les points *o,o*, par lesquels vous faites passer ces deux lignes.

PLANCHE 41.

*Escalier à noyau ou en vis Saint-Gilles.*

La figure 1 est le plan de cet escalier ; les marches sont entaillées dans une colonne ou noyau ; leur extrémité est maintenue par des limons fixés contre les murs de la cage. Vu sa forme rectangulaire, cet escalier serait peu solide s'il était isolé ; étant destiné à être placé dans une cage carrée, on peut supprimer les limons extérieurs et sceller les marches dans les cloisons de la cage.

Pour faire l'élévation, *fig.* 2, menez, comme à l'ordinaire, des parallèles pour figurer la hauteur ainsi que l'épaisseur des marches ; les limons E, E s'obtiennent de la même manière que ceux de l'escalier à briquet, *fig.* 10,

et 11, Pl. 38 ; les perpendiculaires élevées des points $a, a$
du plan, donnent les nez de marche $a, a$ ; celles élevées
des points $x, x$, limitent les lignes $x, x$ du devant des contre-marches ; la rencontre de celles élevées des points $o, o$,
avec les lignes du dessous des marches, donne les lignes
$c, c$ du derrière des contre-marches : ce qui termine l'élévation.

Pour tracer les entailles dans la colonne, commencez
par la placer horizontalement, ainsi que l'indique la figure 3 ; présentez de chaque côté, une équerre pour fixer
exactement au milieu le point $a$, opération qu'il faudra
faire aux deux extrémités ; présentez-la ensuite sur le
plan, en faisant tomber le point $a$ sur une des retombées
des contre-marches, pour relever les autres retombées
que vous reportez à l'autre extrémité de la colonne en
partant du point $a$ ; ces retombées étant tracées bien exactement aux deux extrémités, joignez-les sur toute la longueur de la colonne, au moyen d'une règle ; portez ensuite
sur la première ligne de retombée, une hauteur de marche,
deux hauteurs sur la seconde, ainsi de suite ; ces hauteurs
doivent être portées numériquement et toujours à partir du
bas ; car si elles étaient portées successivement l'une sur
l'autre, il pourrait arriver que, faute de précision, on
fût en-dessus ou en-dessous de la hauteur voulue. Toutes
les hauteurs de marches étant marquées par un point,
pour les tracer bien horizontalement, vous vous servirez
d'une entaille, *fig. 4*, coupée parfaitement d'équerre ;
vous tracerez pareillement l'épaisseur des marches et
contre-marches qui seront coupées de longueur et de largeur d'après le plan.

La figure 5 est le plan d'un escalier du même genre,
destiné à être placé dans une cage ronde ; il n'a pas de
limons extérieurs ; les extrémités des marches étant scel-

lées dans la cage ; les entailles faites dans la colonne, pour recevoir les marches et contre-marches, seront tracées comme celles de l'escalier précédent ; comme le profil des marches tourne autour de la colonne, les entailles pour le recevoir pourront être creusées sur le tour. La figure 6 est l'élévation que l'on obtiendra en élevant des perpendiculaires du plan, comme à la figure 2.

Vu sa forme circulaire, cet escalier pourrait être isolé ; on ajouterait alors des limons à l'extérieur, qui se traceraient comme ceux de l'escalier. *Pl.* 36.

## PLANCHE 42.

### *Escalier à noyau, évidé et à consoles.*

Cet escalier n'a qu'un limon à l'intérieur ; celui de l'extérieur est remplacé par des consoles reliées par des vis, ainsi que l'indique le développement *fig.* 2 ; le bout extérieur des marches est profilé ; celui intérieur s'assemble dans le limon, comme à l'ordinaire.

Pour tracer le plan de cet escalier, commencez par décrire, d'après le diamètre que vous voulez lui donner, une circonférence, A, qui est le bout extérieur des marches ; tracez aussi le diamètre et l'épaisseur du limon du centre, ainsi que la ligne B du giron, sur laquelle vous fixerez la largeur que vous voulez donner aux marches. Cette largeur est limitée par la hauteur de l'escalier, ainsi qu'il a été dit *(Escaliers en général page 237)*. La division étant faite, tracez l'épaisseur *cc* des consoles, à une distance de la circonférence A égale à la saillie du nez des marches ; faites ensuite la figure 2, qui est le développement des consoles. La distance des points *o,o*, est égale à celle *oo* du plan ; du nez des marches, ainsi que des extrémités des consoles, abaissez des lignes d'aplomb dont vous prendrez les distances pour les porter au plan et en fixer les retombées.

Prenez ensuite, à la figure 2, la distance des points *d,d* à celui *o*, portez-la au plan du nez de marche *o*, pour fixer ceux *d,d* ; de ces points, tirez de petites lignes d'équerre, *d e* ; joignez les points *e,e* par une droite qui donne l'épaisseur du bois pour faire les consoles ; cette épaisseur est reportée à la figure 3.

Pour l'exécution, mettez le bois de largeur d'après la hauteur des consoles, *fig.* 2 ; chantournez-le sur le champ suivant le cintre de la figure 3, coupez-le de longueur d'après cette même figure ; découpez une feuille de placage ou de carton de la grandeur des consoles, *fig.* 2, dont vous vous servirez pour en tracer le contour sur le bois. Comme le champ doit tendre au centre de l'escalier, vous ferez pour l'intérieur un second calibre dont la longueur est donnée par l'arc de cercle *ee*, *fig.* 3.

Les marches seront coupées exactement de longueur et profilées d'après leur retombée en plan. Les contremarches seront entaillées dans les consoles ainsi que dans le limon du centre.

La figure 4 est une partie du développement de ce limon qui se fait en plusieurs parties, tant par économie de bois que pour en faciliter le débillardement ; elles s'assemblent à joints verticaux, ainsi que l'indique la figure 5, dont chacune, D,E,F,G, est le développement de celles D,E,F,G du plan, *fig.* 6 ; elles sont maintenues ensemble par des tenons rapportés collés et chevillés.

La figure 7 est l'élévation géométrale qui se construit comme celle des escaliers précédents.

Pour faire le montage de cet escalier avec précision, vous

tracerez deux cercles de la grandeur du plan sur lesquels vous marquerez la retombée des consoles ; vous en fixerez un sur le plancher sur lequel vous éléverez l'escalier ; l'autre sera fixé au plancher supérieur parfaitement à l'aplomb de celui du bas : ces cercles serviront à vérifier si les consoles sont d'aplomb et à leur place en appliquant une règle aux points correspondants de retombée.

Vous emploierez le même moyen pour les autres escaliers, soit à consoles ou à gousset.

## PLANCHE 43.

### Escalier à consoles.

Cet escalier ne diffère du précédent que par les consoles remplaçant le limon du centre ; il est plus élégant, mais n'offre pas à beaucoup près la même solidité.

La figure 2 est le développement des consoles formant le limon extérieur reliées ensemble par de fortes vis : celles formant le limon intérieur peuvent être aussi maintenues par des vis, ou mieux par un boulon placé dans l'intérieur du bois, avec deux goujons pour les empêcher de glisser l'une sur l'autre dans le serrage, *fig*. 3.

Le plan, *fig*. 1, ainsi que l'élévation, *fig*. 4, se font comme ceux de l'escalier précédent ; il en est de même pour l'exécution.

Comme ce genre de construction exige une plus grande largeur de marche que celle des escaliers à limon, il s'ensuit que le profil *a* du derrière des marches s'éloigne sensiblement de la direction du centre A, *fig*. 1 ; d'où il résulte que l'angle *b* est beaucoup plus aigu que celui *c* du devant. Pour éviter cette différence, on pourrait faire

tendre la ligne *d* du devant des contre-marches, au centre
A, ce qui n'est admissible que dans ces sortes d'escaliers
ou ceux à crémaillères. Dans tout autre, c'est la ligne du
devant des marches qui doit tendre au centre, puisque
c'est elle qui donne l'équerrage au champ des limons,
équerrage qui doit toujours être dans une direction parallèle à cette ligne.

## PLANCHE 43.

### *Escalier à Goussets.*

Le plan, *fig.* 5, se fait de la même manière que ceux à
consoles, les limons sont composés d'autant de parties,
qu'on nomme goussets, qu'il y a de marches ; ces parties
de limon ou goussets se joignent à crochets reliés par un
boulon, *fig.* 6 ; ce système de construire les limons est
avantageux pour l'économie du bois, mais exige beaucoup
de main d'œuvre ; de plus, la quantité de joints produit
toujours un léger craquement lorsqu'on monte ou que l'on
descend. Ce que l'on peut éviter en ne faisant à goussets
que le limon extérieur, et celui du centre en deux et trois
parties, ou bien en autant de parties que celui extérieur,
réunies par joints verticaux, ainsi que l'indique la figure 7.

Pour faire le développement d'un gousset, *fig.* 8, abaissez des verticales des points 1,2,3,4,5,6,7, *fig.* 6 ; prenez-
en la distance ; portez-la au plan pour fixer les points
1,2,3,4,5,6,7 ; de ces points, tirez sur le champ du limon
de petites lignes tendant au centre du plan ; tracez la ligne
de construction AB, à distance égale des points 1,7 ;
des points 1,2,3,4,5,6,7 du plan, élevez sur cette ligne
des perpendiculaires ; prenez à la figure 6 la hauteur des

points 1,2,3,4,5,6,7 à la ligne AB ; portez-la à la figure 8
pour fixer les points 1,2,3,4,5,6,7, ce qui donne le développement extérieur du gousset : la rencontre des perpendiculaires élevées des points 8,9,10,11,12,13,14 du plan
avec les petites lignes parallèles à AB, menées des points
1,2,3,4,5,6,7, *fig.* 8, donne de nouveaux points qui limitent le développement de l'intérieur du gousset.

La figure 9 en est le cintre qui est égal à celui du plan,

Pour l'exécution, prenez un morceau de bois dont la
longueur et la largeur est donnée par le rectangle CDEF,
le fil du bois étant dans la direction de DF ; l'épaisseur est
donnée par la figure 9. Après l'avoir chantourné sur le
champ, suivant cette figure, relevez, avec une feuille de
carton, le développement extérieur et intérieur du gousset :
ce sera les calibres pour tracer le morceau de bois ; vous
observerez de faire ces calibres d'une longueur égale au
développement des lignes GH, *fig.* 9, de sorte qu'étant
appliqués contre les faces chantournées, ils seront ramenés
aux dimensions de la figure 8. La figure 10 est l'élévation
qui se fait comme à l'ordinaire. Pour l'exécution, voir la
planche 42.

## PLANCHE 44.

### *Escalier à plafond.*

Le plan de cet escalier étant circulaire et à crémaillères,
les lignes du devant des marches tendent au centre du plan
et sont profilées par bout, comme celles des escaliers à
consoles ; les limons se construisent comme ceux de l'escalier circulaire, *pl.* 36, à l'exception du champ de dessus
qui est entaillé pour recevoir les marches qui se fixent

avec des vis ; les contre-marches se joignent d'onglet avec le devant des entailles, qui ne sont pas taillées à angle vif dans l'angle rentrant, étant renforcées d'une quantité égale à l'épaisseur des marches, ainsi que l'indiquent les figures 5, 6 et 7 ; ce peu de bois conservé donne beaucoup de force au limon et est entaillé dans les marches.

Les limons et les marches étant tracées au plan, *fig.* 1, figurez sur l'épaisseur des limons la profondeur de la rainure pour recevoir le plafond ainsi que la largeur des champs du bâti. Tirez la ligne AB pour faire le développement d'une partie du plafond, *fig.* 2 et 3 ; le gauche de la figure 2 s'obtient, comme à l'ordinaire, en menant des horizontales $a,a$, distantes de la hauteur d'une marche : leur rencontre avec les lignes $b,b$, abaissées des points 9,11,13,15,17 et $c,c$ du plan et perpendiculairement à la ligne AB, donne les lignes de gauche CC,DD ; figurez en dessous l'épaisseur du bois ; des points $o,o$, élevez des perpendiculaires aux lignes CD : ces perpendiculaires limitent la longueur de la traverse.

Faites ensuite le développement, *fig.* 3, sur lequel vous tracerez le panneau rond, ravalé dans l'épaisseur du bois ; figurez la largeur des champs ; il va sans dire que la largeur de ce développement est prise du fond des rainures figurées au plan. Projetez la largeur des champs de la traverse ainsi que du panneau sur la ligne EE en $e,e$, abaissez de ces points des perpendiculaires au plan pour en figurer la retombée.

Pour avoir la retombée des traverses du haut et du bas, faites les deux profils, *fig.* 4 et 5 du petit et du grand limon, sur lequel vous tracez l'épaisseur et la largeur des traverses ainsi que l'épaisseur du panneau ; prenez sur ces figures la distance des points $g,g$, au point $f$, portez-la au plan, à partir du nez de marche $f$, pour fixer les points $g,g$, qui donnent la retombée en plan de la traverse du bas ; prenez de même sur les figures 4 et 5 la distance des points $i,i$, aux points $k,k$ ; portez-la au plan, à partir de la ligne du haut, $k$, pour fixer la retombée de la traverse du haut.

La figure 6 est le gauche de la traverse du bas, le profil $tl$, est celui du bout extérieur ; il est semblable à celui de la traverse du bas, *fig.* 5 ; celui $mml$, est celui de l'intérieur, et semblable à celui de la traverse du bas, *fig.* 4.

La figure 7 est le gauche de la traverse du haut ; il se trace d'après l'inclinaison des coupes de la traverse du haut *fig.* 4 et 5, de la même manière que pour la traverse du bas.

Les figures 8, 9, 10 et 11 sont les développements du panneau du haut et du bas ; les points $n,n,o,o$ de retombée des extrémités en plan se prennent sur les figures 4 et 5, à partir des perpendiculaires $f,k$.

La figure 12 est le développement du montant extérieur du plafond ; il est figuré d'une seule pièce, ce qui ne peut avoir lieu que dans un modèle réduit. Dans l'exécution, on fait ce montant de plusieurs parties que l'on réunit par bout au moyen d'entailles faites à moitié bois ; quant au tracé, la méthode est la même que pour un limon ; pour l'obtenir, menez une série de lignes horizontales distantes de la hauteur d'une marche : la rencontre des perpendiculaires à la ligne de construction HH, élevées des points de 1 à 25 du plan, avec les horizontales, donne les points $x,x$, pour les lignes de dessous ; des points $x,x$, portez sur les perpendiculaires l'épaisseur $vx$, *fig.* 5, ce qui donne de nouveaux points $v,v$, pour les lignes de dessus.

La figure 13 est le calibre rallongé ; pour le tracer, il suffit de tirer la ligne II, d'abaisser les perpendiculaires des points de 1 à 25, prendre sur le plan, *fig.* 1, la dis-

17

tance des points correspondants à la ligne de construction, HH, pour la porter sur les perpendiculaires, à partir de la ligne II, pour fixer les points de 1 à 25, qui limitent les lignes courbes du calibre rallongé : d'après cela, il est facile de voir que le tracé de ces deux figures est semblable à celui d'un limon d'escalier. Il en est de même pour l'exécution.

## PLANCHE 48.

### *Escalier en S à crémaillère et à plafond.*

Commencez par faire le plan, *fig.* 1 ; les points AA, sont les centres de la courbure des limons, ainsi que du bâti du plafond ; les marches sont balancées dans toute la volée.

Pour faire ce balancement, divisez la longueur des limons en autant de parties égales que vous voulez de marches, ainsi qu'il est indiqué par les points 1,2,3, etc. Faites ensuite le trapèze, *fig.* 2, en élevant sur la ligne BB et à égales distances un nombre de perpendiculaires égal à celui des marches ; si ce nombre est impair, élevez-en une autre sur le milieu de BB, sur laquelle vous portez la distance *ab* égale à une des divisions du plan ; fixez sur une des perpendiculaires des extrémités, une longueur B*c* égale aux deux tiers d'une division du plan ; joignez le point *c* au point *a* par une droite qui limite la longueur des perpendiculaires, lesquelles donnent la largeur progressive des marches.

Les figures 3 et 4 sont des parties d'élévation faites d'après la largeur des marches des extrémités du plan ; sur ces figures est tracée la largeur des traverses du plafond pour en avoir la retombée en plan.

Les figures 5,6,7,8, sont les développements avec le calibre rallongé des parties de limon coté 5,6,7,8, au plan; ces développements s'obtiennent de la même manière que ceux des escaliers précédents.

Les figures 9 et 10 donnent le développement du plafond; pour en simplifier l'exécution, leur longueur est fixée au plan par la ligne joignant les centres A,A. Pour tracer ces développements, vous suivrez exactement la méthode donnée pour le plafond de l'escalier précédent. (Pl. 44.)

## PLANCHE 46.

### *Escalier en entonnoir.*

Commencez par tracer les génératrices A,A du cône, *fig.* 1, d'après l'inclinaison que vous voudrez. Fixez la hauteur de l'escalier, ainsi que le nombre des marches par des horizontales; tracez une ligne B, *fig.* 2, parallèlement au côté du cône, à une distance égale à la moitié de la largeur de l'emmarchement; des points où elle coupe les horizontales, abaissez des perpendiculaires sur la ligne diamétrale C du plan, *fig.* 3; afin de ne pas surcharger l'épure de lignes, ces perpendiculaires sont abaissées de deux en deux.

Du point D, centre du cône, décrivez des circonférences passant par les points où les perpendiculaires abaissées de la figure 2 rencontrent la ligne C; puis, à partir du point F, faites une division égale au nombre de marches en sautant à chaque division d'un cercle à l'autre; cette division se fait par tâtonnement jusqu'à ce que l'on arrive juste au point G; ces points de division servent à tracer la ligne du giron **E** : parallèlement à cette ligne, tracez les courbes **H,H** qui sont la retombée du champ supérieur des limons. Par les points de division qui ont servi à tracer la ligne du giron **E**, tirez des lignes tendant au centre **D** : ces lignes sont le devant des marches.

Faites ensuite le développement du petit limon, *fig. 4,* en prenant successivement au plan la largeur des marches ; cette figure sert à vérifier si le balancement des marches en plan est régulier, car, il faut que tous les nez des marches soient tangents à une courbe régulière, ainsi qu'il est indiqué.

L'emmarchement ou profil des marches étant fait, tracez la ligne **I** du dessus du limon ; parallèlement à cette ligne, tracez celle **K** du dessous ; puis, de tous les points où ces lignes coupent les perpendiculaires tangentes au nez des marches, comme *a,*11*,b,*12, menez des horizontales jusqu'à la rencontre de la ligne **L**, laquelle est parallèle au côté du cône. Des points *c,d*, abaissez des perpendiculaires sur les horizontales 11 et 12 ; prenez la distance des points *f.* 11 ; portez-la au plan, *fig. 3*, sur la onzième marche, de *f* pour fixer le point 11 ; prenez de même sur la ligne **L**, la distance des points *e,* 12 ; portez-la au plan sur la douzième marche pour fixer le point 12 ; prenez de la sorte sur la ligne **L**, toutes les autres distances pour les porter successivement au plan, sur les marches correspondantes, ce qui donne les points de 3 à 22, pour faire passer la courbe **M** qui est la retombée du champ extérieur du dessous du limon ; tracez, parallèlement à cette ligne, celle pointillée, pour figurer l'épaisseur du champ de dessous qui est semblable à celui du dessus.

Pour faire l'élévation de ce limon, *fig. 1*, il suffit d'élever des perpendiculaires de tous les points du plan, comme ceux *f,g,e,h* ; la rencontre de ces perpendiculaires

avec les horizontales menées des points $a,b$ de la figure
4, donne ceux 11,$m$, 12,$n$, *fig.* 1, pour faire passer les
courbes N,O du champ du dessus ; la rencontre de celles
élevées des points $i$,11,$k$,12 du plan, avec les horizontales menées des points 11 et 12 de la figure 4, donne
les points $o,o,x,x$, pour faire passer les courbes P,Q du
champ de dessous.

Pour l'exécution, chaque partie de ce limon exige deux
calibres rallongés, un pour le champ du dessus et un pour
celui du dessous, ainsi que l'indique la figure 5, qui est
le développement de la partie Y du plan : les figures 7 et
8 sont le développement des parties V,X.

Pour faire cette figure, commencez par déterminer les
deux courbes R,S du champ du haut, qui s'obtiennent
comme à l'ordinaire en élevant des perpendiculaires des
points 14,15,$v,v$, etc., du plan, *fig,* 6 ; pour obtenir
celles T,U du dessous, il faut, des points $t,t,u,u$, du
plan, *fig.* 6, élever des perpendiculaires indéfinies ; puis,
prendre, par exemple, à la figure 4, la longueur de la
perpendiculaire $o$,21, pour la porter à la figure 5 du point
$o$ sur la perpendiculaire élevée du plan au point $t$, du
nez de marche 21, pour fixer le point 21 ; vous opérerez
de même pour obtenir les points 15,16, etc, par lesquels
vous ferez passer la courbe U ; celle T s'obtient comme
à l'ordinaire.

Pour l'exécution, il n'est pas nécessaire de figurer le
profil des marches sur le développement : je ne l'ai figuré
que pour indiquer que les contre-marches doivent être
parallèles aux perpendiculaires tangentes au nez des
marches ; ce qui n'empêche pas qu'elles soient d'équerre
avec les marches quoiqu'elles paraissent de fausse équerre
aux extrémités du développement, ce qui provient de
l'obliquité de la face du limon.

La figure 7 se construit de la même manière que la figure 5 ; les calibres rallongés ne sont pas figurés, ils s'obtiennent aussi comme ceux de la figure 5.

Quant à la figure 8, la volute du bas ne permettant pas de mettre le limon d'épaisseur avec la scie, la largeur du calibre rallongé égale l'épaisseur du limon, plus l'inclinaison des faces ; ce qui permet de chantourner avec la scie l'extérieur du limon ; pour la face intérieure, elle sera chantournée comme les autres parties du limon, suivant l'inclinaison du cône ; après l'avoir mis de largeur, vous tracerez sur le champ du haut l'épaisseur réelle du limon, et vous enlèverez le surplus du bois avec le ciseau et la gouge, en observant que la face soit droite verticalement.

Le limon extérieur étant d'aplomb, sera tracé comme un limon cintré ordinaire ; si vous voulez lui faire suivre l'inclinaison du cône, vous opérerez alors comme pour celui du centre.

## PLANCHE 47.

### *Escalier à double révolution.*

Cet escalier est composé, ainsi que l'indique le plan, *fig.* 1, d'une partie droite au point de départ jusqu'à la cinquième marche formant repos, et de deux parties courbes partant de droite et de gauche, se réunissant à un palier à la partie supérieure.

Une partie des marches sont cintrées, ce qui est indispensable tant pour leur conserver une largeur égale sur la ligne du giron, que pour donner une courbure régulière aux limons.

Pour faire le plan, *fig,* 1, commencez par tracer les

limons d'après la courbe que vous voudrez ; tracez la ligne du giron A sur le milieu de l'emmarchement ; fixez la largeur BB que vous voulez donner au palier du haut ; quant à celle du repos CC, elle ne doit pas être moindre que l'emmarchement de la partie droite du bas ; divisez la ligne du giron des parties cintrées, en autant de parties que vous voudrez de marches ; portez cette largeur de marche sur la ligne du milieu de la partie droite, à partir de la ligne du bas D ; développez ensuite l'intérieur du limon du centre y compris la partie droite (sur laquelle vous aurez fixé approximativement les nez de marches), sur une ligne EE, *fig.* 2 (1) ; portez sur cette ligne tous les points que vous aurez fixés sur le limon, et par chacun d'eux, élevez des perpendiculaires parallèlement à la ligne EE, ; menez une série d'horizontales distantes entre elles de la hauteur d'une marche ; faites passer une ligne courbe par les points de rencontre des horizontales avec les perpendiculaires, de sorte que cette courbe soit régulière et sans jarret, ce qui obligera à laisser quelques points tantôt en dessus, tantôt en dessous de la courbe, laquelle, étant tracée bien régulièrement, des nouveaux points où elle coupe les horizontales, abaissez de nouvelles perpendiculaires sur la ligne EE ; prenez successivement sur cette ligne la distance de ces nouvelles perpendiculaires pour la porter sur le limon en plan, ce qui donne le balancement des marches. Vous ferez la même opération pour le limon extérieur ; le plan sera terminé.

Quant à l'élévation, *fig.* 3, c'est toujours par la méthode des horizontales menées des points *a,a* avec les perpen-

---

(1) Cette figure doit être faite d'après les dimensions du plan ; le manque de place ayant forcé de la réduire.

diculaires élevées du plan, que vous obtiendrez les lignes d'arête des limons, en observant toutefois, que les points *a,a* sont le dessus des limons à l'aplomb du nez des marches.

La partie F du limon extérieur est relevée d'une quantité donnée par le raccord des parties de côtés, d'où il suit que la hauteur du nez de marche C, au champ du limon, est plus grande qu'aux marches.

De tous les genres d'escaliers, c'est, sans contredit, celui qui offre le plus de difficultés pour l'exécution du plafond, dont la partie correspondant au repos exige une épure particulière.

Pour en obtenir la courbure, tracez sur le plan les lignes G,H,I, ainsi que celles K,L,M,N,O,P,Q, qui sont le derrière des contre-marches; celles R,S,T, sont arbitraires; tirez ensuite les horizontales *b,c,d,e,f, fig.* 4, ainsi que celles *e,f,e,g,h, fig.* 5; prenez au plan les distances des points 2,3,4,5,6,18 et 19; portez-les à la figure 4; par ces points, abaissez des perpendiculaires : leur rencontre avec les horizontales donne la ligne courbe U du milieu; prenez sur la ligne R du plan les distances des points 6,14,13,9, 11, portez-les à la figure 5, à partir de la ligne du milieu, pour fixer les perpendiculaires 1,2,3,9 et 11; par les points 17,9,11, faites passer une ligne courbe R, qui est une coupe du plafond, sur la ligne R du plan; prenez sur la figure 5, les distances des points 13 et 14 à l'horizontale *e*; portez-la à la figure 4 de l'horizontale *e*, pour fixer les points 13 et 14, qui sont deux points pour faire passer les lignes courbes V,X que vous tracez d'abord approximativement; puis, prenez les distances des points 12,15,18, à l'horizontale *fig.* 4; portez-les à la figure 5 pour fixer les points 18,15,12; par ces points et ceux 8, faites passer une ligne courbe S, qui est une deuxième coupe du plafond faite sur la ligne S du plan; vous obtiendrez de la même manière la courbe T.

Ces lignes courbes ne peuvent être raccordées avec celles de la figure 4 que par tâtonnement; il est indispensable de bien observer leur position sur le plan, afin qu'elles approchent le plus près possible du dessous des marches, et cela, sans faire de jarret.

Si on voulait faire ce plafond en bois plein, la largeur des claveaux est donnée par les lignes 1,2,3 du plan; il serait chantourné sur le plat, d'après les lignes V, U, X, *fig.* 4, qui en donnent le gauche, c'est-à-dire que le claveau dont la largeur est figurée au plan par les lignes 3 et 2 aurait pour courbure, du côté 3, la ligne X, *fig.* 4, et pour courbure du côté 2, la ligne V, même figure.

Quant aux autres parties du plafond, elles se feraient par claveaux d'après la manière ordinaire.

Si on voulait le faire en assemblages, il n'y aurait que la partie en-dessous du repos qui offrirait quelques difficultés; il faudrait alors tracer cette partie de plafond sur l'escalier; on reporterait les points où les lignes de largeur des champs rencontrent les lignes correspondantes aux courbes des figures 4 et 5, sur les courbes des mêmes figures, ce qui en donnerait la courbure et le gauche.

## PLANCHE 48.

Cette planche donne les détails de constructions des limons de l'escalier précédent, qui se tracent et s'exécutent comme ceux des escaliers cintrés, chaque fraction de limon porte des lettres de repère se rapportant à celles du plan.

Vous remarquerez, à la figure 1, que la direction des marches *a, a*, donne au limon beaucoup plus de largeur en dedans qu'en dehors; cela provient de ce qu'il faut toujours que le champ des limons correspondant au nez des marches leur soit parallèle; si quelquefois on peut s'écarter de cette règle générale pour le champ du dessus, on ne peut le faire pour celui de dessous, principalement à cet escalier, où la forme des marches donne une direction particulière au plafond; de sorte que si on faisait le limon de même largeur, il en résulterait une ligne brisée à la jonction du plafond avec le limon.

Les figures 2 et 3 sont une partie du développement des limons extérieurs et intérieurs sur lesquels les crochets sont figurés afin d'en avoir la retombée en plan.

## PLANCHE 49.

### *Élévation d'un escalier circulaire.*

Pour faire cette élévation, vous commencerez par faire le plan sur lequel vous figurerez la main coulante A, ainsi que les balustres *a*; vous mettrez ensuite les limons en élévation d'après la méthode donnée pour les escaliers précédents, puis vous tracerez l'épaisseur et le profil des marches dont la saillie est donnée par les perpendiculaires élevées des points *o*, *o* du plan; la hauteur de la main coulante est à 85 centimètres au-dessus du nez des marches; son rampant s'obtiendra de la même manière que celui des limons, au moyen des horizontales *b*,*b*, distantes entre elles d'une hauteur de marches; son épaisseur, *cc*, sera tracée suivant le rampant; des points *x*, *x*, de sa largeur en plan, vous élèverez les perpendiculaires qui limiteront la largeur des profils *o*, *o*, d'après lesquels seront tracées la ligne du dessous, ainsi que les moulures si elle en comporte.

## PLANCHE 50.

Cette planche renferme les principaux ouvrages de menuiserie dont l'exécution exige de la part de l'ouvrier la connaissance de la géométrie descriptive.

La figure 1 est le revêtissement d'une voûte en arc de cloître : les panneaux A n'offrent pas de difficultés pour l'exécution, ils sont collés suivant le cintre de face B et coupés de longueur d'après l'inclinaison des montants d'angle C, dont l'exécution est démontrée planche 22.

La figure 2 est le revêtissement d'une voûte d'arête ; les cintres A, ainsi que les panneaux B, n'ont pas de gauche ; ils sont cintrés d'après le cintre de face C : l'exécution des montants d'arête D est donnée planche 23.

La figure 3 est une calotte dont l'exécution est démontrée planche 29.

La figure 4 est une arrière-voussure de Saint-Antoine, la planche 30 en donne les détails d'exécution.

La figure 5 est une arrière-voussure de Montpellier dont les détails d'exécution sont donnés à la planche 31.

La figure 6, est une arrière-voussure de Marseille ; les détails en sont donnés planche 32.

La figure 7 est une trompe dans l'angle pour racheter ou supporter un angle saillant, ainsi que l'indique le plan : son exécution est démontrée à la planche 33.

Enfin, la figure 8 est une trompe sur un pan coupé pour racheter une tour ronde : l'exécution de cette trompe est donnée à la planche 34.

FIN DE LA PREMIÈRE PARTIE.

# SECONDE PARTIE

---

# ARCHITECTURE

# DIVISION DE LA SECONDE PARTIE.

---

### Cette Seconde Partie est divisée en quatre Chapitres :

# ABRÉGÉ HISTORIQUE

## DES DIFFÉRENTS STYLES D'ARCHITECTURE.

Il y a trois sortes d'Architectures :

L'Architecture ou génie maritime, qui s'occupe de la construction des navires ; l'Architecture ou génie militaire qui s'occupe de la construction des forts, et l'Architecture civile, qui s'occupe de la construction et de la décoration des habitations ; c'est l'application de cette dernière aux ouvrages de menuiserie qui constitue cette seconde partie.

Il y a plusieurs sortes d'Architectures civiles dont les principales sont : l'Antique, le Roman, l'Ogival et la Renaissance.

L'Architecture antique est composée de cinq Ordres : le Toscan, le Dorique, l'Ionique, le Corinthien et le Composite.

Le Toscan nous vient des Etrusques, peuple qui habitait plus de mille ans avant l'ère chrétienne, la partie de l'Italie aujourd'hui désignée sous le nom de Toscane. Quelques auteurs n'ajoutent aucune foi à son ancienneté. Quelle que soit l'époque de son origine, des cinq ordres il est le plus trapu et d'une simplicité telle qu'il est rarement employé en menuiserie.

Le Dorique, prit naissance dans le Péloponèse, aujourd'hui la Morée, environ mille cinq cents ans avant l'ère chrétienne. Dorus, prince d'Achaïe ayant eu en partage une partie de cette province, qui, de son nom, fut nommée Doride, fit bâtir à la déesse Junon un temple qui fut le premier modèle de cet ordre, dont les triglyphes ornant la frise sont un des principaux caractères.

L'ordre Ionique prit pareillement naissance dans le Péloponèse, vers le même temps que le Dorique ; le nom d'Ionique, lui vient de Ion, roi d'Athènes et neveu de Dorus, lequel, ayant établi plusieurs colonies dans cette contrée, y fit construire différents temples où cet ordre fut mis à exécution ; entre autres à celui d'Ephèse qu'on mit deux cent vingt ans à bâtir et qui fut placé parmi les sept merveilles du monde : cet ordre se reconnaît aux volutes dont le chapiteau est orné.

L'ordre Corinthien suivit de près l'ordre Ionique : Callimaque, habile sculpteur de Corinthe, en composa le chapiteau, dont les proportions serviront de base pour régler les dimensions de cet ordre, qui passe, à juste titre, pour le chef-d'œuvre de l'architecture antique.

Ainsi, le Dorique, l'Ionique et le Corinthien sont d'origine grecque.

On nomme l'Architecture antique *romaine*, parce que les Romains en firent usage plus tard dans l'érection de leurs temples. Aux trois ordres grecs, ils ajoutèrent le Composite, qui ne diffère du Corinthien que par les volutes du chapiteau empruntées à l'ordre Ionique. Cette architecture est aussi nommée *gallo-romaine*, à cause des monuments élevés par les Romains dans la Gaule, où elle fut en vigueur jusqu'au commencement du cinquième siècle, époque où un nombre considérable de barbares, se ruant sur la Gaule, la couvrirent de ruines et de sang dans lesquels disparut la domination romaine (1).

Cette Architecture dégénéra du cinquième au huitième siècle, et du huitième au onzième elle fut à peu près abandonnée ; l'indifférence avait gagné les esprits, la conviction générale étant que la fin du monde devait arriver en l'an mille. Ce ne fut qu'au commencement du onzième siècle qu'elle prit un nouvel essor sous un nouveau style nommé Roman, de la langue romane qu'on parlait en France à cette époque.

L'Architecture romane est caractérisée : par l'arc en plein cintre qu'elle tient de l'antique, les arcades simulées, les archivoltes ornées d'entrelacs, postes, zigzags, etc. — ; la corniche sans frise ayant peu de saillie, peu de mem-

---

(1) La menuiserie dut jouer un certain rôle dans les temps reculés ; l'histoire dit que parmi les riches dépouilles dont les consuls romains faisaient précéder leur entrée triomphale à Rome figuraient de riches buffets en bois précieux travaillés avec beaucoup d'art : outre ces meubles enlevés aux Grecs, aux Perses et à divers autres peuples, on cite encore la richesse de ceux de Sagonte, en Espagne, enlevés par Annibal 218 ans avant J.-C.; ceux qui furent pillés lors du sac et de la destruction de Ninive par les Mèdes, 626 ans avant J.-C.; les lambris dorés dont les appartements de Priam, roi des Troyens, étaient revêtus lors de la destruction de la ville de Troie par les Grecs, 1184 ans avant J.-C.; le revêtement intérieur du temple de Salomon en bois de cèdre, recouvert de lames d'or ; enfin, M. Rollin fait mention dans son *Histoire ancienne*, d'un vaisseau à trois ponts construit à Syracuse, sous les ordres d'Archimède, dont la menuiserie intérieure était travaillée avec un art merveilleux.

Ces citations suffisent à faire connaître que l'art de travailler le bois était généralement répandu, mais comment était-il travaillé? C'est ce que probablement on ne saura jamais ; la suite des siècles ayant fait rentrer dans le néant les ouvrages où le bois était employé.

18

bres de moulures, supportées généralement par des modillons nommés corbeaux, la forme cubique des chapiteaux ornés de feuilles d'eau, de palmettes, d'animaux, figures humaines, etc. ; le fût des colonnes, cannelé, annelé, rubanné ou taillé d'une infinité de manières ; les fonds ornés d'imbrications formant des dessins variés qui imitent la marqueterie : tel est le cachet de cette architecture qui ne se fait plus guère de nos jours, après avoir été en vogue jusqu'à la fin du douzième siècle, époque où elle fut remplacée par l'architecture gothique ou ogivale (1).

L'arc pointu nommé ogive, le premier élément de l'architecture ogivale, remonte à la plus haute antiquité. Plusieurs voûtes trouvées dans les ruines de Babylone, fondée par Nemrod plus de deux mille ans avant l'ère chrétienne, étaient construites d'après ce principe. Les architectes du treizième siècle donnèrent à cet arc plus d'élancement et en firent l'application non-seulement aux voûtes mais encore à la construction des édifices, et parvinrent à constituer une architecture nouvelle, qui, du cintre à ogive, fut nommée Ogivale.

Cette architecture est encore caractérisée par des pignons aigus, par de menues colonnettes réunies en faisceau, par des pyramides, dentelures, feuilles déchiquetées composant un ensemble aussi léger que merveilleux. Elle fut employée exclusivement du douzième au seizième siècle, et fit place, à son tour, à un nouveau style connu sous le nom de Renaissance (2).

(1) Aucun morceau de menuiserie de la période romane n'est arrivé jusqu'à nous : On sait seulement que les menuisiers étaient nommés *huchiers*, du mot huche, sorte de coffre à renfermer le pain ; qu'ils étaient sous la dépendance du charpentier du roi, et qu'il leur fut donné un règlement en 1290, par Charles de Montigni, garde de la prévôté.

(2) L'époque ogivale est celle où la menuiserie a été le plus en honneur et travaillée avec perfection ; beaucoup d'églises en possèdent encore de riches

Ainsi que l'indique le nom de Renaissance, ce style fut le retour à l'Architecture antique dont il remit en usage les colonnes, l'arc en plein cintre et l'entablement que l'ogive avait fait disparaître. La Renaissance proprement dite, date du commencement du seizième siècle, de Louis XII à Louis XIV. De l'avènement de Louis XIV à la mort de Louis XVI, elle subit, dans l'ornementation, divers changements connus sous les noms de style ou genre Louis XIV, Louis XV et Louis XVI. Ce sont ces différents styles que les architectes emploient simultanément, tout en les modifiant pour les approprier au goût du jour.

La plupart des ouvriers menuisiers ne connaissent l'Architecture que de nom; aussi sont-ils fort embarassés quand ils sont appelés à faire un travail y ayant rapport : ce n'est qu'alors qu'ils comprennent combien il leur serait avantageux d'en connaître les principes.

Je n'ai rien négligé dans cette seconde partie de ce qui m'a paru propre à leur en faciliter l'étude, et je ne saurais trop recommander aux jeunes ouvriers de profiter de toutes les occasions qui se présenteraient pour en acquérir la connaissance. Ce n'est ni au café, ni dans les guinguettes qu'on apprend les choses utiles; l'âge de s'établir arrive avec le regret de ne pas avoir mis à profit les loisirs de la jeunesse que les soucis de l'âge mûr font disparaître pour toujours. Je désire que l'*Ouvrier Menuisier*,

---

morceaux dont le plus ancien, d'après M. Guilmard, est la chaire à prêcher de la cathédrale de Strasbourg qui date du quinzième siècle. (Cette chaire est tombée de vétusté en 1865.)

Les menuisiers conservèrent le nom de huchiers puis celui de huissiers, dérivé de huis, qui signifiait une porte jusqu'à la fin du quatorzième siècle. Un arrêt rendu le 4 septembre 1382, en augmentant les statuts de cette communauté, ordonna qu'à l'avenir on les appelerait menuisiers, ce qui signifie travaillant à de menus ouvrages. Le dernier règlement qui leur fut donné date du mois d'août 1645.

fruit de huit années de veilles, les mette à même d'éviter ce regret en leur donnant la facilité d'apprendre à faire leurs plans : ce qui les dispensera d'avoir recours à d'autres, moyen souvent dispendieux et toujours humiliant.

# CHAPITRE XVI.

-----

## PLANCHE 51.

### *Table à Coulisses.*

Les *fig.* de 1 à 7 donnent la disposition et les détails d'une table à coulisses de dix-huit couverts, la *fig.* 1 est l'élévation de la table ouverte : la *fig.* 2 en est le plan. La *fig.* 3 est le plan de la table fermée. La largeur du dessus varie de 1$^m$25 à 1$^m$40. La longueur des coulisses est limitée par la distance des traverses A,B. Lorsque la table est ouverte, leurs croisements doivent être de 0$^m$25 à 0$^m$30. Des chevilles d'arrêt, de 15 millimètres de grosseur et en bois très-dur, en limitent la course ; ces arrêts se font quelquefois en fer et sont fixés sur le champ de dessous des traverses, *fig.* 7.

Quand la table est de plus de douze couverts, le nombre de coulisses doit être impair ; une traverse C, dans laquelle sont assemblés les pieds D, est fixée à la coulisse du milieu.

Pour fixer la position des chevilles d'arrêt, il suffit d'ajouter à la longueur du croisement des coulisses le nombre d'arrêts, de retrancher le total de la longueur des coulisses, de porter la moitié du surplus de longueur de *a* en *b*, et du point *b*, porter côté à côté la grosseur des arrêts ainsi qu'il est fait au plan *fig.* 3.

La *fig.* 4, au double de l'échelle, est une coupe faite sur les coulisses suivant EF, *fig.* 3. La *fig.* 5 est la face intérieure d'une coulisse ; les traits *c,d*, indiquent la rainure servant de conduit à l'arrêt *e*.

La *fig.* 6 est la face extérieure de la même coulisse ; le point *e*, est l'arrêt ayant une saillie de 7 à 8 millimètres ; il doit être placé de l'intérieur des coulisses, afin de pouvoir le retirer au besoin.

Chaque coulisse porte un arrêt et une rainure : tous les arrêts sont marqués de la lettre *e*.

La largeur des tablettes de rallonge est de 0^m 50. Elles s'assemblent par trois petits tenons à peigne, ou par une languette et une rainure. Des crochets fixés à chaque extrémité les maintiennent à joint.

### Figures 8 et 9.

#### *Table à Jeu.*

La position du pivot est la seule difficulté d'exécution de ces sortes de tables : pour la déterminer, il suffit de déployer les deux parties AB, du dessus ; puis de tracer transversalement une des parties avec le plan du pied, ainsi qu'il est fait à la *fig.* 9 ; de joindre par une droite les points C,D ; d'élever une perpendiculaire sur le milieu de cette droite, d'en élever une autre sur le milieu de EF : la rencontre de ces deux perpendiculaires au point G sera la position du pivot, qui donnera celle de la traverse H.

Le boulon n'est pas apparent ; on le fixe, au-dessus de la table I, par une plaque en fer, O *fig*. 10.

## Figure 11.

### *Appareil à Plaquer.*

Cet appareil consiste en une série de châssis AA, solidement assemblés et espacés l'un de l'autre de $0^m90$ à $1^m$, reliés par un fond B de 5 à 6 centimètres d'épaisseur, ainsi que par un dessus de moindre épaisseur : la pression se fait au moyen de liteaux C,C, ayant environ 15 millimètres au carré, sur $1^m$ 20 de longueur ; chaque liteau, exerce une pression moyenne de vingt kilogrammes. Or, comme on peut mettre de 50 à 70 liteaux par mètre carré, on peut obtenir, sur cette surface, une pression de mille à treize cents kilogrammes, qui est plus que suffisante pour amener à joint les parties plaquées.

Ce système a aussi l'avantage d'exercer une pression continue qu'on n'obtient pas avec les châssis à vis : l'opération se fait plus promptement et plus facilement quelle que soit la grandeur de la pièce ; enfin, on évite les ampoules, ce qui n'est pas le moindre avantage de ce système sur celui des châssis à vis.

## Figures 12, 13, 14 et 15.

### *Pupitre Porte-Missel.*

Ce pupitre se fait en bois plein, d'une seule et même pièce, sans aucune ferrure. Pour tracer la charnière après avoir corroyé le bois d'après la largeur AB, *fig*. 12, et l'épaisseur CD, *fig*. 13, il faut donner un trait de trusquin sur le milieu de l'épaisseur, décrire un cercle E, ainsi qu'il est indiqué à la *fig.* 14, qui est d'une grandeur double de celle 13 ; ce cercle sera l'extérieur de la charnière et devra tangenter l'épaisseur du bois moins un millimètre à peu près. Après avoir séparé chaque joint *a,a*, du nœud, ce qui se fait avec une scie très-mince, on découpera la charnière sur le plat et des deux côtés, ainsi que l'indique la *fig.* 12, en observant de croiser les entailles de part et d'autre pour former le nœud ; ces entailles devront être poussées jusqu'au milieu de l'épaisseur du bois en suivant le cintre du cercle E ; on donnera aussi une légère inclinaison aux lignes d'arrêt *o,o*, afin que le pupitre ne s'ouvre pas carrément, ce qui ferait glisser le livre dehors. La charnière étant ainsi formée, on donnera un trait de scie sur le champ, suivant le trait de trusquin : si la charnière a été faite avec précision les deux pièces s'ouvriront seules.

La *fig.* 16 est un outil à percer : il consiste simplement en une pointe dont la tête a été aplatie, avant de l'emmancher, pour qu'elle ne tourne pas dans le manche, et dont le bout a été affûté en triangle avec le tiers-point. Cet outil peu connu des ouvriers, est très-commode pour percer des trous de 1 à 5 millimètres, sans faire fendre le bois, quelque rapprochés qu'ils soient du bord.


## PLANCHE 52.

### *Moulures simples et profils.*


Les moulures simples sont les Doucines, nos 1, 2, 3, le Talon 4, le Talon renversé 5, le Quart de rond 6, 7, le Cavet 8, la Gorge 9, le Congé 10, le Filet 11, la Baguette

12, le Tore 13, le Tore en demi-cœur 14, le Larmier 15, la Scotie 16, la Plate-Bande 17, et le Boudin 18.

Toutes ces moulures peuvent être tracées avec le compas et la règle, mais on obtiendra plus de douceur dans les contours en traçant à la main celles composées de lignes courbes, telles que les Doucines, Talons, Scoties et Boudins.

Les profils sont des moulures composées dont les dimensions sont ordinairement limitées approximativement par la grandeur des panneaux qu'ils encadrent. On ne saurait apporter trop de soin à leur composition, afin qu'ils produisent un bon effet dans l'ensemble de la décoration.

Les nᵒˢ 19 à 31 donnent une série de profils pour portes d'intérieur et classés par lettre alphabétique; plusieurs sont applicables à différents styles, et le caractère de certains dépend du plus ou moins de refouillement. Pour ne pas reproduire inutilement les épaisseurs des bois, j'ai figuré différents profils sur chacun d'eux, de sorte qu'on n'aura égard qu'à la lettre indicative sans tenir compte du profil opposé qui peut être d'un autre genre.

A Profils Renaissance.
B » Louis VIV.
C » Louis XV.
D » Louis XVI.

PLANCHE 53.

Les profils de 1 à 9 sont dessinés demi-grandeur d'exécution; les nᵒˢ 1,2,3, sont des profils pour portes cochères, et ceux de 4 à 9, des profils pour portes bâtardes, nommées par les ouvriers *portes d'entrée*.

On pourra employer ces différents profils, soit pour

portes cochères, soit pour portes bâtardes, en augmentant les uns et en diminuant les autres, afin de les mettre en rapport avec les dimensions des portes auxquelles on en fera l'application.

Les cadres de l'extérieur des n^os 1,3,5,6 et 9 sont rapportés sur les bâtis, ce qui simplifie beaucoup la main-d'œuvre. Ces moulures sont fixées de l'intérieur par des vis dont la tête est cachée par une baguette A, ou par le doublage, lorsqu'on en met un comme au n° 9.

Les n^os de 10 à 20 sont des profils pour chambranle, dessinés grandeur d'exécution.

## PLANCHE 54.

### *Profils de Corniches.*

Les corniches sont aussi des profils et demandent beaucoup d'attention dans leur composition pour être en rapport avec les boiseries dont elles font partie.

En dehors des corniches appartenant aux ordres d'architecture il n'y a pas d'autre règle que le bon goût pour en fixer les proportions : on pourra, sans craindre de tomber dans une dimension extrême, leur donner pour hauteur la douzième partie environ de celle de l'appartement.

Cette planche renferme une collection de profils les plus en vogue, que j'ai classés de la manière suivante :

| | | | |
|---|---|---|---|
| N^os | 1 à | 7 | Moderne. |
| » | 8 à | 13 | Renaissance. |
| » | 14 à | 15 | Louis XIV. |
| » | 16 à | 19 | Louis XV. |
| » | 20, | 21 | Louis XVI. |
| » | 22 à | 24 | Roman. |
| » | 25 à | 28 | Ogival. |

## PLANCHE 55.

### *Coupe des Corniches.*

La *fig.* 1 est le plan ou plutôt la réunion de toutes les coupes pouvant se présenter dans la pose d'une corniche. Pour faire ce plan, il faut abaisser les lignes d'aplomb 1,2, 3,4,5,6, *fig.* 2; prendre leur distance du point 8; la porter au plan à partir de la ligne du nu de la boiserie ou du mur A pour fixer les points 1,2,3,4,5,6,7. Par ces points, on fait passer autant de parallèles au mur : la rencontre de ces parallèles donnent les lignes de coupes.

Les coupes S étant d'onglet seront faites dans la boîte *fig.* 3.

Les autres coupes seront faites dans les boîtes *fig.* 4 et 5, dont la largeur intérieure, AB, doit être égale à la hauteur de la corniche, et la hauteur excéder de quelques centimètres la plus longue ligne de coupe du plan.

Pour faire la coupe C, *fig.* 1, il faut donner un trait de scie, DE, FG, parfaitement d'équerre tant sur la largeur que sur la hauteur de la boîte, *fig.* 4; tirer une ligne, HI, d'équerre, à la ligne de coupe C, *fig.* 1; puis couper un morceau de planche en forme de coin faisant un angle égal à IHK ; fixer ce coin contre le côté intérieur de la boîte, *fig.* 4, de manière qu'il repose sur le fond et que l'extrémité I aboutisse juste au trait de scie : ce coin donnera l'inclinaison voulue à la corniche et on fera la coupe d'après les traits de scie DE, FG.

Pour faire la coupe N, du ressaut O, il faut d'abord faire la coupe P, dans la boîte, *fig.* 3, puis donner un trait de scie AB, CD, d'équerre à la boîte, *fig.* 5; fixer un liteau M, contre le côté de la boîte, parallèlement et à une distance du trait de scie égale à l'épaisseur *a,b* du ressaut :

ce liteau servira d'appui à la coupe P. Après avoir donné le trait de scie jusqu'en C, on retournera la corniche sens dessus dessous pour faire le retour *t*.

Le ressaut R sera coupé de la même manière, mais en sens inverse.

Pour faire la coupe T, il faut tirer la tangente *c d* ; puis faire un calibre dont le dessous soit sur cette ligne et le côté coupé d'après la ligne T ; on se servira de ce calibre pour tracer des deux côtés de la boîte les traits de scie *f,g*, *fig*. 4. On marquera sur la corniche les points *h, i, k, l*, du plan ; puis on la présentera dans la boîte en faisant coïncider les points *h, k*, avec les traits de scie *f, g*, en observant que le point *l*, soit au dessus du fond de la boîte, à une hauteur égale *d, l*, du plan. On opérera de même pour faire la coupe U.

Pour couper le retour V, on en relèvera un calibre dont on se servira pour tracer les traits de scie *m, n, fig*. 5, ainsi qu'une ligne d'aplomb à l'intérieur de la boîte, pour fixer la position du liteau O. Après avoir fait la coupe droite S, on placera le retour dans la boîte en l'appuyant contre le liteau O, pour faire la coupe cintrée.

On coupera le ressaut X de la même manière.

La coupe du ressaut Y se fera comme les précédentes, en traçant au moyen d'un calibre les traits de scie *p, p*, ainsi que la position du liteau *q*. Après avoir fait la coupe cintrée, on présentera le même calibre sens dessus dessous des deux côtés de la boîte, pour tracer les traits de scie, *s, s*, puis à l'intérieur pour fixer la position du liteau *r*. La coupe *u*, formant le crochet, est déterminée par l'aboutissement de la ligne courbe et de la droite.

Toutes les coupes droites pourraient être faites dans une boîte à récaler, *fig*. 6, laquelle porterait un guide faisant charnière ; il suffirait de marquer l'obliquité de la coupe ainsi qu'il est fait en $v\,x$, *fig*. 1. Ces points fixeraient l'inclinaison de l'extrémité, $y\,z$ de la boîte.

PLANCHE 56.

*Parallèle des cinq ordres d'Architecture.*

Un ordre d'architecture est composé de trois parties principales, l'*Entablement*, la *Colonne*, et le *Piédestal* ; chacune de ses parties se divise en trois autres parties, savoir : — Pour l'entablement, la corniche D, la frise E, et l'architrave F ; — Pour la colonne, le chapiteau G, le fût H, et la base I ; — Pour le piédestal la corniche K, le dé L, et la plinthe M. Chacune de ces parties sont composées de moulures dont les dimensions sont réglées par les échelles A, B. Ces deux échelles sont indépendantes l'une de l'autre ; je leur ai donné une même longueur afin de faire mieux ressortir la différence qui existe entre chaque ordre.

Chaque division principale de ces échelles se nomme *Module* et les subdivisions du module *Partie*.

Le module n'a aucun rapport avec le mètre : il se divise en douze parties égales pour le Toscan et le Dorique, et en dix-huit pour l'Ionique, le Corinthien et le Composite. C'est pour éviter les fractions autant que possible, qu'on le divise en dix-huit parties pour ces trois ordres dont les moulures sont plus délicates que celles du Toscan et du Dorique.

La longueur du module est donnée par la hauteur de l'ordre à élever.

Quand on veut dessiner un ordre, on commence par diviser la hauteur totale en dix-neuf parties égales ; pour le Toscan, le Dorique et l'Ionique, on en donne quatre au piédestal, douze à la colonne et trois à l'entablement.

Si l'on veut dessiner l'ordre Corinthien, on divise la hauteur donnée en trente-deux parties égales : on en donne sept au piédestal, vingt à la colonne et cinq à l'entablement.

Ces trois dimensions principales étant déterminées, pour avoir la longueur du module, on divisera la hauteur NO de la colonne :

En quatorze parties égales pour l'ordre Toscan : une de ces parties sera la longueur du module.

En seize parties égales pour l'ordre Dorique : une de ces parties sera la longueur du module.

En dix-huit parties égales pour l'ordre Ionique : une de ces parties sera la longueur du module.

Enfin en vingt parties égales pour l'ordre Corinthien, dont une sera la longueur du module.

Le diamètre inférieur de la colonne égale toujours deux modules, et cela pour tous les ordres; de sorte que la colonne de l'ordre Toscan a de hauteur, base et chapiteau compris, sept fois son diamètre; la colonne Dorique huit fois son diamètre; la colonne Ionique neuf fois son diamètre, et la colonne Corinthienne dix fois son diamètre.

La hauteur totale de chaque ordre est réglé comme suit :

> Ordre Toscan : 22 modules, 2 parties.
> Ordre Dorique : 25 modules, 4 parties.
> Ordre Ionique : 28 modules, 6 parties.
> Ordre Corinthien : 32 modules.

Il est à remarquer que l'ordre Dorique a trois modules, deux parties de plus que le Toscan, et que l'ordre Ionique a juste cette hauteur de plus que le Dorique.

Telles sont les dimensions généralement adoptées pour chaque ordre : dimensions qui ont été et sont encore modifiées par les hommes de l'art. Mais comme ces modifications, pour être faites avec discernement, exigent une intelligence supérieure, on fera bien de se conformer aux dimensions ci-dessus, ou dans le cas contraire de prendre conseil d'un architecte capable.

L'échelle C ne se fait qu'après que l'Ordre qu'on veut exécuter a été dessiné ; sa longueur est donnée par la hauteur du dessin comparé à la hauteur réelle de l'ordre exécuté : ainsi, en supposant qu'on veuille appliquer l'Ordre Ionique à la décoration d'un salon ayant quatre mètres de hauteur, on divisera la hauteur totale, ST, de l'ordre en quatre parties égales ; une de ces parties représentera le mètre sur le dessin. D'après l'échelle C il faudrait un salon de 4ᵐ 89ᶜ de hauteur pour l'Ordre Ionique. Cette hauteur se réduirait à 4ᵐ 33ᶜ pour le Dorique.

Comme en menuiserie on fait quelquefois le fût des colonnes en bois de couleur et la base ainsi que le chapiteau en d'autres bois, il est bon d'observer que le fût de la colonne comprend le carré ou filet P, de la base I, et qu'il se termine au-dessus de l'astragale Q, de sorte qu'il faut que l'astragale Q, et le filet P, soient de même couleur que le fût, puisqu'ils en font partie.

PLANCHE 57.

*Ordre Toscan.*

*Fig.* 1. Détails de l'entablement et du chapiteau de la colonne.
» 2. Détails du piédestal et de la base de la colonne.
» 3. Plan de la corniche et du chapiteau.
» 4. Plan de la base de la colonne.
» 5. Entre-colonnement.
» 6. Portique sans piédestal.
» 7. Portique avec piédestal.

Noms des membres ou moulures composant l'Ordre Toscan :

### CORNICHE.

A, Socle ; B, Reverdeau ; C, Quart de rond ; D, Baguette ; E, Filet ; F, Larmier ; G, Filet ; H, Talon.

### ARCHITRAVE.

I, Listel ; K, Face.

### CHAPITEAU.

L, Listel ; M, Tailloir ; N, Echine ; O, Filet ; P, Gorgerin.

### COLONNE.

Q, Astragale ; R, Fût ; S, Listel.

### BASE.

T, Tore ; U, Socle.

### PIÉDESTAL.

V, Listel ; W, Talon ; X, Dé ; Y, Filet ; Z, Socle ou plinthe.

### FIGURE 7.

a, Archivolte ; b, Imposte ; c, Pied-droit.


## PLANCHE 58

*Ordre Dorique*

*Fig.* 1. Détails de l'entablement et du chapiteau de la colonne.

» 2. Détails du piédestal et de la base de la colonne.

» 3. Plan de la base.

» 4. Plan du chapiteau.

» 5. Entre-colonnement.

*Fig.* 6. Portique sans piédestal.

  »  7. Portique avec piédestal.

  »  8. Imposte et archivolte du portique sans piédestal.

  »  9. Imposte et archivolte du portique avec piédestal.

Cet ordre a deux entablements : l'un nommé *denticulaire*, dessiné sur cette planche ; le second nommé *mutulaire*, est donné ainsi que les plafonds des corniches de ces deux entablements, à la *planche* 61.

Le fût de la colonne peut être lisse ou cannelé : le nombre de cannelures pour la colonne est de vingt ; les pilastres de cet ordre n'en ont que cinq avec un filet sur l'angle.

Pour tracer les cannelures de la colonne il faut joindre les points de division par une droite ; du centre de la colonne tracer une ligne passant par le milieu de la droite ; décrire l'arc de cercle *ab* : le point *c* sera le centre de la cannelure, *fig.* 10.

L'axe des trygliphes doit tomber d'aplomb sur l'axe de la colonne ; leur saillie varie d'une demi-partie à une partie, selon les canaux dont ils sont creusés : la saillie d'une partie est préférable.

On nomme *métope* l'intervalle compris entre deux trygliphes. La métope doit être carrée ; elle est ordinairement remplie de sujets tels que trophées d'armes, têtes d'animaux, attributs d'agriculture, de commerce, etc.

Noms de chacun des membres composant l'ordre Dorique :

### CORNICHE.

A, Listel ; B, Cavet ; C, Filet ; D, Talon ; E, Larmier ; F, Goutes ; G, Denticules ; H, Talon ; I, Chapiteau-trygliphe.

FRISE.

K, Métope; L, Tête de Bœuf; M, Trygliphe; N, Canaux.

ARCHITRAVE.

O, Listel; P, Filet; Q, Goutes; R, face.

CHAPITEAU.

S, Filet; T, Talon; U, Face; V, Echine; X, Filet;
Y, Gorgerin.

COLONNE.

*a*, Astragale; *b*, Filet; *c*, Congé; *d*, Fût; *e*, Cannelures
à vives arêtes.

BASE.

*f*, Baguette; *g*, Tore; *h*, Socle.

PIÉDESTAL.

*i*, Listel; *j*, Quart de rond; *k*, Filet; *l*, Face; *m*, Talon;
*n*, Dé; *o*, Filet; *p*, Baguette; *q*, Talon; *r*, Plinthe;
*s*, Socle.

IMPOSTE ET ARCHIVOLTE.

*t*, Grande face; *u*, Petite face.

PLANCHE 59.

*Ordre Ionique.*

*Fig.* 1. Détails de l'entablement et du chapiteau.
» 2. Plan du chapiteau.
» 3. Détails du piédestal et de la base de la colonne.
» 4. Plan de la base.
» 5. Plan de la corniche.
» 6. 7. 8. Elévation, plan et coupe du chapiteau de
Scamozzi.
» 9. Imposte et archivolte.

Cet ordre a deux espèces de chapiteaux : l'antique, *fig.* 1 et 2, et le moderne, *fig.* 7 et 8.

Le chapiteau antique présente sur deux côtés de ses faces des volutes se rejoignant par un ornement nommé balustre ou coussinet : ce balustre est tangent à l'astragale qui appartient à la colonne, bien qu'elle semble faire partie du chapiteau ; ce qu'il est bon d'observer pour le motif que j'ai donné en parlant des parties principales des cinq ordres.

Les quatre faces du chapiteau moderne, *fig.* 7, sont semblables, ainsi que l'indique le plan, *fig.* 8. Le tailloir A, se trace de la même manière que celui du chapiteau corinthien.

Le fût de la colonne peut-être lisse ou cannelé ; le nombre de cannelures pour la colonne est de vingt-quatre et de sept pour le pilastre. Elles sont séparées par un filet d'une largeur égale au tiers des cannelures.

Comme le pilastre est aussi large en haut qu'en bas, son chapiteau est plus large que celui de la colonne : pour rendre cette différence moins sensible, on fera bien, quand il y aura des colonnes et des pilastres dans une décoration, de donner moins de saillie aux volutes des pilastres et un peu plus à celles des colonnes. On observera aussi aux chapiteaux des pilastres que l'échine ou quart de rond ordinairement taillé d'ove, ne peut avoir sa véritable saillie qu'au milieu, et qu'il faut diminuer cette saillie aux extrémités, de sorte qu'elle n'excède pas celle des volutes.

*Tracé de la Volute.*

La hauteur totale de la volute, *fig.* 1, est de seize parties. La ligne verticale *m*, passant par l'œil de la volute
se nomme cathète : cette ligne est éloignée de dix-huit
parties du centre de la colonne, la ligne horizontale, passant aussi par l'œil de la volute est à neuf parties en contre-bas du tailloir : cela posé, pour la tracer, tirez une
ligne AB (*fig.* 10), égale à la hauteur de la volute ; divisez cette ligne en seize parties égales (ces divisions sont
portées sur le côté pour ne point embrouiller la figure).
De la neuvième division, comme centre, décrivez un
cercle ayant deux parties de diamètre : ce cercle sera
l'œil de la volute, cet œil étant trop petit pour indiquer
clairement les points de centre, je l'ai dessiné beaucoup
plus grand à la *fig.* 11.

Le cercle étant décrit, tracez les carrés, ainsi qu'il est
fait à la *fig.* 11 ; divisez les lignes *a,c,b,d*, en six parties
égales, ce qui donnera les points *a,b,c,d,e,f,g,h,i,k,l,m* ;
joignez le point *a*, au point *b*, le point *b*, au point *c*, le
point *c*, au point *d*, le point *d*, au point *e*, et ainsi de
suite : ces lignes prolongées serviront à fixer la longueur
des portions de cercle qui se joindront sans jarrets, puisque
leurs centres seront sur une même ligne. Ainsi le point *m*,
sera le centre de l'arc de cercle AB, le point *l*, sera le centre de l'arc BC, le point K, celui de CD, le point *i*, celui de
DE, le point *h*, celui de EF, et ainsi de suite. Si l'on a
opéré juste, le dernier arc de cercle MN, ayant le point *a*
pour centre, se raccordera avec le haut du listel de la
volute.

Ordinairement on commence à tracer la volute par le

haut, c'est-à-dire les arcs de cercle **NM**, **ML**, **LK**, et ainsi de suite, en terminant au centre (ce que je n'ai pu faire ici, puisque la *fig.* 11 ne comporte que le premier tour du centre.) Quoique le résultat soit le même, il convient de commencer par le haut, ce qui permet de corriger plus facilement le défaut de précision dans le tracé.

La largeur du listel sous le tailloir est d'une partie ; la ligne intérieure se trace aussi au compas : pour cela, on divise la distance des points du centre du premier tour comme $a,e$, par exemple, en quatre parties égales ; on porte une de ces parties de $a$ en $n$, de $b$ en $o$, et ainsi de suite : ces points seront les centres de la ligne spirale intérieure qui sera tracée de la même manière que celle de l'extérieure.

Noms de chacun des membres composant l'ordre Ionique.

### CORNICHE.

A, Cymaise ; B, Filet ; C, Rais de cœur ; D, Larmier ;
E, Oves avec nervures ; F, Chapelet ; G, Denticules ;
H, Feuilles de refend ; I, Frise avec griffons et candelabres.

### ARCHITRAVE.

K, Trèfles à fleurons ; L, Grande face ; M, face moyenne ;
N, Petite face.

### CHAPITEAU.

O, Rais de cœur ; P, Listel de la volute ; Q, Canal de la volute ; R, Oves ; S, Balustre.

### COLONNE.

T, Astragale ; U, Cannelure à côtes ; V, Filet.

### BASE.

W, Petit tore ; X, Scotie ; Y, Gros tore ; Z, Socle.

PIÉDESTAL.

*a*, Listel ; *b*, Talon ; *c*, Larmier ; *d*, Quart de rond ;
*e*, Baguette ; *f*, Filet ; *g*, Dé, *h*, Talon ; *i*, Socle.


PLANCHE 60.


*Ordre Corinthien.*

*Tracé du plan du chapiteau, fig. 2.*


Croisez perpendiculairement les diagonales AC, BD, ayant quatre modules de longueur ; élevez vers leurs extrémités les perpendiculaires *a,b,c,d,* dont la longueur doit être de quatre parties et aboutir aux côtés du carré ABCD ; faites le triangle équilatéral *b,c,e* : le point *e*, sera le centre pour décrire la courbure du tailloir.

Faites ensuite l'élévation, *fig.* 3, en commençant par le tambour Q, contre lequel vous tracerez les feuilles et volutes dont la saillie est limitée par la ligne EF, et la retombée par les cotes de l'élévation ; abaissez les perpendiculaires *f,g,h,i,* sur la diagonale AD, du plan ; par le pied de ces perpendiculaires faites passer des circonférences qui limiteront la saillie des feuilles ainsi que des volutes dont vous tracerez l'enroulement K, en lui faisant suivre, autant que possible, la courbure du tailloir.

Les volutes et les feuilles étant tracées au plan, de leurs extrémités, élevez des perpendiculaires comme celles *l,m*, qui en limiteront la saillie à l'élévation, *fig.* 1. On opérera de la même manière pour les feuilles de la *fig.* 3.

Le chapiteau du pilastre Corinthien est semblable à celui du chapiteau de la colonne, quant aux parties dont ils sont composés ; seulement, comme le pilastre est plus large que le diamètre du haut de la colonne d'une quantité égale à la diminution de cette dernière, on fera bien de lui donner deux ou trois parties en hauteur de plus qu'au chapiteau de la colonne, quand bien même il y aurait des pilastres et des colonnes accouplées, parce qu'on augmenterait d'autant celui de la colonne.

Noms des parties composant le chapiteau :

G,    Fleur ou rose du tailloir.
H,    Tailloir.
I,    Grandes volutes.
K,    Petites volutes ou hélices.
L,    Tigettes.
M,    Caulicoles.
N,    Feuille du premier rang.
O,    Feuille du deuxième rang.
P,    Feuille du troisième rang.
Q,    Tambour.

### PLANCHE 61.

Cette planche renferme différents détails relatifs aux cinq ordres d'Architecture :

*Fig.* 1. Entablement mutulaire, Dorique.

*Fig*. 2. Entablement modillonnaire Ionique.
» 3. Plafond de la corniche mutulaire, Dorique.
» 4. Plafond de la corniche denticulaire, Dorique.
» 5. Plafond de la corniche modillonnaire, Ionique.
» 6. Plafond de la corniche Corinthienne.
» 7 à 17. Constructions des colonnes et des chapiteaux.
» 18 et 19. Epure de la colonne torse.
» 20 et 21. Frontons.

L'entablement dorique mutulaire (*fig*. 1), ne diffère de l'entablement denticulaire du même ordre que par les mutules A, placés sous le larmier, par l'architrave ayant deux faces, et par quelques changements de moulures. Quant aux dimensions des parties principales, elles sont les mêmes pour les deux entablements.

L'entablement Ionique modillonnaire, *fig*. 2, conserve les mêmes proportions de l'entablement denticulaire. Dans la disposition des modillons, on en placera un d'aplomb à l'axe de la colonne en D, et un à l'angle du profil en E : ce qui en donnera l'écartement.

La frise peut être bombée ainsi que l'indique la ligne pointillée, ce qui la rend lourde, peu gracieuse et impropre à recevoir de la sculpture; comme le cachet d'un ordre n'existe pas dans la décoration de la frise, on pourra y appliquer tel sujet qu'on jugera à propos; de plus, cela est du ressort du sculpteur et non du menuisier.

J'ai réuni sur cette planche, les plafonds des corniches Dorique, Ionique et Corinthienne, afin qu'on puisse d'un coup d'œil se rendre compte de la différence de richesse de chacun d'eux.

*Diminution de la colonne ( fig. 7 ).*

La colonne est cylindrique depuis le bas jusqu'au tiers AB, de la hauteur ; du tiers jusqu'au haut, elle diminue de grosseur suivant une ligne courbe, nommée conchoïde, qui s'obtient de la manière suivante :

Décrivez le demi-cercle AB, fixez le diamètre CD, du haut, qui égale pour toutes les colonnes les cinq sixièmes du diamètre AB ; du point C, abaissez une perpendiculaire sur le demi-cercle AB ; divisez en un même nombre de parties égales l'arc de cercle AE et la hauteur AC : l'intersection des perpendiculaires élevées des points de division de l'arc de cercle AE, avec les divisions de la hauteur donnent les points FF, qui limitent la courbure ou renflement de la colonne.

## Construction des colonnes.

Lorsque les colonnes sont destinées à supporter un poids considérable, on les fait d'une seule pièce ; en dehors de cette condition on les fait par douves (*fig.* 8), fixées sur des tasseaux taillés en polygone (*fig.* 9,10,11,12), dont les côtés sont donnés par la grosseur de la colonne mesurée à la hauteur où ils sont placés, déduction faite de l'épaisseur des douves, qui doit être égale sur les deux rives ; de manière que le joint soit tangent avec la circonférence de la colonne.

La *fig.* 13, est une coupe verticale, passant par l'axe de la colonne et indiquant la position des tasseaux fixés à un noyau G, passant par leur centre.

Les douves étant collées et chevillées sur les tasseaux

on terminera la colonne au moyen de calibres relevés sur les cercles extérieurs des *fig.* 9,10,11 et 12, en observant de ne pas dépasser les lignes de joint qui donneront le bouge sur la hauteur.

Les *fig.* 14, 15, 16 et 17, indiquent la manière de préparer le bois des chapiteaux avant de les donner au sculpteur ; les *fig.* 14, 15, sont pour le chapiteau Corinthien ; les *fig.* 16, 17, pour le chapiteau Ionique.

### *Tracé de la colonne torse.* Fig. 18.

La hauteur AB, de la colonne, ainsi que les lignes *a,b, c,d,* de la diminution du diamètre étant tracées d'après les proportions de l'ordre Ionique ou Corinthien (celle Toscan et du Dorique ne se torsent jamais), divisez la hauteur AB en quarante-huit parties égales ; puis, d'une ouverture de compas égale au septième du diamètre *bd* de la colonne, décrivez le petit cercle du plan (*fig.* 19) ; portez cette même ouverture des points *a,b,c,d,* pour fixer les points *e,f,g,h* ; par ces points, faites passer deux lignes parallèles à celles *a,b,c,d,* : ces deux lignes donneront la grosseur de la colonne avant d'être torsée.

Tracez au plan une circonférence ayant pour diamètre la distance *f,h,* ; divisez-la en huit parties égales, *i,k,l,m,n, o,p,q ;* tracez aussi les petites courbes *r,s,* en forme de cœur, partant du centre *s,* et se joignent sans jarret au point *r,* tout en coupant les rayons *su, sz,* en deux parties égales.

Pour déterminer la ligne spirale du milieu AB, il faut observer qu'elle commence au point A, et que le premier tour AC, est donné par les points 1,2,3, projetés du plan où la petite courbe *r,s,* coupe les rayons *k,l,m.* De C en D, elle est limitée par les points $r,t,u,v,x,y,z,x$, projetés de ceux du plan et portant la même lettre. Le demi-tour BD du haut s'obtient comme celui du bas, en projetant sur les lignes de divisions 45,46,47, les points où la petite courbe $r,s$, coupe les rayons $t,u,v$.

Pour tracer les lignes du profil $a,b,c,d$, prenez au plan la distance des deux cercles comme $p,u$; portez cette distance sur les lignes de division de chaque côté de la ligne spirale AB, depuis le bas jusqu'au tiers de la hauteur de la colonne; à partir de ce point, comme la colonne diminue de grosseur, vous ne pouvez plus vous servir de la ligne spirale, à moins de faire une diminution proportionnelle à celle de la colonne : ce qui serait trop long; il est donc plus simple de prendre la distance des points HH, II, LL, MM, et de la porter successivement sur les lignes de division jusqu'à la hauteur du point D; à partir de ce point vous vous servirez de la partie BD de la spirale AB pour terminer le haut.

La ligne spirale P, du renflement du torse, s'obtient en projetant les points $n,o,p,q,i,k,l,m$, du plan sur les lignes de division 4,5,6,7,8,9,10,11,12; puis, en reportant ces points projetés sur les divisions supérieures, en prenant toujours pour point de départ les lignes $e,f$, et $g,h$, à l'exception du demi-tour AC du bas, et celui BD du haut où le renflement étant moindre, la ligne spirale est tangente à celle du profil.

Pour l'exécution, après avoir terminé la colonne, suivant les lignes $e,f,g,h$, tracez sur toute la hauteur de la colonne, des lignes correspondantes aux points $i,k,l,m$, $n,o,p,q$, du plan; tracez aussi les divisions de l'élévation : la rencontre de ces lignes déterminera, sur la surface de la colonne, la ligne spirale du bouge P, ainsi que celle du creux R.

Les spirales P et R étant tracées, donnez sur cette dernière un trait de scie, en observant de fixer le sommier de la scie, de manière qu'il repose sur la colonne lorsque la lame aura atteint la profondeur voulue qui est donnée par les lignes du profil : cette profondeur est égale sur toute la hauteur de la colonne mesurée des lignes *e,f,g,h*, ce qui simplifie beaucoup le tracé et l'exécution.

Le trait de scie étant donné dans toute la longueur de la spirale R, on enlèvera le bois à la gouge, en se servant d'un calibre relevé sur l'une des lignes du profil.

On pourrait donner d'autres traits de scie parallèles à celui R, la profondeur de ces traits serait reglée d'après leur écartement et mesurés de la ligne *e,f*, à celle du profil : cette manière d'exécution est préférable à l'emploi d'un calibre, le trait de scie déterminant rigoureusement la masse du bois à enlever.

### Tracé des Frontons.

Les frontons sont composés de deux corniches rampantes se joignant au centre H, (*fig.* 20) et reposant sur la corniche horizontale dont la moulure du haut est supprimée : de sorte que c'est la moulure supérieure de la corniche rampante qui vient profiler à l'extrémité de la corniche horizontale. Ces corniches ont toujours un même profil.

Les denticules, mutules et modillons, peuvent être placés d'équerre à la corniche rampante ou en biais, c'est-à-dire ayant les côtes perpendiculaires et tombant d'aplomb avec celles de la corniche horizontale.

On nomme *tympan* l'espace I, compris entre les corniches.

La hauteur du fronton est égale au cinquième de sa largeur : on détermine aussi la hauteur en décrivant, du point K, l'arc de cercle LM ; puis, du point M, comme centre, avec LM, pour rayon, on décrit l'arc qui donne le point H, pour le sommet du fronton.

# CHAPITRE XVII.

## Menuiserie d'intérieur.

---

PLANCHE 62.

### *Parquets.*

Les parquets se font ordinairement par feuilles de quatre-vingt-dix centimètres à un mètre carré, ou par bandes de plusieurs mètres de longueur et d'une largeur déterminée par le raccord des compartiments.

Il y a trois manières de faire les feuilles de parquet; — en bois plein n<sup>os</sup> 8 et 9 ; — en assemblage n° 10, et en bois de rapport plaqué sur un massif n<sup>os</sup> 1 à 7 et n<sup>os</sup> 10 à 19. On ne doit employer que des bois homogènes et d'égale dureté.

Avant de commencer un parquet, il faut toujours en faire le plan général, sur lequel on détermine la dimension des feuilles, la position des lambourdes et, quelquefois, le genre de parquet approprié à la forme du périmètre de la salle.

Les lambourdes doivent croiser les solives du plancher et être scellées dans toute leur longueur; leur distance est réglée par l'épaisseur et la grandeur des feuilles du parquet, qui se joignent ensemble à rainure et languette.

Les vis ou les pointes servant à fixer le parquet sur les lambourdes, ne doivent pas êtres apparentes ; ainsi, les feuilles en assemblage, à fougère, à bâtons rompus, sont fixées par le champ, avant de mettre la feuille suivante ; en outre, aux feuilles en bois de rapport, on ménage de distance en distance des parties non collées et correspondant aux lambourdes ; ces parties servent à fixer la feuille et ne reçoivent le placage qu'après la pose du parquet.

Dans les feuilles en assemblage, les panneaux doivent être disposés de manière que le fil du bois soit croisé et forme raccord.

Ordinairement on met une frise au pourtour du salon. Cette frise reçoit les abouts des feuilles et sert aussi a corriger les inégalités des murs.

Noms des compartiments composant les feuilles données sur cette planche :

N° 1. Losanges en échiquier.

N° 2. Losanges à dents de scie.

N° 3. Losanges à pointes de diamant.

N° 4. Losanges branchés.

N° 5. Têtes de clous.

N° 6. Compartiment à grille.

N° 7. Panneau rubanné.

N° 8. Panneau à fougère.

N° 9. Bâtons rompus.

N° 10. Panneau en assemblage.

N° 11. Losanges rubannés.

N° 12. Exagones étoilés.

N° 13. Dé avec fond.

N° 14. Dé sans fond.

N° 15. Croix de Malte à compartiment.

N° 16. Losanges étoilés.

N° 17. Etoiles confuses.

N° 18. Octogones à étoiles.

N° 19. Panneau de milieu.

N° 20. Frises.

## PLANCHE 63.

### *Tambours.*

Les tambours servent à fermer l'entrée des vestibules ainsi qu'à empêcher la poussière de pénétrer dans l'intérieur lorsque la porte extérieure est ouverte ; la simplicité de ces sortes de vitrages ne comporte pas d'explication ; toutefois, j'observerai que ce ne sont pas ceux chargés de petits bois qui sont les plus riches, loin de là, les petites ouvertures, tant façonnées soient-elles, sont toujours mesquines, ainsi qu'on peut s'en rendre compte d'après les quatre modèles donnés sur cette planche :

*Fig.* 5. Coupe sur AB.

» 6. Coupe sur CD.

» 7. Coupe sur EF.

» 8. Coupe sur GH.

## PLANCHES 64, 65, 66 et 67.

### *Lambris de hauteur.*

Chacune de ces planches donne un lambris de hauteur d'après les différents styles : ces lambris peuvent être exécutés indistinctement soit pour salon de compagnie ou pour salle à manger, en appropriant les meubles à la destination du salon.

Le lambris planche 64, ainsi que la bibliothèque placée au milieu, sont composés d'après le style *Renaissance*; les moulures employées sont semblables à celle de l'antique, mais plus mignardes et généralement taillées d'ornements ainsi que les fonds. Ce genre ne comporte que la ligne droite et partie de cercle. Toutes autres lignes tourmentées, c'est-à-dire cintrées de côté et d'autre, doivent être rigoureusement écartées.

La décoration du lambris (planche 65), est du Louis XIV; le meuble peut servir de bibliothèque ou de meuble à argenterie ; le principe pour les lignes est le même; les moulures sont ordinairement lisses mais plus fortes que celles de la Renaissance : il en est de même de l'ornementation qui est moins prodiguée, plus grandiose, mais plus lourde.

La planche 66 donne une décoration de lambris ainsi qu'un meuble-étagère, genre Louis XV ; ce genre est en quelque sorte la contre-partie de la Renaissance, ayant pour base la ligne droite ; ici c'est l'inverse : la ligne droite est remplacée par des courbes tourmentées n'ayant que le caprice pour limite. Les moulures sont plus refouillées et la sculpture atteint un tel degré de souplesse qu'il n'y a pas de courbes auxquelles elles ne puisse s'appliquer.

Le lambris (planche 67), est décoré d'après le genre Louis XVI. Dans ce style, plus de courbes mouvementées ; la ligne droite est de nouveau employée ; les profils ne sont plus refouillés et la sculpture, beaucoup plus calme, contraste singulièrement avec celle du style précédent.

En comparant ces quatre lambris on se rendra facilement compte de la différence existant entre chacun d'eux, ainsi que des ornements et des lignes qui les caractérisent.

20

Le but principal qu'on cherche à atteindre en lambrissant un appartement dans toute sa hauteur est de le rendre plus chaud ; aussi n'est-ce que dans les pays froids que les lambris de hauteur sont employés pour décorer les appartements ; dans un pays chaud ils ne seraient bons qu'à engendrer la vermine.

Les lambris décorent d'autant mieux un salon, qu'ils s'harmonisent avec l'ameublement et qu'ils sont susceptibles de toute la beauté et de la richesse de l'architecture, dont la plus belle tapisserie n'est que l'image.

Un lambris de hauteur est composé de deux parties principales : celle du haut qui est proprement le lambris de hauteur, et celle du bas nommée lambris d'appui.

Les lambris d'appui doivent avoir au moins soixante et dix centimètres de hauteur ; en-dessous de cette dimension ils sont remplacés par un plinthe de quarante à soixante centimètres.

La hauteur de l'appartement règle ordinairement celle du lambris d'appui qui varie du quart au cinquième de la hauteur mesurée sous corniche ; ainsi quand on n'aura pas de motif pour s'éloigner de cette donnée, on pourra régler la hauteur de l'appui de la manière suivante :

| Hauteur sous corniche | $2^m250$ | $2^m500$ | $2^m750$ | $3^m000$ | $3^m250$ | $3^m500$ |
|---|---|---|---|---|---|---|
| Hauteur de l'appui | $0^m701$ | $0^m714$ | $0^m724$ | $0^m739$ | $0^m759$ | $0^m784$ |

| Hauteur sous corniche | $3^m750$ | $4^m000$ | $4^m250$ | $4^m500$ | $4^m750$ | $5^m000$ |
|---|---|---|---|---|---|---|
| Hauteur de l'appui | $0^m814$ | $0^m849$ | $0^m889$ | $0^m934$ | $0^m984$ | $1^m039$ |

PLANCHES 68 et 69.

## Portes d'intérieur.

Les portes d'intérieur se font d'une infinité de manières, selon leur grandeur, le style et la richesse qu'on veut apporter dans leur exécution. Sauf des cas particuliers, les portes s'ouvrent toujours dans l'appartement principal, étant ferrées à gauche, de sorte qu'en entrant elles sont poussées de la main droite.

La planche 68 renferme six portes à un ventail : les nos 1 et 2 sont d'après le style Renaissance, le no 3 est du Louis XIV, les nos 4 et 5 du Louis XV et le no 6 du Louis XVI .

Les nos 1, 2, 3, de la planche 69 sont des portes vitrées, et les *fig.* 6, 7, des coupes suivant AB, CD ; les panneaux du haut des nos 4 et 5, sont découpés à jour et garnis d'une étoffe, ce qui produit un bel effet : ce genre de portes s'emploie spécialement dans la décoration des établissements publics.

# CHAPITRE XVIII.

—

## Menuiserie d'extérieur.

—

### PLANCHE 70.

#### *Portes d'Allées et de Jardins.*

Les nᵒˢ 1, 2, de cette planche sont des portes d'allées : les grands panneaux du nᵒ 1 sont en fonte et à jour, ceux du haut sont en fer forgé. L'imposte du nᵒ 2 est orné d'une rosace en fer donnant du jour à l'intérieur.

Le nᵒ 3 est une porte de jardin. Les panneaux du bas sont à caillebotis, les découpures des grands panneaux ainsi que celles de l'imposte sont en bois : ce genre de porte n'est employé que dans les clôtures d'agrément.

### PLANCHES 71 à 75.

#### *Portes Bâtardes.*

Ces planches renferment une série de portes bâtardes, auxquelles on ajoutera la sculpture nécessaire pour leur donner la richesse voulue. J'ai été sobre de détails dans la composition de cette seconde partie, mon but n'étant pas de faire un cours d'ornementation, mais simplement un composé d'assemblage auquel j'ai ajouté quelques ornements des différentes époques :

Planche 71, n^os 1 et 2. — Portes simples.
Planche 72, n° 3. — Portes, style Louis XIV.
Planches 72 et 73, n^os 4, 5, et 6. — Portes, style Louis XV.
Planche 74, n^os 7 et 8 — Portes, style Louis XVI.
Planche 75, n^os 9 et 10. — Portes, style néo-grec.

Les n^os 9 et 10 sont dessinés d'après l'ancienne décoration grecque : de là le nom de néo-grec ou grec moderne donné à ce nouveau style, caractérisé par des découpures informes, des lignes brisées, des moulures interrompues brusquement, des profils peu saillants et par quelques ornements taillés en creux. Tels sont les principaux détails de ce style que les architectes nomment aussi *barbare*.

Dans l'intérêt des jeunes ouvriers et principalement de ceux des petites localités, je crois utile de donner ici la méthode à suivre pour l'exécution de ces portes. Quant aux ouvriers des villes, il y en a peu qui n'en aient fait ou vu faire, ce qui vaut mieux encore qu'un raisonnement.

La première condition pour faire du bon travail est d'employer du bois sec ; et afin qu'il fasse tout son effet, il faut le laisser quelques jours à l'air après avoir été refendu.

On assemble et on affleure les bâtis avant de pousser les rainures d'embrèvement. Les traverses portent une barbette coupée à onglet et égale au recouvrement des cadres.

Les cadres sont assemblés à enfourchement et quelquefois à tenon et mortaise quand la largeur du profil le permet ; dans l'un comme dans l'autre cas, il faut reculer l'enfourchement ou le tenon d'un espace suffisant pour que la moulure ne le découvre pas ; il faut aussi les assembler et les affleurer avant de pousser la rainure du panneau. Pour pousser la moulure, on place dans cette rainure une tringle de bois servant d'arrêt à la joue de l'outil.

Les moulures poussées, on assemble les cadres avec les panneaux et on les laisse quelques jours à l'air ; puis on recale les onglets avec la scie à arraser et on ragrée la moulure avec l'outil. Les cadres sont ordinairement collés avant de recevoir la rainure d'embrèvement.

Si la moulure n'a pas une partie carrée propre à guider la joue du bouvet, on le pousse en faux parement ; dans ce cas, il faut, après avoir effleuré le parement des cadres, donner un trait de trusquin, pour les mettre d'épaisseur bien égale. On peut aussi le pousser en parement après avoir fixé une règle contre le cadre pour servir d'appui à l'outil. Enfin, on pourrait pousser ces rainures après avoir affleuré le cadre et avant de pousser la moulure ; il faudrait alors, après avoir assemblé le cadre avec le panneau, mettre les assemblages en presse, afin que les joues ne puissent se déjeter pendant l'effet du dessèchement du bois.

La plate-bande des panneaux doit être plate et non en biseau, ce qui est contre les règles de l'architecture et produit en outre un bâillement dans la rainure quand le panneau se rétrécit par suite du dessèchement : les ouvriers disent alors que le panneau bat la générale.

Avant d'assembler les cadres avec le bâtis on fera bien de savonner les languettes d'embrèvement afin qu'elles puissent glisser plus facilement dans les rainures ; sans cette précaution, on s'exposerait en montant la porte à faire lâcher les onglets.

On passe ordinairement sur les portes extérieures une

couche de vernis au copal qui fait ressortir les veines du bois en leur donnant un ton chaud; c'est pour cette raison qu'on les cheville en faux parement, avec des chevilles cylindriques, collées et non apparentes en parement.

On peut aussi maintenir le bâtis à joints par des tenons à queues (A, *planche* 71, n° 1), en évasant la mortaise de deux centimètres environ, et en faisant au tenon un épaulement semblable; ce qui fait un vide de même largeur, dans lequel on chasse un remplissage collé. Quand on emploiera ce système, il faudra presser fortement l'extrémité du montant; sans quoi on serait certain de faire sauter l'épaulement en enfonçant le remplissage.

J'ajouterai aussi que la sculpture ne sera rapportée qu'autant qu'on pourra la fixer solidement, autrement elle sera prise sur fond, c'est-à-dire que moulure et sculpture seront d'une même pièce : ainsi par exemple, à la porte n° 3, les champs sont régularisés par un ravalement A. Les détails de sculpture reposant sur ce ravalement étant trop légers pour être rapportés, on serait conduit à faire la traverse, le ravalement, la moulure et la sculpture d'un même morceau : le menuisier n'aurait donc qu'à en assembler la masse pour faire les joints et à limiter le profil de la moulure avant de le donner au sculpteur, — avec lequel il fera bien de s'entendre pour préparer toutes les pièces portant de la sculpture.

Cette manière d'exécution est dispendieuse, mais c'est la seule rationnelle pour les ouvrages exposés aux intempéries.

En se conformant à ces simples observations, l'ouvrier, même médiocre, parviendra sans peine à faire ce genre de portes.

## PLANCHES 76 à 79.

### *Portes cochères.*

Ces portes ne diffèrent des précédentes que par leurs dimensions destinées au passage des voitures ; quelquefois on ménage une ouverture dans un des vantaux pour les gens à pied : cette ouverture se nomme *Guichet* et se pratique ordinairement dans le vantail de droite.

Les portes d'église rentrent dans la catégorie des portes cochères et ont rarement un guichet.

Très-souvent on met un panneau fixé au-dessus du guichet pour en diminuer la hauteur ; ce panneau se nomme *table d'attente.*

La porte donnée, planche 76, est d'après le style du dix-septième siècle ; le vantail de droite porte un guichet dont le joint ou coupure du haut AB, est caché par la table d'attente sur laquelle repose un attique.

En terme de menuiserie on nomme *attique*, un panneau décoré d'une manière quelconque et placé sur la corniche ou sur le chambranle d'une porte.

Les corniches GH, sont fixées par deux queues d'aronde, de quinze centimètres de longueur, entaillées dans le bâtis ; les entailles destinées à les recevoir doivent avoir en longueur le double de celle des queues, afin de laisser la reculée nécessaire pour engager ces dernières dans les entailles, qui doivent être combinées de manière à être cachées par la corniche.

Les consoles C, les cordons D, ainsi que le panneau E, sont fixés de la même manière : les *fig.* 1,2,3, représentent ces différentes pièces vues par le bout.

Cette manière de fixer les parties rapportées est très-propre, mais elle offre plus d'un inconvénient. Outre le travail de précision qu'elle nécessite, le dessèchement du bois peut occasionner un ballotement dans les entailles; de plus, l'eau de la pluie s'infiltrant dans ces mêmes entailles y entretient une humidité constante qui ne tarde pas à produire la pourriture; aussi, n'ai-je fait mention de ce système qu'en vue d'en faire connaître les défauts. Il vaut mieux fixer par derrière toutes les pièces rapportées, et si l'on tenait à cacher les vis on y parviendrait facile-lement par un doublage à compartiments dont les moulures rapportées et collées dans des rainures recouvriraient aussi les vis servant à le fixer : on aurait par ce moyen une porte à doubles parements.

## PLANCHE 77.

Cette porte est de la même époque que la précédente : la partie horizontale du chambranle est à crossettes, moti-vées par l'attique B, placé sur le retrait A, du haut de la baie figurée, dont l'ouverture est en contre-bas de l'attique, ainsi que l'indique la coupe *fig.* 1.

La *fig.* 2 à l'échelle d'un cinquième, est une coupe sui-vant CD, qui donne les détails d'exécution du cadre des grands panneaux.

## PLANCHE 78.

L'ensemble de cette porte est d'après les règles de l'or-dre Ionique; la partie inférieure des vantaux donne deux manières d'exécution; celui de droite porte un guichet, les coupes indiquent les détails d'exécution.

Quand la corniche d'une porte appartient à un ordre quelconque, le chambranle doit avoir pour profil celui de l'archivolte du même ordre : ainsi, la corniche de cette porte appartenant à l'ordre Ionique, la largeur et le profil du chambranle sont semblables à celui de l'archivolte du même ordre et réglés d'après le module de la corniche.

PLANCHE 79.

Pour dessiner cette porte, il faut diviser la hauteur totale AB, qui est arbitraire, en trente-deux parties égales (1), on en donne sept au socle, vingt aux pilastres, et cinq à l'entablement ; telle est la règle à suivre pour établir un portique de cet ordre. Toutefois, il est bon d'observer que ces dimensions ne sont bonnes qu'autant que les vantaux montent jusqu'au dessous de la clef E, de l'archivolte ; mais quand l'ouverture du cintre est fermée par un panneau, comme à cette porte, ce panneau, devant reposer sur les impostes F, il s'ensuit que la hauteur de l'ouverture n'est plus en rapport avec sa largeur et que les vantaux paraissent écrasés, bien que j'aie donné aux pilastres un module de plus que ne comporte l'ordre. Je suis d'avis qu'on pourrait en donner autant au socle, ce que je n'ai pas fait dans la figure afin de laisser régner le dessus avec le parquet des vantaux.

On se servira de l'échelle D, pour fixer les dimensions des bâtis et des panneaux ; pour l'établir, on cher-

---

(1) Une de ces parties sera le module qu'on divisera en dix-huit parties égales, ainsi qu'il est fait à l'échelle C, dont on se servira pour fixer la largeur de l'arcade, les différentes parties de l'entablement, la largeur des pilastres, en se conformant à la règle établie pour cet ordre.

chera le rapport existant entre la hauteur **AB**, du dessin qui est de $0^m$ 345 millimètres, et la hauteur réelle que
nous supposerons être de $5^m$ 520 millimètres : en divisant
$5^m$ 520 millimètres par $0^m$ 345 millimètres le quotient 16
sera ce rapport : c'est-à-dire, que le dessin est seize fois
plus petit que l'exécution. Il faudra donc que l'échelle
D, soit seize fois plus petite que le mètre réel, dont la
seizième partie est de $0^m$ 0625, longueur de l'échelle D.

PLANCHES 80 à 85.

### Devantures de Boutiques.

De tous les ouvrages de menuiserie, aucun n'est sujet à
autant de diversité que les devantures, qui varient depuis
l'humble vitrage, jusqu'aux grandes conceptions artisti-
ques. Les ouvriers ne sauraient trop étudier ce genre de
travail qui prend chaque jour plus d'extension, en commençant par des copies, puis en relevant celles exécutées
qui leur paraîtront les mieux réussies : c'est ainsi qu'ils
parviendront à lire un dessin et à le modifier avec intelligence pour en faire l'application quand l'occasion se présentera.

D'après les règles de l'architecture, une devanture devrait être du même genre que celui de la façade : mais
comme il est plus facile de varier les façades que les devantures, tout en restant dans le même style, il s'en sui-
vrait pour ces dernières une monotonie qui serait loin de
répondre aux désirs des marchands qui ont intérêt à
attirer les regards sur leurs boutiques. C'est sans doute
là le motif de la diversité et de la richesse des devantures.

La planche 80 renferme une devanture romane ; je l'ai

composée pour donner une idée de ce style très-peu employé ainsi que je l'ai dit en commençant cette seconde partie.

Une gorge avec un filet composent le haut de la corniche, la partie inférieure est découpée en arcs trilobés, c'est-à-dire en trois segments de cercle, qu'on nomme lobes, et reposant sur des petites consoles qu'on appelle corbeaux.

Les colonnes de droite sont godronnées, c'est-à-dire taillées en baguettes, c'est l'inverse des cannelures ; celles de gauche son lisses et annelées.

Les fonds A, sont peints ou sculptés ; il en est de même des archivoltes B, qui peuvent être sculptées ou peintes d'une infinité de manières.

Le soubassement de droite est en bois avec panneau en fonte découpée ; ce soubassement pourrait recevoir un placage en marbre, plus convenable que le bois pour les appuis extérieurs.

Les volets étant développés, laissent à leur partie inférieure, un vide de la largeur de la porte ; ce vide peut être fermé par un panneau plein entrant à coulisses dans l'épaisseur du soubassement : les découpures, appliquées contre les caissons, ont très-peu d'épaisseur et peuvent aussi être en peinture.

## PLANCHE 81.

Cette planche renferme une devanture ogivale qui, pour être exécutée convenablement, demande autant de théorie que de pratique : les moulures employées dans ce style sont la Scotie, la Gorge, le Talon, le Tore, le Filet, la Baguette, le Chanfrein, et celle en forme de soufflet, *fig.* 1.

Noms des différentes parties composant cette devanture : A, dentelure ou arête, B, fronton, C, crochets taillés
en feuille de chou, de chardon, etc., D, bouquet, E, pina-
cle ou clocheton, F, panneau en arcature sur fond, G, rose
à quatre feuilles, H, contre-arcatures découpées à jour.

Le style ou mieux l'architecture ogivale a ceci de particulier qu'elle peut être composée et caractérisée par de
simples lignes sans aucun ornement ; tandis que dans les
autres styles, bien qu'il existe une différence dans les
profils appropriés à chacun d'eux, cette différence, peu
sensible quelquefois, exige un œil exercé : c'est alors que
la sculpture aide puissamment à en établir et connaître le
genre.

## PLANCHE 82.

Cette devanture est d'après le genre Renaissance : les
moulures peuvent être lisses comme celles de droite, mais
dans le vrai style de l'époque, elles sont sculptées comme
celle de gauche. Les torsades, comme les petits bois
montants de cette devanture, sont des parties intégrantes
de ce style.

Planche 83, devanture avec entresol, genre Louis XIV.

La *fig.* 2 indique la manière de ferrer les volets logés
dans le caisson du milieu (*fig.* 1) qui doit être couvert
par les volets quand ils sont développés.

Planche 84. Devanture genre Louis XV.

Planche 85. Devanture genre néo-grec.

Le système de fermeture de cette dernière devanture
consiste en feuilles de tôle reliées par des charnières et
se repliant de jour par un tambour A, mis en mouvement
de l'intérieur du magasin, par une série de transmissions
indiquées à la coupe.

Il va sans dire que ce genre de fermeture n'appartient pas à ce style et qu'il est applicable à toutes autres devantures.

Comme ces travaux se font journellement, je ne suis pas entré dans les détails de leur exécution et me suis borné à les indiquer par les coupes d'ensemble.

# CHAPITRE XIX.

## Menuiserie d'église.

PLANCHES 86 et 87.

*Chaires à prêcher.*

Les chaires à prêcher, sont les ouvrages de prédilection pour les bons ouvriers, parce que leur exécution exige la connaissance du trait ainsi qu'une habile main-d'œuvre : mais il est rare que le prix de main-d'œuvre soit en rapport avec le travail qui ne peut être estimé d'avance et à sa juste valeur ; de sorte que ces travaux rapportent généralement plus d'honneur que de profit.

Une chaire à prêcher est composée de quatre pièces principales : l'*Escalier*, la *Cuve*, le *Cul-de-lampe* et l'*Abat-voix*.

On fait les escaliers, soit à crémaillère avec rampe en fer, soit à limon continu avec rampe en assemblage : ces derniers sont plus riches et demandent beaucoup de précision dans l'exécution.

La moulure principale du bas de la cuve, doit toujours régner à la partie inférieure du limon extérieur : cette moulure fait aussi partie de la base du pilastre terminant le bas de la rampe et se raccorde avec celle du limon, soit en coupe, soit en adouci, comme à la partie du haut.

La main coulante doit affleurer le dessus de l'appui de la cuve ; elle en a le même profil et se raccorde avec l'appui par un adouci, comme la moulure du bas.

La marche du haut de l'escalier doit toujours être au niveau du plancher de la cuve ; sans cela il n'y aurait pas possibilité de raccorder les moulures de la cuve avec celles de la rampe.

Le plafond se fait par claveaux, ou en assemblage ; ces deux manières sont données au chapitre des escaliers. Quant à la largeur de l'escalier, elle varie de soixante à soixante-quinze centimètres.

La cuve peut être ronde, ovale, octogone, ou à pans coupés, sa hauteur est de quatre-vingt-dix à quatre-vingt-quinze centimètres : le dessous doit être à un mètre soixante-dix centimètres au moins au dessus du sol : elle est ordinairement adossée à un pilier et supportée, soit par une colonne, soit par un massif de menuiserie ou reposant sur deux barres de fer scellées dans le pilier et cachées par le cul-de-lampe.

Le cul-de-lampe se fait en assemblage de différentes formes, tels que Doucine, Talon, Pendentif ; ou bien se compose de plusieurs consoles prenant naissance dans un culot.

La manière de construire les culs-de-lampes est donnée à la page 170. Les panneaux de ceux en talon ou en doucine seront faits par collage et d'après le cintre ; pour économiser du bois et de la main-d'œuvre on fera le bouge et le creux d'un même rayon mesuré au milieu de l'épaisseur du bois : de cette manière on pourra les prendre l'un dans l'autre.

La hauteur du dessous de l'abat-voix mesurée du dessus

de l'appui de la cuve, est d'un mètre soixante et dix centimètres environ ; il doit surplomber le pourtour de la cuve, de trente centimètres au moins. Ce surplomb donne de jolies proportions ; néanmoins, comme en ceci le bon devrait être préféré au beau et que le but de l'abat-voix ainsi que l'indique son nom, est d'arrêter le son de la voix dans le sens vertical pour le porter à plus grande distance horizontale on ferait bien d'augmenter ce surplomb jusqu'à cinquante centimètres pour les grandes églises seulement : les assistants entendraient mieux et le prédicateur éprouverait moins de fatigue.

Le couronnement de l'abat-voix se fait quelquefois en assemblage, mais ordinairement il consiste en une série de consoles plus ou moins ornées de sculpture, ce qui est plus léger et agréable à l'œil.

La chaire n° 1 est d'après le style ogival, — celle n° 2 est d'après celui de la Renaissance : ces deux chaires, ainsi que celles n°ˢ 3 et 4, sont adossées à un pilier.

La *fig*. 1 est une coupe du plafond de l'escalier du n° 3 ; — la partie A, est le plan du cul-de-lampe ; — la partie B, celui de l'abat-voix.

La chaire n° 4 ayant deux escaliers est du genre Renaissance ; celle n° 5 aussi à double rampe est d'après le style Louis XIV. Cette chaire peut être isolée ou adossée à une colonne ; deux fortes barres de fer, pénétrant toute la hauteur de la cuve ainsi que les colonnes, reçoivent à leur partie supérieure des courbes pareillement en fer et supportant l'abat-voix ; ces courbes sont cachées par des consoles en bois scupltées, prenant naissance sur l'astragale des colonnes.

Le plan *fig*. 3, moitié grandeur de celui *fig*. 2, donne l'ensemble et le départ des escaliers.

La ligne pointillée C, indique le pourtour de l'abat- voix.

21

## PLANCHE 88.

### *Confessionnaux.*

Les deux modèles donnés sur cette planche suffisent à faire connaître la limite qu'il convient de donner à l'ornementation des confessionnaux qui ne doivent pas être des ouvrages de luxe : leur aspect doit être d'une noble simplicité, et le peu de sculpture qu'ils sont susceptibles de recevoir doit porter au recueillement et à la prière.

Quant à la disposition intérieure, elle se compose, pour le confesseur, d'un siége de quarante-quatre à quarante-cinq centimètres de hauteur, et de deux accoudoirs de huit à dix centimètres de largeur placés de chaque côté et à trente centimètres au-dessus du siége. Les guichets ont trente centimètres de carré d'ouverture, il sont garnis d'un panneau à jour découpé ou à caillebotis, et d'une porte s'ouvrant du côté du confesseur et ferrée sur le devant.

Les accoudoirs des pénitents, sont placés à la même hauteur que ceux du confesseur, leur largeur varie de vingt à trente centimètres et sont inclinés de trente pour cent de leur largeur. Les agenouilloirs, ont dix-huit centimètres de hauteur et sont de niveau avec le second marchepied placé dans le compartiment du confesseur.

Pour garantir les confessionnaux de l'humidité, on garnira le dessous du marchepied, soit de mâchefer, soit de charbon pilé. On laissera aussi un vide de quelques centimètres entre le derrière et le mur, afin que l'air puisse circuler librement.

PLANCHE 89.

*Bancs d'œuvre.*

Les bancs d'œuvre sont spécialement destinés aux fabriciens et aux autorités lorsqu'elles assistent aux offices commandés. Ces bancs sont ordinairement placés à la partie haute de la grande nef, ou de chaque côté du maître-autel. La hauteur du dossier ne doit pas dépasser un mètre quarante centimètres, afin que les assistants puissent voir par dessus : ce n'est que dans le cas où ils seraient adossés à un mur qu'on pourrait leur donner plus de hauteur, ou placer sur la cymaise un lambris dont la décoration serait semblable à celles des stalles de chœur, en admettant qu'il y en eût.

Les *fig.* 1 et 2, sont les vues de face et de côté d'un banc d'œuvre genre Renaissance ; — la *fig.* 3 en est le plan, et la *fig.* 4 une coupe par le travers.

Les *fig.* 5 et 6 donnent aussi la vue de face et la moitié du plan d'un banc d'œuvre du même style.

La moulure du dessus de l'appui ne doit pas être coupée d'aplomb à l'ouverture des portes, vu que la saillie extérieure empêcherait la porte de s'ouvrir, à moins de faire ressortir le nœud de la charnière d'une quantité égale à cette saillie, ce qui serait laid. Pour éviter cet inconvénient il suffit de reculer la coupe d'une quantité égale à une fois et demi la saillie de la moulure, ainsi qu'il est fait au plan, ce qui permettra à la porte de se développer.

Cette manière de prolonger la coupe des parties saillantes peut être employée pour les portes déguisées portant des moulures, plinthes ou cymaises en saillie et se raccordant avec des parties fixes.

La *fig.* 7 est le plan d'un banc d'œuvre a double rang de siéges séparés par un appui servant de dossier au siége de devant. Ce siége doit être de quinze à vingt centimètres en contre-bas de celui de derrière ; la distance de l'appui au dossier doit être de un mètre quinze à un mètre vingt centimètres, afin de laisser un passage suffisant entre le siége et l'appui. Cette distance peut être réduite à un mètre pour les bancs ayant peu de longueur et ouverts aux deux extrémités.

PLANCHE 90.

*Stalles de chœur.*

Les stalles de chœur sont assujeties à des dimensions à peu près fixes quelle que soit leur simplicité ou leur richesse. Une stalle est composée : des Panneaux d'appuis A, des Museaux B, du Dossier C, du Siége D, des Sommiers E, de la Miséricorde F, et des Patins G.

Les stalles sont toujours établies sur deux rangs : les stalles du haut et les stalles du bas ; celles du haut sont élevées au-dessus du sol, de trente centimètres au moins et de cinquante centimètres au plus ; celles du bas reposent sur un marchepied servant d'agenouilloir, lequel profile avec la première marche des stalles du haut.

La hauteur des stalles mesurée du parquet au-dessus de l'appui est de un mètre cinq à un mètre dix centimètres ; la largeur des museaux est de quinze centimètres et leur écartement de cinquante-cinq.

Le profil des museaux doit être fortement accentué, la moulure du haut se raccordant par un quart de cercle avec celle de l'appui ; les moulures inférieures doivent diminuer insensiblement de saillie et se perdre dans le quart de cercle, de manière qu'elles arrivent à rien à la partie droite de l'appui où le profil des museaux gênerait beaucoup si on lui conservait partout la même saillie. La *fig.* 7 est le tracé de cette diminution.

La hauteur du siége est de quarante-quatre centimètres étant baissé et de soixante et dix étant relevé. Ces deux dimensions serviront à déterminer la brisure H.

La miséricorde doit affleurer le devant du siége, et présenter une surface inclinée de deux centimètres sur le devant, le siége étant relevé.

Lorsque les stalles forment la clôture du chœur, on ne doit élever le deuxième rang que de trente centimètres par la même raison donnée en parlant des bancs d'œuvre.

Quand elles sont adossées à un mur, il est d'usage de les surmonter d'un lambris de hauteur, comme à la partie gauche (*fig.* 1,) donnant trois panneaux variés, genre Renaissance. On remarquera que la corniche fait un retour d'équerre et que l'extrémité repose sur une colonne terminant le rang des stalles du haut.

On peut aussi motiver chaque stalle par un couronnement, ainsi qu'il est fait à la partie droite, *fig.* 2.

La *fig.* 4 est une coupe par le travers des stalles.

Les *fig.* 5 et 6 représentent un panneau d'appui vu de plat et de champ, avec l'assemblage des sommiers

Les *fig.* 8, 9 et 10 sont des coupes faites suivant IK, LM et NO.

Cette planche termine la seconde et dernière partie de cet ouvrage, dont je n'ai ni grisaillé ni ombré les dessins, ce qui leur aurait donné plus de relief et plus d'attrait, j'ai préféré les lignes simples comme plus convenables à un traité élémentaire de dessin et se rapprochant davantage des plans employés journellement dans l'industrie. Je n'ai

pas non plus cherché à faire un gros volume de texte et
me suis borné à l'explication nécessaire de chaque planche,
principalement de la première partie qui est la plus difficile,
la plus ennuyeuse, mais aussi la plus utile aux ouvriers.
Quant à la seconde, un plus long raisonnement m'aurait
entraîné bien au-delà des limites que je me suis posées.
Puisse ce modeste travail mériter l'approbation des hommes compétents, et être utile aux menuisiers ; les peines
et les privations qu'il m'a coûtées seront compensées par
la douce satisfaction d'avoir coopéré à l'instruction et, par
suite, au bien-être de mes semblables.

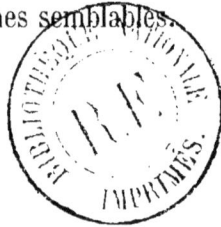

FIN.

# TABLE DES MATIÈRES

## PREMIÈRE PARTIE.

### CHAPITRE PREMIER.

### CHAPITRE II.

#### Géométrie élémentaire.

## CHAPITRE III.

### Évaluation ou métrage des surfaces.

## CHAPITRE IV.

### Évaluation des solides.

## CHAPITRE V.

### Géométrie descriptive.

## CHAPITRE VI.

### Pénétration des corps.

## CHAPITRE VII.

### Coupe des solides

## CHAPITRE VIII.

### Développement des surfaces.

## CHAPITRE IX.

# CHAPITRE XIII.

### Tracé des Arêtiers cintrés.

# CHAPITRE XIV.

### Tracé des calottes, voussures et trompes en assemblage.

# CHAPITRE XV.

### Tracé des courbes rampantes, plafonds et escaliers de tous genres.

# SECONDE PARTIE.

—

## ARCHITECTURE

### CHAPITRE XVI.

### CHAPITRE XVII.

#### Menuiserie d'intérieur

## CHAPITRE XVIII.

### Menuiserie d'extérieur

## CHAPITRE XIX.

### Menuiserie d'églises

LA CIOTAT. — IMPRIMERIE J. ISNARD.

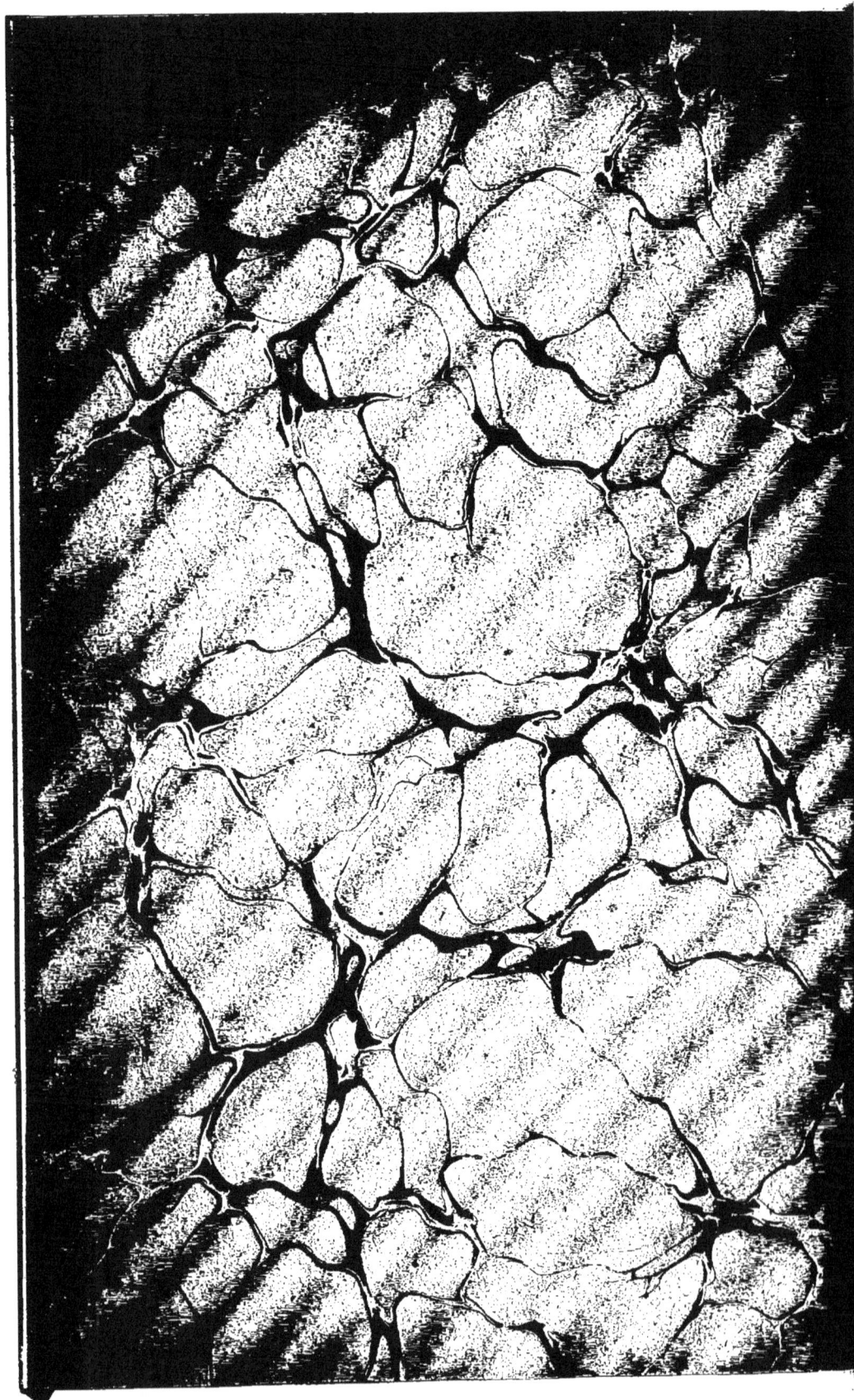

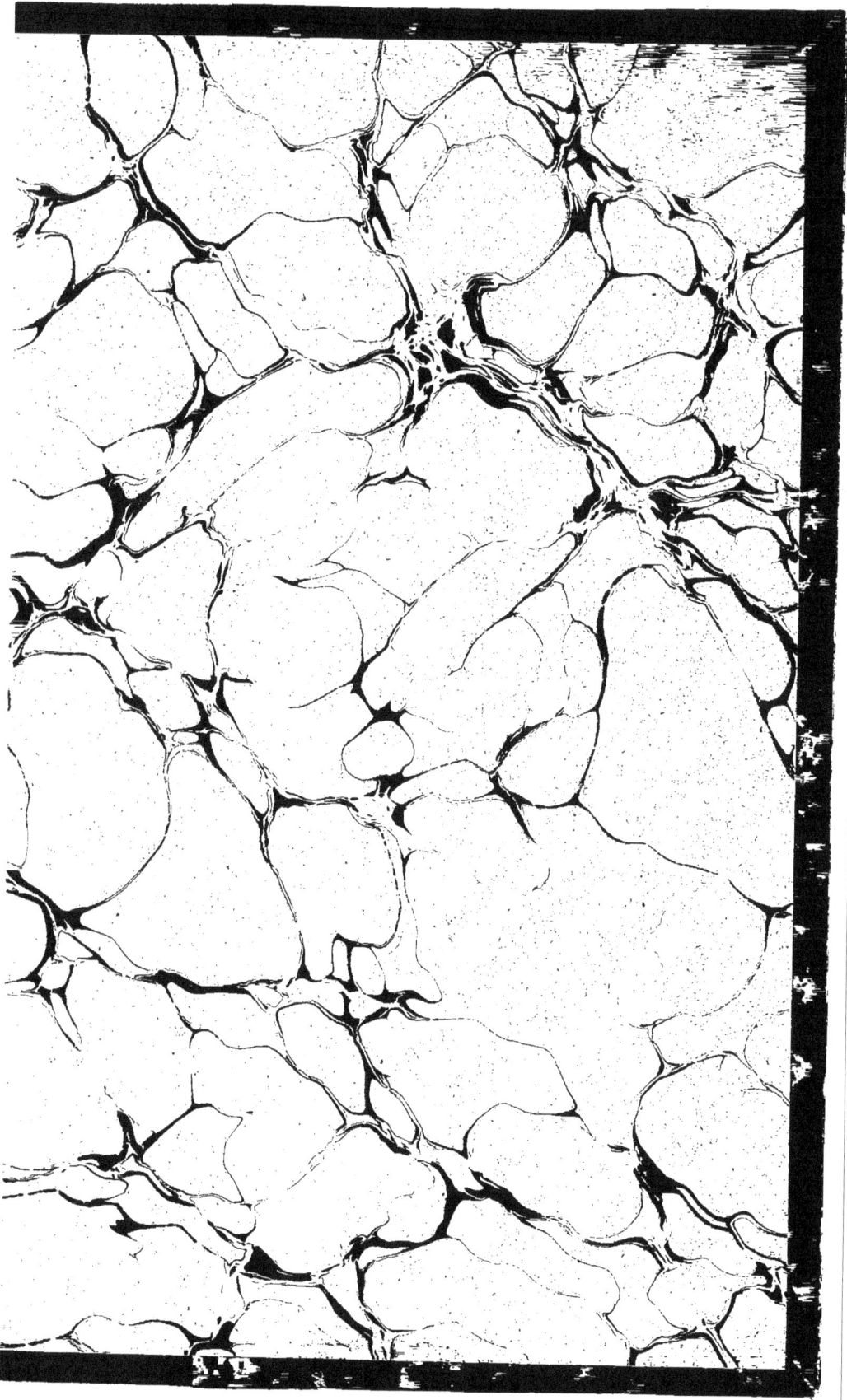

www.ingramcontent.com/pod-product-compliance
Lightning Source LLC
Chambersburg PA
CBHW060131200326
41518CB00008B/1002